U0743479

特高压大型充油设备
标准化检修培训教材

国网内蒙古东部电力有限公司　编

中国电力出版社
CHINA ELECTRIC POWER PRESS

内 容 提 要

本书结合编者近年来围绕特高压大型充油设备检修开展的相关研究实践工作，全面阐述了特高压大型充油设备的基础知识、标准化检修作业、整体移位、典型问题处置策略、试验等内容。

全书共五章，第一章介绍了特高压大型充油设备基础知识，第二章介绍了特高压大型充油设备标准化检修作业流程，第三章介绍了特高压大型充油设备整体移位理论计算和标准化的工作要求，第四章介绍了特高压大型充油设备典型问题及运维处置策略，第五章介绍了特高压大型充油设备试验的工作内容。

本书可为从事特高压大型充油设备检修研究的专业人士提供参考，也可为从事特高压大型充油设备检修相关专业的工作人员以及管理人员提供指导。

图书在版编目（CIP）数据

特高压大型充油设备标准化检修培训教材/国网内蒙古东部电力有限公司编 . —北京：中国电力出版社，2022.10

ISBN 978-7-5198-7172-7

Ⅰ.①特… Ⅱ.①国… Ⅲ.①特高压电网-大型设备-标准化-检修-技术培训-教材 Ⅳ.①TM727

中国版本图书馆 CIP 数据核字（2022）第 198500 号

出版发行：中国电力出版社
地　　址：北京市东城区北京站西街 19 号（邮政编码 100005）
网　　址：http：//www. cepp. sgcc. com. cn
责任编辑：赵　杨（010-63412287）
责任校对：黄　蓓　王海南
装帧设计：郝晓燕
责任印制：石　雷

印　　刷：望都天宇星书刊印刷有限公司
版　　次：2022 年 10 月第一版
印　　次：2022 年 10 月北京第一次印刷
开　　本：787 毫米×1092 毫米　16 开本
印　　张：17
字　　数：290 千字
定　　价：88.00 元

版 权 专 有　侵 权 必 究

本书如有印装质量问题，我社营销中心负责退换

编 委 会

主　　编　罗汉武　姜广鑫

副 主 编　叶立刚　李文震　张秋伟　秦若锋　韩晋思

编写人员　安义岩　胡　健　贾鸿益　李忠鹏　李　鹏

　　　　　陈　曦　周迎超　刘闯闯　闫付鑫　张富强

　　　　　路如敏　赵　勇　付志红　张瑞卓　张欣伟

　　　　　张海龙　汪振宇　崔士刚　徐　彬　赵振东

　　　　　杨义勇　阎乃臣　薛　枫　高树永　穆欢乐

　　　　　郝建国　高志鹏　陈师宽　赵　刚　李　硕

前　　言

随着特高压电网的快速建设和发展，特高压变电站（换流站）大型充油设备在运数量不断增多，随之而来的是设备年度检修、隐患治理任务越来越繁重。大型充油设备受检修工艺、现场资源、检修环境等因素影响，其设备检修工作存在工期长、工艺复杂、作业管控难度大等特点，这使得大型充油设备的标准化检修格外重要。《特高压大型充油设备标准化检修培训教材》基于已开展的大型充油设备标准化检修、试验及消缺工作，总结提炼设备消缺、整体移位等标准化检修工艺，对特高压大型充油设备原理结构、检修作业、缺陷处置、检测试验等方面进行系统阐述，用于提升特高压变电站（换流站）检修人员检修技能，强化现场标准化作业管控、提高检修质量、缩短检修时间，为特高压电网安全稳定运行和检修标准化提供有力支撑。

本书共五章。第一章介绍了特高压大型充油设备基础知识；第二章介绍了特高压大型充油设备标准化检修作业流程；第三章介绍了特高压大型充油设备整体移位理论计算和标准化的工作要求；第四章介绍了特高压大型充油设备典型问题及运维处置策略；第五章介绍了特高压大型充油设备试验的工作内容。

本书由现场检修经验丰富的技术专家和专业培训师编写，第一章由陈曦、贾鸿益等编写；第二章由胡健、李忠鹏、闫付鑫等编写；第三章由姜广鑫、秦若锋、韩晋思、陈曦、刘闯闯等编写；第四章由周迎超、李鹏、路如敏等编写；第五章由安义岩、李鹏、周迎超、刘闯闯等编写；全书由国网内蒙古东部有限公司罗汉武、姜广鑫统稿。

本书在编写过程中，得到了国家电网有限公司相关单位及人员的大力支持，在此致以衷心的感谢。

由于编写人员水平有限，时间仓促，书中难免存在错误和不足，恳请各位专家和读者批评指正。

编者
2022 年 8 月

目　　录

前言

第一章　特高压大型充油设备基础知识 ································ 1

　　第一节　特高压大型充油设备简介 ····························· 1

　　第二节　特高压大型充油设备的原理 ························· 2

　　第三节　特高压大型充油设备的结构特点 ················· 7

　　第四节　特高压大型充油设备新技术应用 ················· 19

第二章　特高压大型充油设备标准化检修作业 ················ 24

　　第一节　特高压变压器标准化检修作业 ··················· 24

　　第二节　特高压电抗器标准化检修作业 ··················· 76

　　第三节　换流变压器标准化检修作业 ······················ 87

第三章　特高压大型充油设备整体移位 ························· 152

　　第一节　特高压电抗器整体移位 ···························· 152

　　第二节　换流变压器整体移位 ······························ 169

第四章　特高压大型充油设备典型问题处置策略 ··········· 183

　　第一节　故障诊断及处置策略 ······························ 183

　　第二节　常规缺陷处理 ······································· 193

　　第三节　套管取油标准化作业 ······························ 205

第五章　特高压大型充油设备试验 ······························ 212

　　第一节　特高压变压器（电抗器）试验 ··················· 212

　　第二节　换流变压器试验 ···································· 239

　　第三节　附件校验及绝缘油试验 ···························· 250

第一章　特高压大型充油设备基础知识

第一节　特高压大型充油设备简介

目前，特高压变电站（换流站）包括 1000kV 变电站、±1100kV 换流站、±800kV 换流站。特高压大型充油设备有 1000kV 变压器、1000kV 高压电抗器、500kV 换流变压器。特高压变压器的作用主要是提高系统电压，提升电网输送能力。换流变压器网侧与交流场相连，阀侧和换流阀相连，换流变压器是配合换流阀实现交直流电转换的关键设备。特高压电抗器主要用于线路无功补偿，减少线路损耗，防止系统发生工频过电压。

一、特高压变压器

特高压变压器额定电压等级为 1000kV，单台额定容量为 1000MVA，调压方式为无励磁调压。特高压变压器容量大、体积大、电压等级高，采用主体变压器和调压补偿变压器分开布置形式，即主体变压器和调压补偿变压器。主体变压器采用强迫油循环的冷却方式，调压补偿变压器采用自然油循环的冷却方式。主体变压器铁芯多采用四框五柱式，即三主柱带两旁柱；调压补偿变压器包括调压变压器和补偿变压器两部分，调压变压器铁芯采用单框三柱式，补偿变压器铁芯采用口字式。

二、特高压换流变压器

特高压直流输电系统中，换流变压器单台额定容量为 509MVA，换流变压器与换流阀一起实现交流电与直流电的相互变化，换流变压器升高或降低电压，并不实现交流电与直流电的转换，而换流阀则实现交流电与直流电的转换。换流变压器主要由铁芯和绕组两部分组成，通过电磁感应以相同的频率在两个及以上的绕组之间变换交流电压和电流而传输交流电能。常见换流变压器的种类根据换流变压器的容量及运输条件分为三相三绕组、三相二绕组、单相三绕组及单相二绕组几种结构形式。目前国内特高压直流输电多采用单相二绕组结构换流变压器，冷却方式为强迫油循环。

三、特高压电抗器

特高压电抗器容量包括 160、200、240、280、320Mvar，按照铁芯结构通常可分为单铁芯和双铁芯结构。

特高压电抗器一般接在特高压输电线的首端与地和末端与地之间，起到无功补偿作用，用来吸收线路的充电容性无功，调整运行电压，并具有改善电力系统无功功率有关运行状况的多种功能。

第二节　特高压大型充油设备的原理

一、特高压变压器

（一）接线形式

主体变压器高压侧为 A-X，中压侧为 Am-X，低压侧为 1a-1x。调压变压器为 3X-X，补偿变压器的低压励磁绕组部分为 2X-X，低压补偿绕组部分为 2x-x。特高压变压器接线图如图 1-2-1 所示，图中，SV 为串联绕组，CV 为公共绕组，LV 为低压绕组，EV 为励磁绕组，TV 为调压绕组，LE 为低压励磁绕组，LT 为低压补偿绕组。

（二）调压原理

特高压变压器的中压线端为 500kV，如果采用中压线端调压，调压开关的电压水平为 500kV，这样不仅给产品的设计、制造造成极大困难，更对产品的安全运行不利。因此，特高压变压器采用了中压末端调压，即中性点调压的方式。但自耦变压器的高、中压为公用中性点，采用中性点调压时，各分接位置的匝电势和铁芯磁通密度将发生变化，也就是变磁通调压。如果不采取措施，其低压输出电压也将随分接位置的变化而变化。为了控制这种变化，设计了补偿绕组来补偿低压电压，使低压输出电压偏差控制在 1% 以内。

特高压变压器调压原理如图 1-2-2 所示，SV 为串联绕组，CV 为公共绕组，LV 为低压绕组，EV 为励磁绕组，TV 为调压绕组，LE 为低压励磁绕组，LT 为低压补偿绕组。为了保证低压电压恒定，在调压变压器中设置 LE 低压励磁

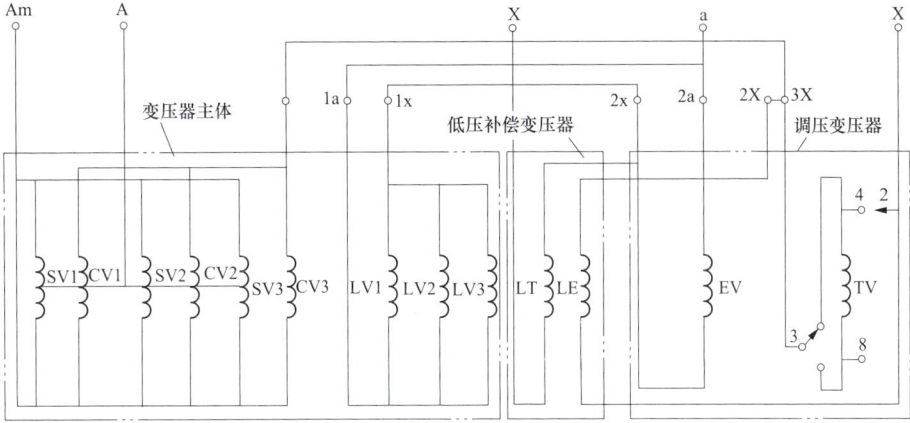

图 1-2-1　特高压变压器接线图

绕组和 LT 低压补偿绕组，用于补偿低压电压的波动。由于主体变压器有 1 个铁芯、调压变压器有 2 个铁芯，根据匝电势 $e = 4.44 f \Phi_m$（e 为感应电动势，f 为电源频率，Φ_m：磁通量），当 f 一定时，匝电势和铁芯磁通成正比。因此，这 7 个绕组的电磁耦合关系为：SV、CV、LV 有电磁耦合，SV、CV、LV 每匝线圈的感应电动势相同；TV、EV 有电磁耦合，每匝线圈感应电动势相同；LE、LT 有电磁耦合，每匝线圈感应电动势相同。变压器工作原理为 $e = 4.44 f \Phi_m$，式中：e 为公共绕组感应的电动势，忽略励磁电流时其值约等于加在公共绕组上的电源电压。当中压侧系统电压高于额定值（525kV）时，分接

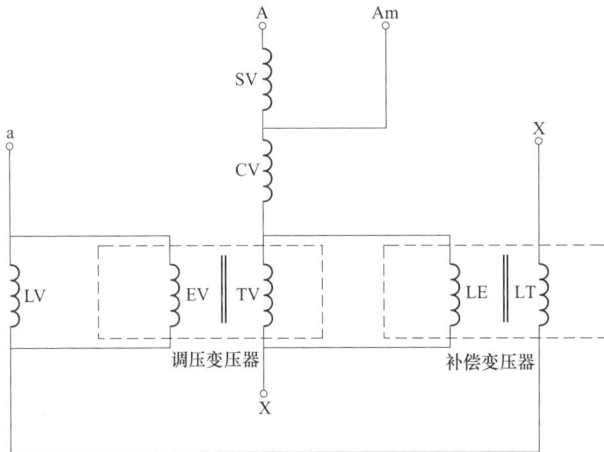

图 1-2-2　特高压变压器调压原理图

3

头在 1～4 挡（随系统电压高低调整分接头位置），加在调压绕组上的电压为正，则公共绕组和励磁绕组上的电压降低，铁芯中磁通量 Φ 将降低，串联绕组 SV 感应的电压将降低，则中压侧系统电压升高，高压侧的感应电压基本不变。低压绕组感应电压降低，由调压绕组感应出和低压绕组同方向的电压进行补偿，低压侧电压也基本保持在额定值，从而实现变压器调压功能。

二、特高压电抗器

（一）接线形式

特高压电抗器根据设备容量和生产厂家不同，接线形式上略有差异，总体可分为单柱式、双柱式和双器身结构三类。双柱和双器身高压电抗器在雷电冲击暂态过电压下，起柱间连线存在电位振荡现象，即绝缘裕度可能会降低，而高压电抗器又配置在线路侧，首先面临线路来波。

（1）单柱式结构电抗器铁芯采用单芯柱加两旁轭结构，单柱线圈套在芯柱外，线圈采用高压中部出线。特高压电抗器单柱式结构及其接线原理图如图 1-2-3 所示。

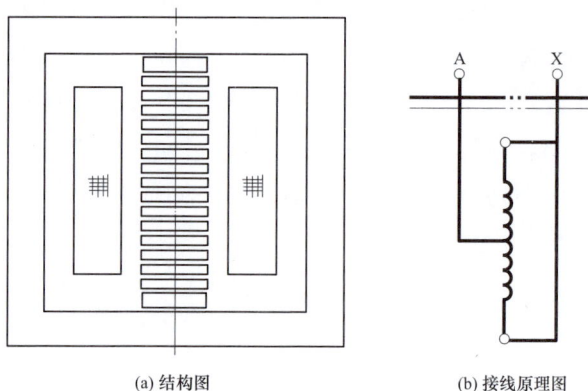

(a) 结构图　　　　　　(b) 接线原理图

图 1-2-3　特高压电抗器单柱式结构及其接线原理图

优点：体积小，重量轻，损耗小。

缺点：电位梯度大，单柱漏磁容量大。

（2）双柱式结构电抗器采用两芯柱加两旁轭结构，线圈分为 A 柱及 X 柱，两柱线圈串联，采用 A 柱高压中部出线。特高压电抗器双柱式接线如图 1-2-4 所示。

优点：电位梯度小，单柱漏磁容量减少一半，绝缘可靠性更高。

缺点：结构相对复杂，体积大，重量大，损耗高，工艺加工复杂。

（3）双器身结构是两个单柱电抗器放在一个油箱里。铁芯采用单芯柱加两

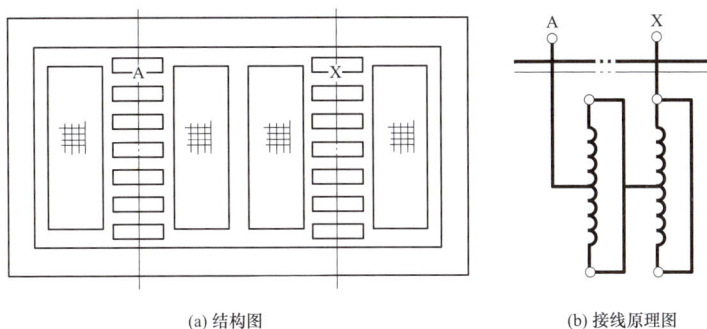

(a) 结构图　　　　　　　　　　　(b) 接线原理图

图 1-2-4　特高压电抗器双柱式结构及接线原理图

旁轭结构，一大一小两个器身，线圈采用高压中部出线。特高压电抗器双器身结构及其接线原理图如图 1-2-5 所示。

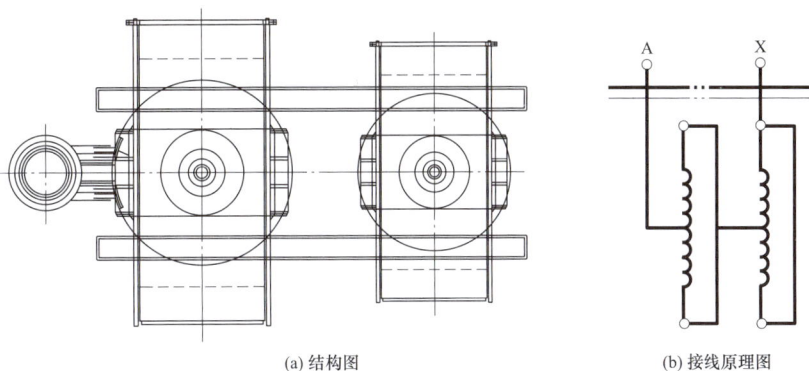

(a) 结构图　　　　　　　　　　　(b) 接线原理图

图 1-2-5　特高压电抗器双器身结构及其接线原理图

优点：单柱结构简单，解决了电位梯度和单柱漏磁容量问题。

缺点：体积大，重量大，损耗略高，有穿窗电流问题。

(二) 结构原理

特高压电抗器一般接在特高压输电线的首端与地和末端与地之间，起无功补偿作用，用来吸收线路的充电容性无功，调整运行电压。主要作用包括抑制空载长距离输电线路引起的工频电压升高；减少线路中传输的无功功率，降低线损；减小潜供电流，加速潜供电流的熄灭，提高重合闸的成功率；防止同步电机带空载长线可能出现的自励磁现象。电抗器的感抗 $X_L=\omega L$（ω 为电路电压角频率，L 为电感量），分布电容的容抗 $X_C=1/\omega C$（ω 为电路电压角频率，C 为电容量），$I_L=I_C$ 且方向相反，电抗器电抗补偿线路容抗。并联电抗器的最

5

佳补偿度应控制在 $75\%\sim90\%$。特高压并联电抗器的补偿示意图、分布电容简化图分别如图 1-2-6 和图 1-2-7 所示。

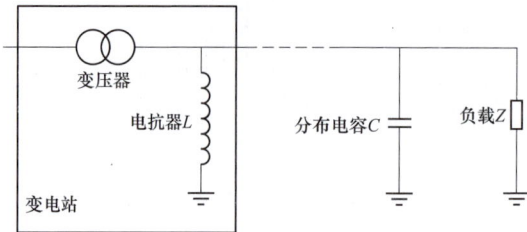

图 1-2-6 特高压并联电抗器补偿示意图　　图 1-2-7 分布电容简化图

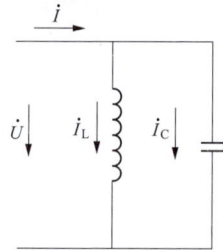

三、特高压换流变压器

特高压换流变压器接线原理如图 1-2-8 所示。双绕组换流变压器一、二次侧均只有一个绕组，分别为网侧绕组和阀侧绕组，其中 A-B 为网侧绕组，a-b

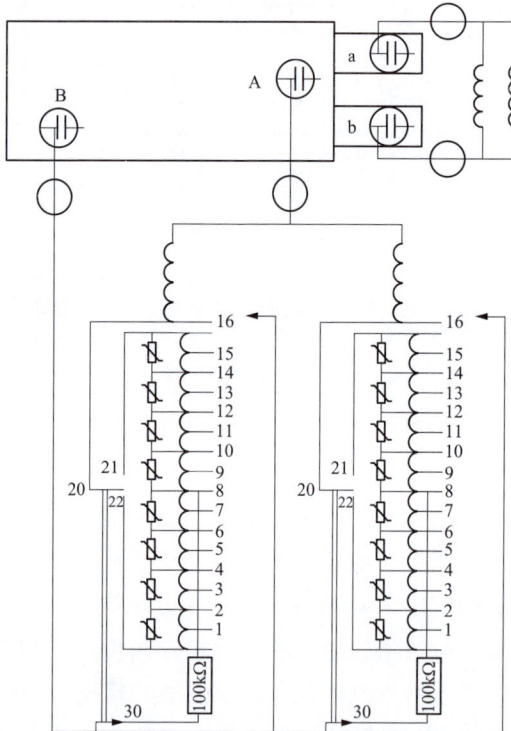

图 1-2-8 特高压换流变压器绕组接线原理图

为阀侧绕组，A 为网侧高压套管，B 为网侧中性线套管，a 为阀侧高压套管，b 为阀侧中性点套管。

第三节　特高压大型充油设备的结构特点

一、特高压变压器结构特点

特高压变压器结构包括铁芯、绕组、器身、引线、油箱、外部等部分，下面对各个部分进行详细说明。

（一）铁芯结构

铁芯是由导磁材料制成的框形闭合结构，由铁芯叠片和铁芯结构件构成。铁芯结构件主要由夹件、垫脚、撑板及拉板、拉带等组成，叠片和夹件、垫脚、撑板、拉板、拉带之间均设置绝缘件，垫脚和箱底之间用绝缘件隔开。

主体变压器铁芯有两种，分别为单相四柱式（即两主柱带两旁柱形式，如图 1-3-1 所示）和单相五柱式（即三主柱带两旁柱形式，如图 1-3-2 所示）。主柱各相绕组并联，从内向外依次为套装低压绕组、公共绕组和串联绕组。铁芯内设置多个绝缘油道，保证铁芯的有效散热。铁芯末级叠片和拉板均开有隔磁槽，铁芯腹板加磁屏蔽，降低附加损耗以防止局部过热。

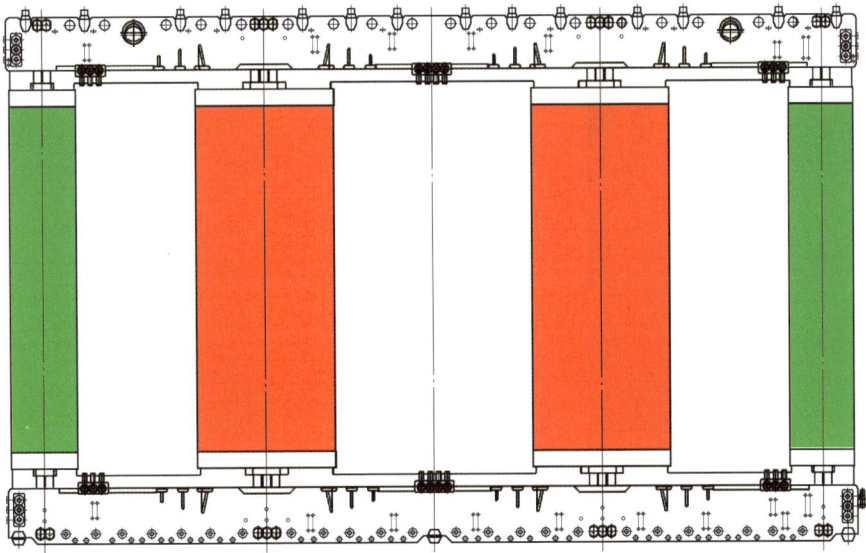

图 1-3-1　主体变压器铁芯结构示意图（一）（红色为主柱，绿色为旁柱）

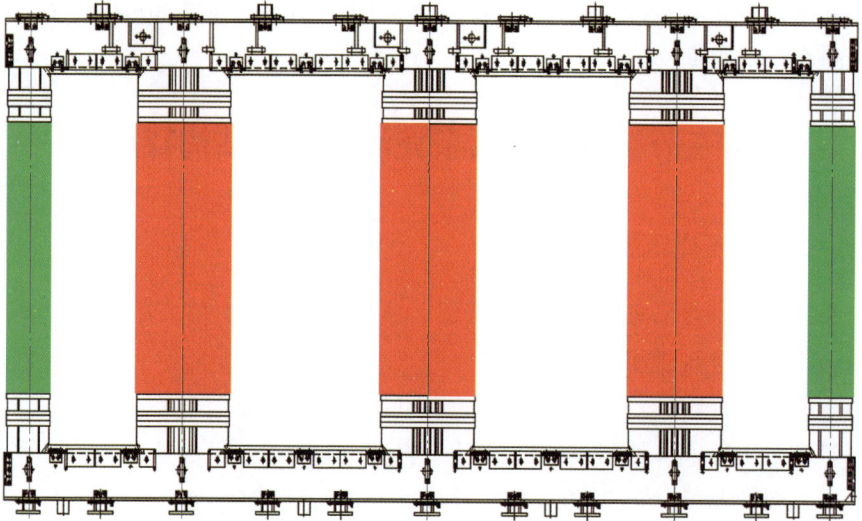

图 1-3-2 主体变压器铁芯结构示意图（二）（红色为主柱，绿色为旁柱）

调压变压器、补偿变压器铁芯均采用单相三柱式，即一主柱带两旁柱，如图 1-3-3 所示。

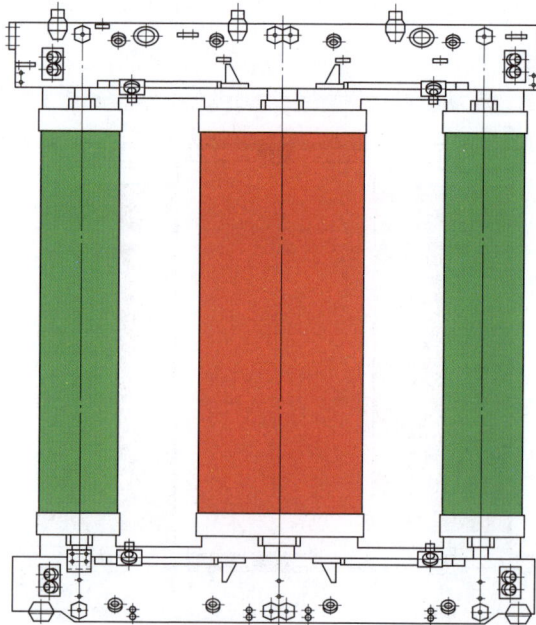

图 1-3-3 调压补偿变压器铁芯采用单相三柱式（红色为主柱，绿色为旁柱）

（二）绕组结构

1. 主体变压器绕组结构

高压、中压、低压、励磁及低压励磁绕组为内屏蔽连续式绕组。

内屏蔽式绕组：通过增大线段间的串联电容的方式来达到改善冲击电压分布的目的。其结构特点是将附加电容线匝直接绕在连续式线段内部，电容线匝的端头包好绝缘后在线段中悬空，电容线匝不载电流，只在冲击电压下起作用。

连续式绕组：由若干个沿轴向分布，且由彼此不需要焊接的线段组成的绕组，称为连续式绕组。连续式绕组的端部支撑面大，承受轴向力大，抗短路能力强，且各线段上有较大的散热能力。

2. 调压补偿变压器绕组结构

调压绕组、低压补偿绕组为双螺旋绕组。

双螺旋式绕组：由多根导线并联叠绕而成，线饼绕成螺旋状，相邻匝间用垫块隔开，每个饼为一匝绕组，由于其良好的机械稳定性、良好的散热能力和工艺性而普遍应用于调压绕组、大电流的低压绕组或低电压的高压绕组。

（三）器身绝缘

变压器的绝缘分为内绝缘和外绝缘，内绝缘是油箱内的各部分绝缘，分为主绝缘和纵绝缘两部分；外绝缘是套管上部对地和彼此之间的绝缘。变压器器身绝缘是内绝缘，是变压器的重要组成部分。

主绝缘是绕组与接地部分之间，以及绕组之间的绝缘。在油浸式变压器中，主绝缘以油纸屏障绝缘结构最为常用。根据变压器油的体积效应，将大油隙分隔成为小油隙，提高油间隙的耐电强度。对均匀电场而言，希望被分隔的任一油间隙均具有相同的击穿概率，被分隔的任一小油间隙击穿时，则全部油间隙均击穿。

纵绝缘是同一绕组各部分之间的绝缘，如不同线段间、层间和匝间的绝缘等。绝缘为油—隔板和纸筒—油隙的形式。

（四）引线结构

高压绕组采用中部出线，高压引线两柱并联后通过高压出线装置引出，两柱之间连线远离油箱，采用均压管连接，均压管外使用多道绝缘筒进行油隙分隔，保证足够的绝缘强度。高压绕组尾部上、下两端分别通过柱间连线实现两柱并联，柱间连线采用均压管连接。高压绕组尾部并联后，上、下两端分别穿入均压管，在均压管内将上、下两端联结，接至中压套管，如图 1-3-4 所示。

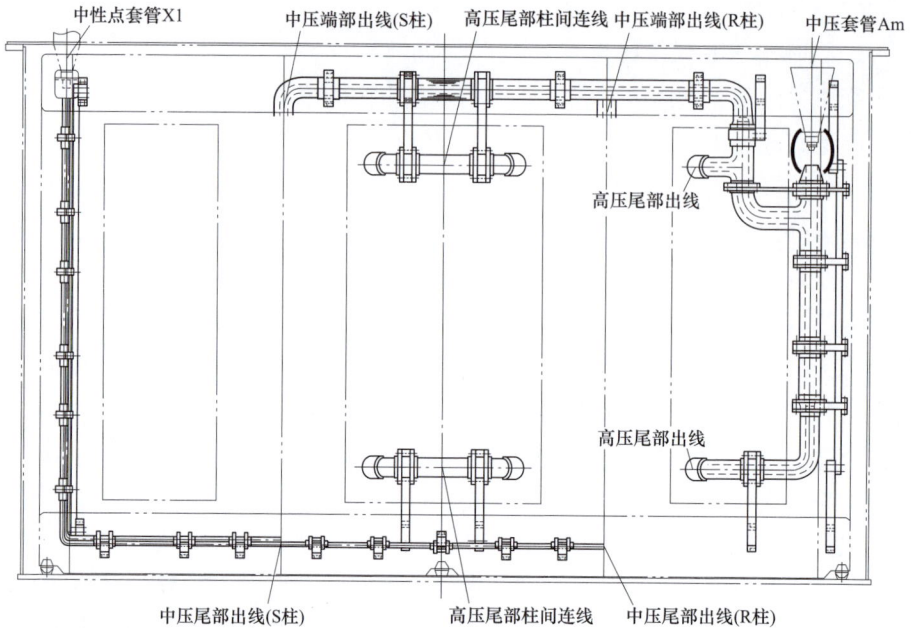

图 1-3-4　主体变压器绕组引线结构图

中压绕组首端采用上端部出线,两柱出线分别通过均压管穿过器身上端,并通过均压管与高压绕组尾部出线共同接至中压套管。

中性点引出线在中压侧的下端部引出,沿旁侧铁轭引至上部,接至箱盖上的中性点套管;低压引出线分别在高压侧的上下端部出线,接至箱盖上的低压套管。

（五）油箱结构

主体变压器和调压补偿变压器油箱均采用桶式平箱盖结构,箱壁为平板式结构,采用槽形加强筋加强。主体变压器采用桶式结构,箱盖与油箱之间通过螺栓连接。调压补偿变压器采用钟罩式结构,箱沿位于油箱下部。油箱的平顶箱盖进行预处理,形成一定坡度,不会形成积水。

（六）外部结构

主体变压器高压套管在油箱中部经出线装置引出,中压、中性点以及低压套管从箱盖上垂直引出。主体变压器装有 1 个可抽真空胶囊式储油柜,储油柜采用带引下显示表头的指针式油位计,储油柜的所有阀门引至下部便于操作的位置。器身装有 8 组 400kW 风冷装置,其中 1 组备用,保证产品有良好的散热能力。冷却器进出油口配有真空蝶阀,可方便冷却器的拆卸。储油柜和冷却器均直接固定于主体变压器本体上,不需要另设基础支撑,既方便现场安装,又可使储油柜和冷却器参与主体变压器的真空处理,保证真空处理的质量。在油箱顶部设置有压力释放阀、油面温度控制器和绕组温度计等保护组件。

调压补偿变压器设置 3 支低压套管,2 支中性点套管,均由箱盖上垂直引出。另设 1 支中性点套管,将补偿励磁绕组出线单独引出,以便在试验时对调压变压器与补偿变压器的各个绕组分别进行考核。调压补偿变压器设有 1 个可抽真空胶囊式储油柜,储油柜采用带引下显示表头的指针式油位计,储油柜的放油阀和注油阀引至本体下部便于操作的位置。器身装有 11 组可拆式宽片散热器,散热器与本体连接处配有真空蝶阀,方便冷却器的拆卸。储油柜和冷却器均直接固定在本体上,便于和本体一起进行抽真空,以保证整体的密封性能。在本体油箱顶部设置有压力释放阀、油面温度控制器等保护组件,外部结构图如图 1-3-5 所示。

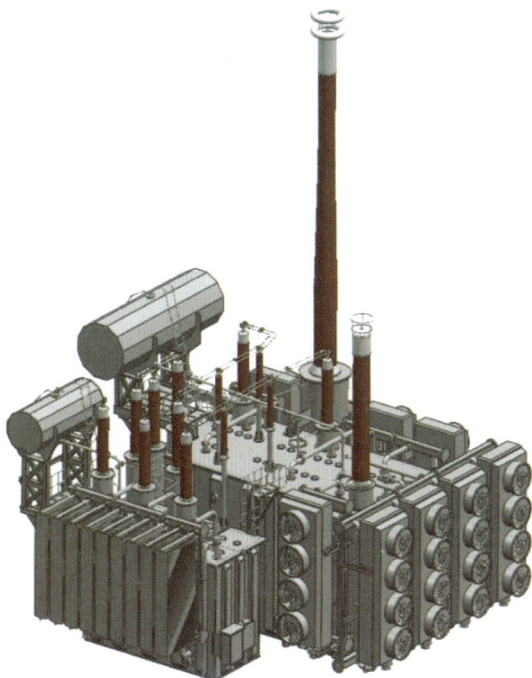

图 1-3-5 特高压变压器主体变压器及调压补偿变压器外部结构图

二、特高压电抗器结构特点

特高压电抗器结构包括铁芯、线圈、绝缘、引线、油箱、外部结构等部分，以下对各个部分进行详细说明。

（一）铁芯结构

铁芯主要分为单柱和双柱结构。单柱结构电抗器铁芯采用单芯柱加两旁轭形式，单柱线圈套在芯柱外，高压侧由线圈中部引出；双柱结构电抗器采用两芯柱加两旁轭形式，线圈分为芯柱 A、芯柱 X，两柱线圈串联，高压侧由芯柱 A 中部引出，如图 1-3-6 所示。

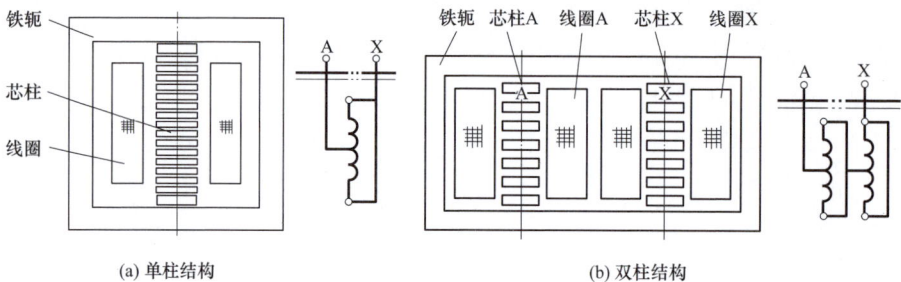

图 1-3-6　单柱结构和双柱结构

（二）绕组结构

绕组采用饼式或多层圆筒式结构，多层圆筒式结构比较适合中性点绝缘水平不高的单芯柱电抗器或多芯柱绕组并联的电抗。500kV 及以下的单相并联电抗器绕组大多采用多层圆筒式结构，特高压并联电抗器采用饼式结构。

（三）绝缘结构

主绝缘为薄纸筒小油隙结构，旁轭及线圈均加围屏，采取消除高场强区绝缘薄弱的措施，即螺杆远离高场强区、采用纸螺杆、绝缘件端部的圆整化、避免形成放电击穿的通路等，增大了绝缘裕度。

（四）引线结构

为满足油箱运输尺寸的要求，采用了从箱壁侧面成套出线装置引出的引线结构，以保证出线结构的绝缘可靠性，如图 1-3-7 所示。

（五）油箱结构

油箱为桶式平顶箱盖结构，箱壁用加强筋加强，箱底为平钢板。

（六）外部结构

特高压电抗器高压套管在油箱侧壁通过出线筒引出。散热器集中放置，与

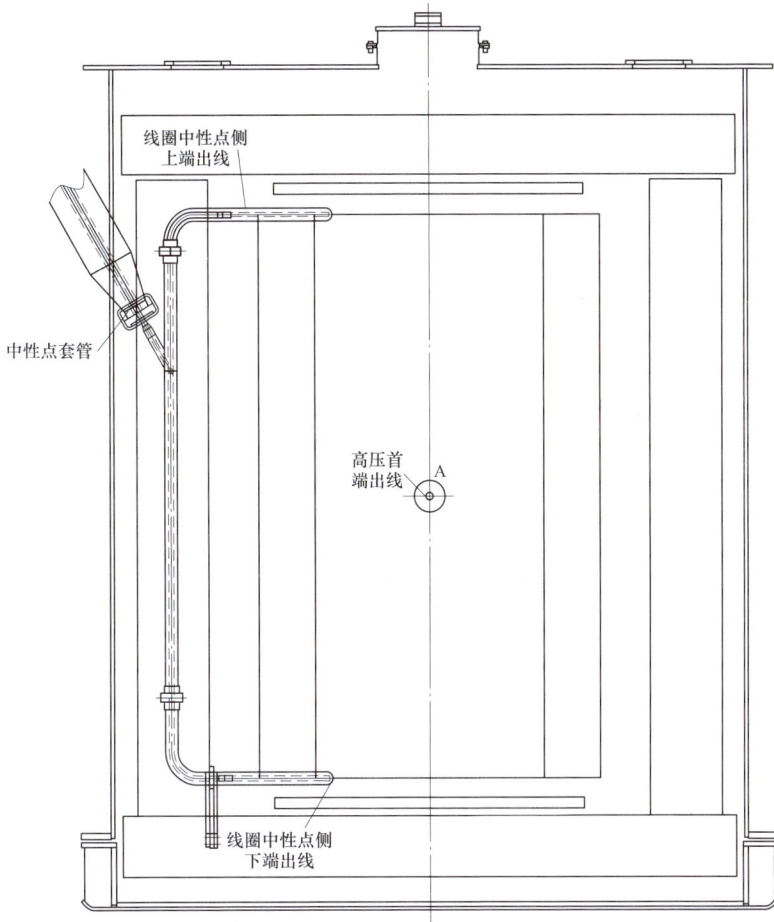

图 1-3-7　引线结构图

本体分开布置，下部安装有吹风装置，采用可拆式宽片散热器。本体装有气体继电器、压力释放阀、油面和绕组温度计等组件。外部结构如图 1-3-8 所示。

三、特高压换流变压器结构特点

换流变压器结构分为铁芯、绕组、器身、引线、油箱、外部结构等部分。下面按各个部分进行说明。

（一）铁芯结构

换流变压器铁芯采用单相四柱式铁芯，有两个主柱和两个旁柱。主柱套装有绕阻，旁柱构成磁路的一部分。换流变压器铁芯结构示意如图 1-3-9 所示。

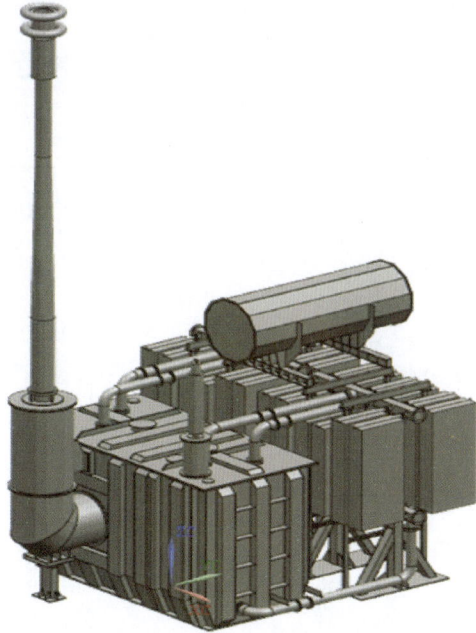

图 1-3-8　油箱外部结构图

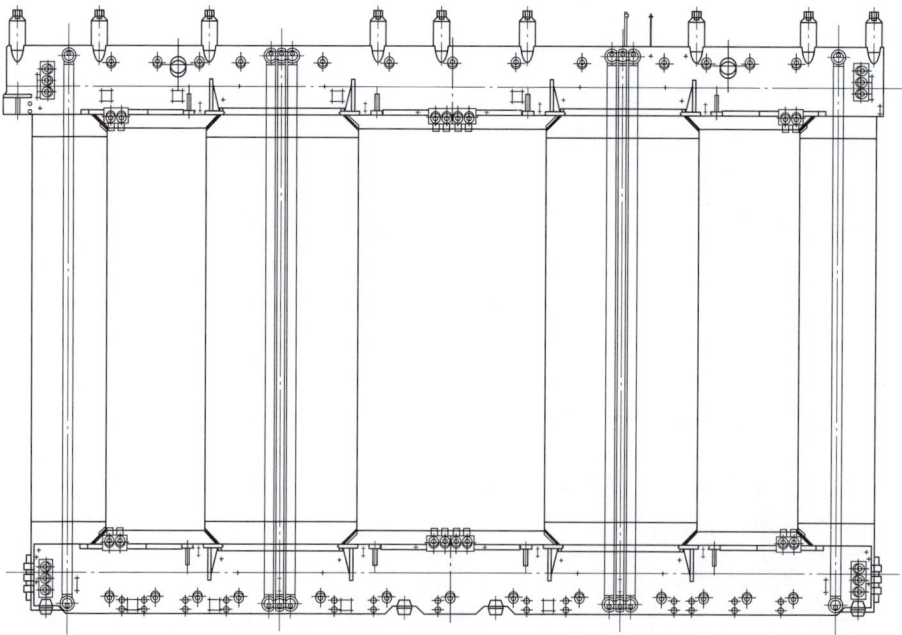

图 1-3-9　换流变压器铁芯结构示意图

（二）绕组结构

换流变压器分为网侧绕组及阀侧绕组，网侧绕组通过网侧套管与交流系统连接，阀侧绕组通过阀侧套管与换流阀连接。绕组示意如图 1-3-10 所示。

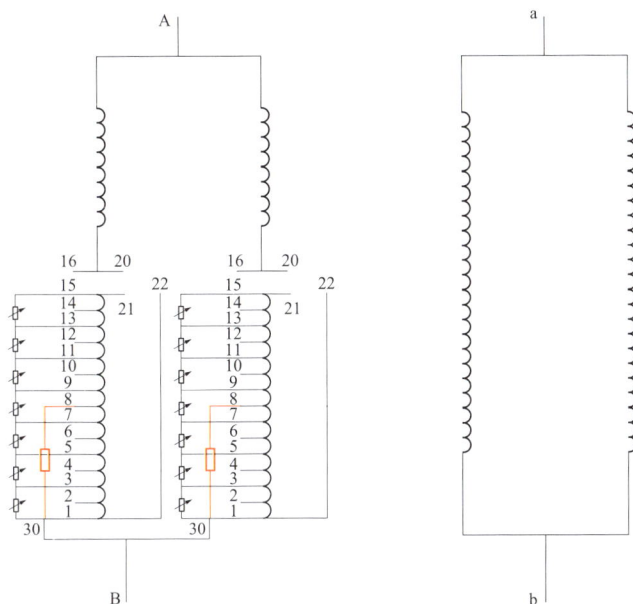

图 1-3-10 绕组结构示意图

（三）绝缘结构

换流变压器主绝缘按绕组排列方式分为两种结构，一种结构是铁芯、地屏、阀侧绕组、网侧绕组、调压绕组；另一种结构是铁芯、地屏、调压绕组、网侧绕组、阀侧绕组，换流变压器绝缘结构图如图 1-3-11 和图 1-3-12 所示。

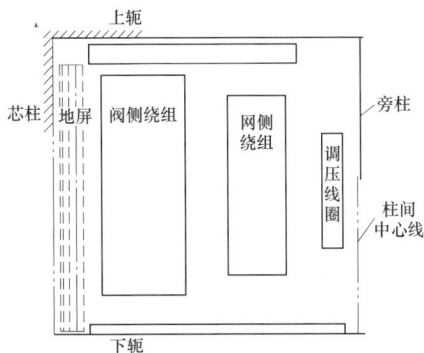

图 1-3-11 换流变压器绝缘结构图（一）

15

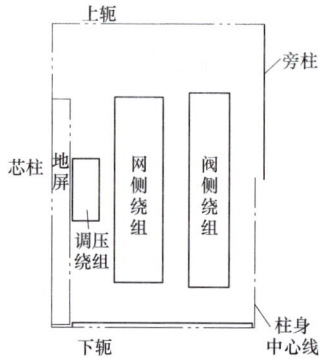

图 1-3-12　换流变压器绝缘结构图（二）

（四）引线结构

换流变压器网侧绕组为端部轴向出线，两柱并联后通过出线装置引出油箱；阀侧绕组为端部辐向出线，通过柱间连线并联，柱间连线采用大直径屏蔽结构，如图 1-3-13 所示。

（五）油箱结构

换流变压器油箱采用筒式结构，槽形加强铁。油箱箱盖、箱底、箱壁等关键部位采用 Q345D 高强度钢板，油箱及附件满足真空度 13Pa 和正压 100kPa 的机械强度要求。油箱内壁布置有铜屏蔽，降低杂散损耗，避免结构件过热，如图 1-3-14 所示。

（六）外部结构

换流变压器网侧套管 A、B 共 2 支从箱盖上垂直引出，阀侧套管 a、b 共 2 支在油箱中部经出线装置引出，本体长轴侧设有有载调压开关，储油柜和冷却器均直接固定于换流变压器本体上，在油箱顶部设置有压力释放阀，油面温度控制器和绕组温度计等保护组件，如图 1-3-15 所示。

换流变压器装有 1 个可抽真空胶囊式储油柜，储油柜采用带引下显示表头的指针式油位计及压力式油位计。储油柜的所有阀门引至下部便于操作的位置。使用了 5 组 400kW 风冷却器，其中 1 组备用，保证产品有良好的散热能力；冷却器进出油口配有真空蝶阀，可方便冷却器的拆卸。储油柜和冷却器均直接固定于换流变压器本体上，不需要另设基础支撑，既方便现场安装，又使储油柜和冷却器参与主体变压器的真空处理，保证真空处理的质量。在油箱顶部设置压力释放阀，油面温度控制器和绕组温度计等保护组件。换流变压器本体长轴侧设有有载调压开关，用于阀侧电压调节。

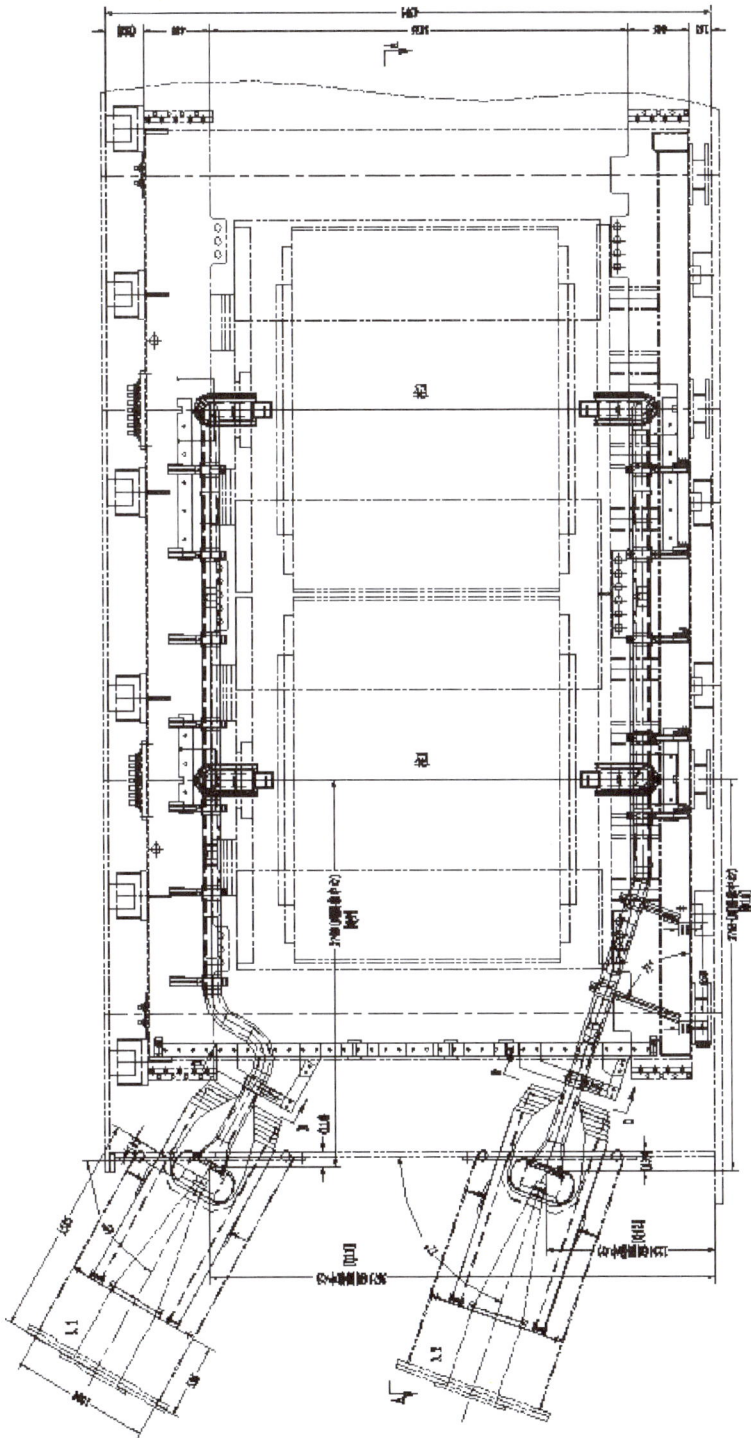

图 1-3-13 换流变压器引线示意图

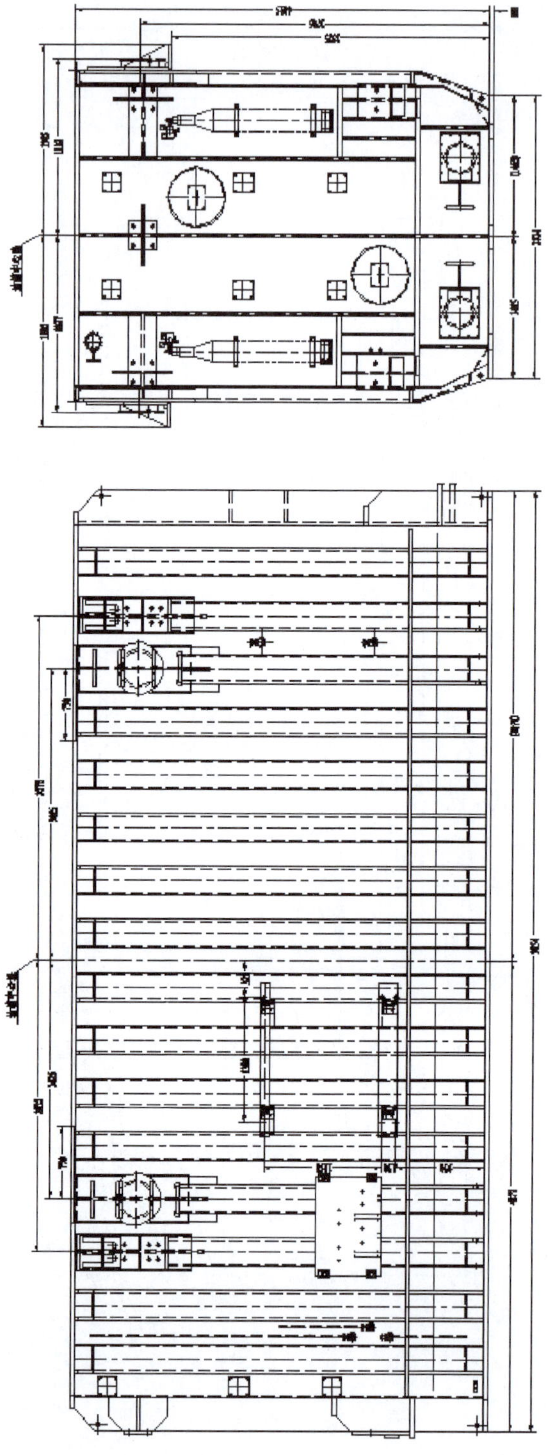

图 1-3-14 换流变压器油箱示意图

图 1-3-15　换流变压器总装配主视图

第四节　特高压大型充油设备新技术应用

一、应急排油系统

（一）背景

特高压变压器为油浸式变压器，设备电压等级高、充油多，若发生故障导致起火，存在人身伤害和设备损坏的风险。特高压变压器在原有设计中为手动排油方式，在故障时需人工就地拧开排油阀门实现排油，但变压器发生火灾时人员无法靠近。当前的特高压变压器未配置带有远程控制功能的自动排油装置，无法在事故发生时通过远程自动排油，不利于在火灾初期快速有效控制火情。

（二）技术应用

目前，所有特高压变电站的主变压器事故排油阀之后均加装应急排油系统，事故排油回路中采用两个电动球阀并联的方式，且两个电动球阀的电源、信号等回路均相互独立，一、二次设备均冗余配置，采用防误动、防拒动、防窝气、防震（振）等技术措施。电缆及每个电动球阀等关键元件均采用防火设计，排油管出口引出至集油坑与事故油池间排油管口位置，如图 1-4-1 所示。如变压器发生火灾时，不仅能够及时排放变压器内部存油，还可有效减少因热膨胀效应而溢出的油量，能够降低火灾扑救难度。

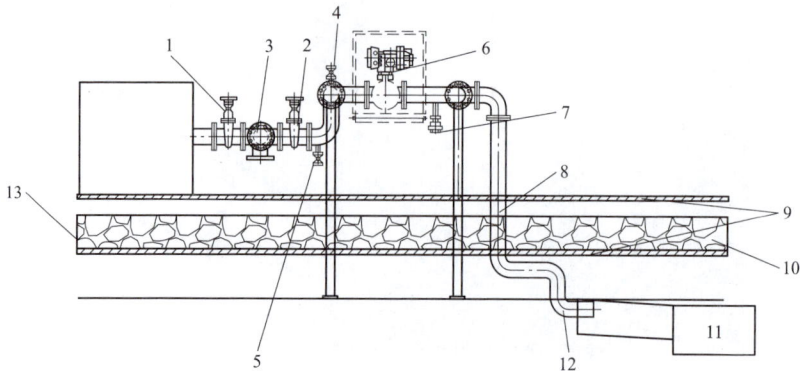

图 1-4-1　事故排油阀示意图

1—本体自带 DN150 事故放油阀；2—DN150 检修球阀；3—DN150 拓展球阀；

4—DN25 抽真空阀；5—DN25 注放油阀；6—DN150 电动球阀 2 个；7—泄漏检测仪 2 个；

8—排油管路；9—钢格栅；10—鹅卵石；11—事故油池；12—排油口；13—集油池

二、变压器多维度在线监测系统

（一）背景

目前，主变压器及高压电抗器本体在线监测参量单一，现有的监测单元不能进行全方位的监测以及报警诊断，如果出现故障，在线监测系统不能及时反映故障情况。为全方位实时监测特高压变压器及高压电抗器运行参数，判断设备运行状态，保证安全运行，研制出一套多维度综合在线监测系统，实现全方位监测、智能诊断。

（二）技术应用

多维度综合监测智能诊断系统能够监测、分析变压器的运行状态，具备超声波、高频脉冲电流、特高频、油中溶解气体、铁芯/夹件接地电流、振动监测功能，主要包括特高频传感器、超声传感器、高频传感器、铁芯接地电流传感器、振动传感器等，如图 1-4-2 所示。传感器全部采用快速安装方式，即磁吸附方式、开口式互感器方式，通过采用 4G（兼容 5G 网络）移动无线网络通信，同时具备以太网通信接口，能够实现与电力系统 SCADA 系统的无缝连接，及时、快速、准确地反映被监测变压器的运行状态。通过在线监测的局部放电、振动、油气等大量实时数据，结合离线输入的变压器结构、出厂试验等参数，完成变压器内部故障分析和状态评估，实现对变压器运行状态的综合评估，并形成有效的评估诊断结果，为运维人员提供科学有效的参考依据，并能够有效延长设备运行时间，制定合理检修计划，防范突发故障的发生。

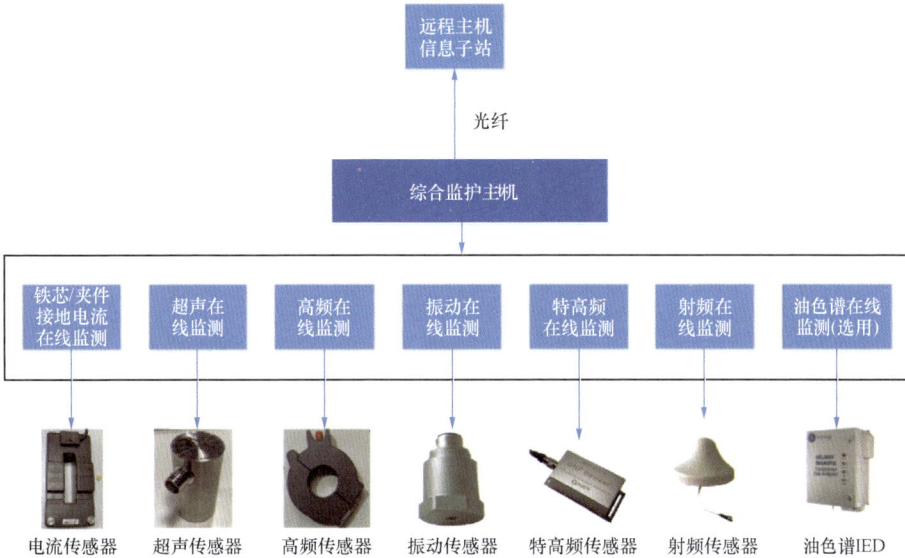

图 1-4-2　多维度综合监测智能诊断系统组成

三、套管升高座配置单氢监测装置

（一）背景

相关故障表明，套管升高座内的出线装置、引线结构以及套管等有潜在性故障或发展性缺陷时，色谱扩散至本体并通过在线油色谱监测到的时间至少要 3h 以上，短路故障时，升高座处产气速率最快，气体成分中氢气最为突出。

（二）技术应用

换流变压器网侧升高座区域存在局部死油区，在套管升高座处加装单氢传感器，而氢气浓度大于 $30\mu L/L$ 工况下单氢装置可比本体在线油色谱提前 2～3h 发现升高座区域色谱异常，能够短时间监测到换流变压器内部故障，实现该区域死油区内故障早期预警，如图 1-4-3 所示。

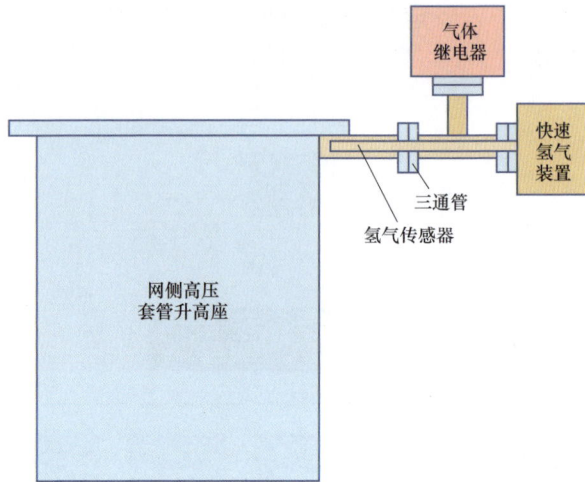

图 1-4-3　套管升高座配置单氢监测装置示意图

四、套管末屏在线监测系统

（一）背景

套管异常产气、介质损耗异常问题频发。2014 年至今对 19 只套管解体发现，均存在芯体放电、下瓷套爬电、X 蜡等放电缺陷，其中 2 只套管因介质损耗异常检查发现局部放电超标，因此如能实时监测介质损耗、电容量、高频局部放电监测变化可有效预警。离线油色谱及预防试验存在诊断不及时、数据不连续的缺点，频繁取油还会带来套管失去微正压、缺油、受潮等风险，一般 ABB 套管取 10 次油样就需补油。

（二）技术应用

换流变压器网测套管末屏在线监测装置通过加装末屏适配器，实现局部放电、泄漏电流等关键参数监测分析，能够实时监测泄漏电流、局部放电、相对介质损耗、相对电容量等参数，消除网侧交流套管监测盲区，在加装套管末屏装置后，应进行接地可靠性试验，确保套管末屏接地良好，如图 1-4-4 所示。

相对介质损耗、电容量监测：通过监测并计算同相电压下的多根套管泄漏电流的相位偏差，实时计算任一支套管相对其他套管的介质损耗、电容量变化趋势，进而发现介质损耗值、电容发生变化的套管。

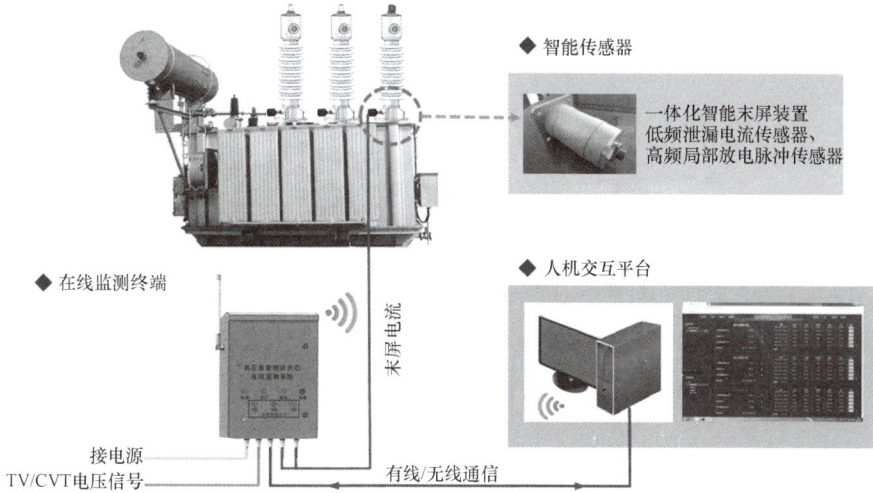

图 1-4-4　套管末屏在线监测系统示意图

　　高频局部放电监测：套管内部发生局部放电时，监测沿接地线轴向方向传播的放电脉冲电流，基于三维实时 PRPS 图谱、PRPD 图谱实现局部放电类型识别并跟踪变化趋势。

第二章　特高压大型充油设备标准化检修作业

第一节　特高压变压器标准化检修作业

一、检修作业准备

（1）检修计划一经批准，应在检修前做好检修计划的落实，组织开展检修前勘察，落实人员、机具和物资，提前完成现场勘察记录、作业方案、作业卡、工作票等文本资料编审。

（2）现场勘察由工作票签发人或工作负责人组织，现场勘察时，严禁改变设备状态或进行其他与勘察无关的工作，严禁移开或越过遮拦，并注意与带电部位保持足够的安全距离。

（3）参检单位应具备一级承装、承修、承试资质。

（4）外来参检人员应进行《国家电网有限公司电力安全工作规程》考试，考试合格，经设备运维管理单位认可后，方可参与检修工作，特殊工种作业人员应持有职业资格证。

（5）检修前，应确认检修作业所需工机具、试验设备是否齐备，状态是否良好。

（6）开工前，应进行现场安全技术交底，形成安全技术交底记录。

二、常规检修标准化作业

（一）压力释放阀常规标准化检修

压力释阀常规标准化检修内容及标准见表 2-1-1。

（二）气体继电器常规标准化检修

气体继电器常规标准化检修内容及标准见表 2-1-2。

表 2-1-1　　　　　　　压力释放阀常规标准化检修内容及标准

检修内容	检修标准
检查压力释放阀密封情况	密封良好，无渗油痕迹
检查压力释放阀信号回路	信号回路良好，手动拉升压力释放阀顶盖中间的机械指示杆至试验位置时，后台显示信号正确
检查压力释放阀回路绝缘情况	用 1000V 绝缘电阻表测量绝缘电阻不小于 1MΩ
检查压力释放阀外观及防雨罩	安装正常，无锈蚀，无脱落

表 2-1-2　　　　　　　气体继电器常规标准化检修内容及标准

检修内容	检修标准
气体继电器校验	校验周期 3 年 1 次，校验结果合格
检查气体继电器密封情况	密封良好，无渗油痕迹
检查气体继电器信号回路	信号回路良好，手动按下继电器试验按钮，后台显示信号正确
检查气体继电器回路绝缘情况	用 1000V 绝缘电阻表测量绝缘电阻不小于 1MΩ
检查气体继电器外观及防雨罩	安装正常，无锈蚀，无脱落
检查气体继电器取气装置	密封良好，无渗油痕迹

（三）储油柜及油位计常规标准化检修

储油柜及油位计常规标准化检修内容及标准见表 2-1-3。

表 2-1-3　　　　　　储油柜及油位计常规标准化检修内容及标准

检修内容	检修标准
检查储油柜油位	按温度曲线查对油位计，指示正常
检查储油柜及连管、油位计密封情况	密封良好，无渗油痕迹
检查储油柜油位计信号回路	信号回路良好，后台显示信号正确
检查储油柜油位计回路绝缘情况	用 1000V 绝缘电阻表测量绝缘电阻不小于 1MΩ

（四）测温装置常规标准化检修

测温装置常规标准化检修内容及标准见表 2-1-4。

表 2-1-4　　　　　　　测温装置常规标准化检修内容及标准

检修内容	检修标准
检查温度计指示情况	按温度曲线查对油位计，指示正常
检查温度计、温控器密封情况	密封良好，无渗漏油及温度计进水痕迹

检修内容	检修标准
检查温度计、温控器信号回路	信号回路良好，OWS 显示信号正确
检查温度计、温控器回路绝缘情况	用 1000V 绝缘电阻表测量绝缘电阻不小于 1MΩ
检查温度计、温控器外观及防雨罩	安装正常，无锈蚀，无脱落

（五）油箱及阀门常规标准化检修

油箱及阀门常规标准化检修内容及标准见表 2-1-5。

表 2-1-5　　　　　　　　油箱及阀门常规标准化检修内容及标准

检修内容	检修标准
检查本体及分接头油箱	整体密封可靠，无渗漏
检查各阀门接头密封情况	无渗漏，密封可靠
检查各放气、放油塞子	密封圈无老化，无渗漏

（六）吸湿器常规标准化检修

吸湿器常规标准化检修内容及标准见表 2-1-6。

表 2-1-6　　　　　　　　吸湿器常规标准化检修内容及标准

检修内容	检修标准
检查硅胶变色情况	变色量不超过 2/3
检查吸湿器外观	玻璃罩清洁、无破裂
检查油封杯	绝缘油清洁、无色

（七）接地系统常规标准化检修

接地系统常规标准化检修内容及标准见表 2-1-7。

表 2-1-7　　　　　　　接地系统常规标准化检修内容及标准

检修内容	检修标准
检查本体、附件接地情况	接地良好，无锈蚀
检查黄绿油漆色标情况	正确、清晰

（八）金属附件常规标准化检修

金属附件常规标准化检修内容及标准见表 2-1-8。

表 2-1-8 金属附件常规标准化检修内容及标准

检修内容	检修标准
检查导线、母线连接螺栓紧固情况	符合力矩标准
检查本体及附件	无锈蚀、无渗漏
检查相色漆	正确、清晰

（九）套管常规标准化检修

套管常规标准化检修内容及标准见表 2-1-9。

表 2-1-9 套管常规标准化检修内容及标准

检修内容	检修标准
检查绝缘外护套	表面清洁，无损伤
检查末屏接地	接地良好
检查接线盒	接线正确、密封良好
检查油位	油位在正常范围内

（十）无载调压开关常规标准化检修

无载调压开关常规标准化检修内容及标准见表 2-1-10。

表 2-1-10 无载调压开关常规标准化检修内容及标准

检修内容	检修标准
检查电动操动机构功能	电动操作应无卡涩，无连动现象，电气和机械限位动作正常
检查电动机	正确动作、接线正确
检查紧急开关	动作灵活、功能可靠
检查柜内驱潮、加热装置	装置完好，工作正常
检查传动机构	传动正常，无卡滞
检查柜内照明	打开柜门照明灯应自动接通
检查箱柜门的密封和锁扣情况	柜门的密封和锁扣完好，无进水
检查接触器、电动机、传动齿轮、辅助触点、位置指示器、计数器	动作正确、灵敏
检查加热器、驱潮器	功能正常

（十一）冷却系统常规标准化检修

冷却系统常规标准化检修内容及标准见表 2-1-11。

表 2-1-11 冷却系统常规标准化检修内容及标准

检修内容	检修标准
检查风扇叶片与导风洞间隙	应无相互摩擦
检查风扇电机绝缘情况	用 500V 绝缘电阻表检查电机绝缘电阻应不小于 0.5MΩ
检查风扇电机运转情况	无反转现象，运转平稳，无杂声
风冷却器检修	清扫冷却器表面，用高压水喷枪或 0.1MPa 压缩空气对冷却器管束进行清扫冷却器管束间洁净无积灰、虫草等杂物
检查油泵密封情况	密封良好，无渗油
检查油泵出口油流继电器指示	开动油泵进行试验，油泵开动油流继电器应指向蓝色区域，指针无抖动
检查油泵运转情况	运转平稳，无杂声
检查冷却器总控箱	对冷却器总控制箱进行内部清扫，无积灰、虫草等杂物，对总控箱内各接线端子连接线、接线螺钉进行检查，连接导线无发热、烧焦、接线端子无松动，检查安全开关工作情况，安全开关工作正常
检查蝶阀位置	检查蝶阀位置、功能是否正常，位置、功能正常
检查连接部件	连接螺栓紧固，无松动

（十二）在线监测装置常规标准化检修

在线监测装置常规标准化检修内容及标准见表 2-1-12。

表 2-1-12 在线监测装置常规标准化检修内容及标准

检修内容	检修标准
检查阀门位置	位置正确
检查连接部件及载气装置	无渗漏油，载气装置压力正常
检查在线监测装置数据	数据准确，无异常
检查柜内驱潮、加热装置	装置完好，工作正常
检查柜体	干净、整洁，防火封堵完好

三、变压器排油内检标准化作业

（一）作业背景

变压器运行过程中，由于设备内部故障需停电开展排油内检工作，下面主要以 1000kV 变压器为例，对变压器排油内检标准化作业流程进行说明。

（二）设备基本情况

以型号为 ODFPS-1000000/1000 特高压变压器为例，容量 1 000 000kVA，详细参数见表 2-1-13 所示。

表 2-1-13 排油内检基本参数表

型号	ODFPS-1000000/1000	额定容量（MVA）	1000/1000/334
额定电压（kV）	$1050/\sqrt{3}/525/\sqrt{3}\pm4\times1.25\%/110$	冷却方式	OFAF
绝缘水平（kV）	h.v/m.v 中性点端子 LI/AC 325/140		
	l.v 线路端子 LI/AC 650/275		
调压变压器			
额定容量（MVA）	51.6/51.6	额定电压（kV）	109.981/29.725
补偿变压器			
额定容量（MVA）	17.1/17.1	额定电压（kV）	29.725/5.396
绝缘水平（kV）	X2-X3-X 中性点端子 LI/AC 325/140		
	a-x-x2 线路端子 LI/AC 650/275		

注 h.v 指高压绕组；m.v 指中压绕组；l.v 指低压绕组；LI 指雷电冲击电压；AC 指工频电压。

（三）备品备件、工器具准备

排油内检备品备件工器具准备见表 2-1-14。

表 2-1-14 排油内检备品备件、专用工器具表

序号	类别	名称	数量
1	车辆	吊车	1 台
2	机具	真空滤油机	2 台
3	机具	真空泵	1 台
4	机具	干燥空气发生器	1 台
5	工器具	储油柜（20t）	7 个
6	仪器仪表	电子真空计	2 支
7	仪器仪表	红外测温仪	1 台
8	备品备件	密封圈	1 套
9	工器具	专用工具	1 套

（四）作业流程

变压器排油内检标准化作业流程如图 2-1-1 所示。

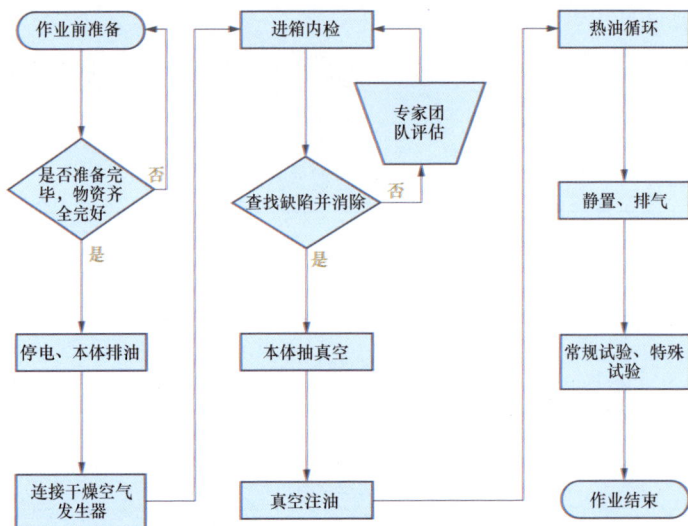

图 2-1-1 排油内检作业流程图

(五) 工期安排

根据工作项目制订标准化作业时间节点安排，见表 2-1-15。

表 2-1-15 排油内检工期计划表

工序	作业现场准备	排油	开箱内检	抽真空	真空注油热油循环	静置、常规试验	耐压、局部放电试验	验收
第1天	Ⅳ	Ⅳ						
第2天			Ⅱ					
第3天				Ⅳ				
第4天				Ⅳ				
第5天				Ⅳ				
第6天				Ⅳ				
第7天					Ⅳ			
第8天					Ⅳ			
第9天					Ⅳ			
第10天					Ⅳ			
第11天					Ⅳ			
第12天						Ⅲ		
第13天						Ⅲ		
第14天						Ⅲ		
第15天						Ⅲ		
第16天							Ⅱ	
第17天								Ⅲ

（六）作业风险管控措施

排油内检作业风险管控措施见表 2-1-16。

表 2-1-16　　　　　　　　排油内检作业风险管控措施

序号	工序	风险可能导致的后果	工序风险库等级	风险防范措施
1	油罐布置	中毒窒息、机械伤害、物体打击、环境污染、触电、火灾；本体油污染	中	（1）储油柜及大型真空滤油机的吊装涉及起重作业，起重机具应接地良好；吊车司机和起重人员必须持证上岗，作业全过程应设专人指挥，指挥人员应站在能全面观察到整个作业范围及吊车司机和司索人员的位置；任何工作人员发出紧急信号，必须停止吊装作业。 （2）储油柜可露天放置，但要检查确认阀门、人孔盖等密封良好，应做好接地措施及防雨、防潮措施，更换呼吸器硅胶。滤油场地附近应无易燃易爆物，并设置安全防护围栏、安全标志牌和消防器材。变压器、滤油机、油罐周边 10m 内严禁烟火，不得有动火作业。 （3）施工用电的设施应按已批准的施工组织措施设计进行，并符合运行单位的规定，在运行单位指定的电源箱接入电源，严禁私拉乱接。施工用电设施安装完毕后，应由专业人员负责管理运行及接线，严禁非专业人员拆、装施工用电设备；施工用电电缆及设备的绝缘必须良好，布线整齐，接地牢固可靠，并挂牌使用；施工用电、照明用电、熔丝熔断后，必须查明原因，排除故障后方可投入运行，施工电源用完后，应立即拆除，确保用电安全；电源箱处必须配备足够的合格灭火器。 （4）储油柜清洗作业人员进入储油柜内前必须充分通风，并测试含氧量不低于 18％方可进入，入罐清理工作至少两人，一人入油罐内进行清理工作，一人在外专职进行监护。作业现场禁止吸烟及明火。如需动火作业必须按照一级动火工作票执行。 （5）合理安排油罐、油桶、管路、滤油机、油泵等工器具放置位置并与带电设备保持足够的安全距离
2	一次引线拆、接	高空坠落、触电、物体打击；搭接面发热	中	（1）作业人员与相应电压等级带电设备保持安规规定的安全距离；使用升高车、吊机进行作业时，吊臂注意保持与相应电压等级带电设备足够安全距离，登高机具做好接地措施。

续表

序号	工序	风险可能导致的后果	工序风险库等级	风险防范措施
2	一次引线拆、接	高空坠落、触电、物体打击；搭接面发热	中	（2）作业人员在主变压器本体上作业时正确佩戴安全带，在转移作业位置时不准失去安全保护。 （3）确认接地线已挂设牢固，必要时用绑扎带等对接地线线夹进行加固。 （4）引线拆除前，引线需用缆风绳绑扎至牢固构架上，以免引线摆动至带电部位，回装时，待螺栓紧固后再拆除缆风绳。 （5）高空作业人员使用的工具及安装用的零部件，应放在随身佩带的工具袋内，不可随便向下丢掷，工具等用布带系好
3	主变压器本体排油	环境污染、触电、火灾；本体油污染、气体继电器误动	低	（1）残油集中回收，不得污染环境。 （2）排油速度不宜过快，以免大量跑油。 （3）合理安排油罐、油桶、管路、滤油机、油泵等工器具放置位置并与带电设备保持足够的安全距离
4	进箱开展引线拆接	中毒窒息、物体打击、高处坠落；遗落异物、多点接地、渗漏油	高	（1）进入主变压器前必须充分通风，并测试含氧量不低于18％方可进入，内检为两个人，一个人在外部，要不断与内部人员沟通，保证安全。 （2）进箱内检人员需穿防滑绝缘靴，移动过程需缓慢进行，落脚前先试探落脚点是否稳固不滑；内检人员必须全程正确佩戴安全帽，时刻注意周围环境，预防物体打击
5	套管拆除	机械伤害、高处坠落；设备损坏	高	（1）套管拆除前，仔细清理套管法兰、升高座及周边尘土、积污，防止杂质等落入油箱。 （2）使用套管安装专用吊具，起吊前再次检查吊具和吊带的安装情况。主吊车吊绳轻微受力，拆除套管法兰与升高座法兰的连接螺栓。拆卸过程中采取防护措施，防止螺栓落入油箱内部或坠落伤人。 （3）拆装套管底座与引线的连接螺栓时，应采用洁净塑料布或白布对均压球底部及外部绝缘层间缝隙进行防护，拆装后均压球内部应清理干净。内部连接引线拆除后，需对拆除的紧固件清点确认，防止遗漏在器身内

序号	工序	风险可能导致的后果	工序风险库等级	风险防范措施
5	套管拆除	机械伤害、高处坠落；设备损坏	高	（4）套管拆除后，立即用洁净塑料布对法兰面进行临时遮挡，防止异物侵入。套管尾部用拉伸膜包覆防护，地面枕木上铺放干净的塑料布，将套管水平放置。 （5）套管拆除全过程，持续向本体充入干燥空气（露点不高于−55℃），出气口采用塑料布包扎防护，防止局部气流导致潮气侵入本体。 （6）严禁人员攀爬套管，安全带应高挂低用，人员穿着防滑鞋
6	真空注油	环境污染、低压触电；变压器损坏、渗漏油	低	（1）合理安排油罐、油桶、管路、滤油机、油泵等工器具放置位置并与带电设备保持足够的安全距离。 （2）抽真空及真空注油过程应专人负责。抽真空设备应有电磁式止回阀，防止液压油倒灌进入变压器本体。禁止使用麦氏真空计。 （3）在注油过程中，变压器本体应可靠接地，防止产生静电。 （4）注油和补油时，作业人员应打开变压器各处放气塞放气，气塞出油后应及时关闭，并确认通往储油柜管路阀门已经开启
7	热油循环	机械伤害、环境污染、低压触电；本体油污染	低	（1）滤油机必须接地，滤油机管路与变压器接口可靠连接。 （2）油罐与油管的连接处及油管与其他设备之间的各个连接处必须绑扎牢固，严防发生跑油事故。 （3）热油循环过程中应时刻观察滤油机各个压力表及温度表，防止出现过热导致油质老化，甚至发生火灾，各个滤油机旁都应放有灭火器。 （4）滤油机所接电源应与滤油机功率相匹配，应定期检测滤油机电缆及电缆接头温度，防止电缆发热烧熔造成火灾。 （5）滤油机加热器应根据电源容量进行投切，防止负荷过大造成电源跳闸

序号	工序	风险可能导致的后果	工序风险库等级	风险防范措施
8	例行试验	高空坠落、机械伤害、低压触电、高压触电、绝缘击穿、剩磁导致保护误动	中	（1）一次设备试验工作不得少于2人；试验作业前，必须规范设置安全隔离区域，向外悬挂"止步，高压危险！"的警示牌。设专人监护，严禁非作业人员进入。高处作业应正确使用安全带，作业人员在转移作业位置时不准失去安全保护。 （2）调试过程试验电源应从试验电源屏或检修电源箱取得，严禁使用绝缘破损的电源线，用电设备与电源点距离超过3m的，必须使用带漏电保护器的移动式电源盘，试验设备和被试设备应可靠接地，设备通电过程中，试验人员不得中途离开。工作结束后应及时将试验电源断开。 （3）装、拆试验接线应在接地保护范围内，戴绝缘手套，穿绝缘鞋。在绝缘垫上加压操作，与加压设备保持足够的安全距离。更换试验接线前，应对测试设备充分放电。 （4）试验过程中，应有监护且不得少于2人；登高取样时应使用梯子并有专人扶梯；带电取样时，应与带电体保持安全距离；变压器外壳应可靠、独立接地；绝缘强度测试项目时应使用绝缘垫并设置安全围栏，测试过程中禁止触动仪器高压罩，以防高电压伤人；装样操作时不许用手触及电源及电极、油杯内部和试油
9	特殊试验	高空坠落、机械伤害、低压触电、高压触电、绝缘击穿、剩磁导致保护误动	高	（1）一次设备试验工作不得少于2人；试验作业前，必须规范设置安全隔离区域，向外悬挂"止步，高压危险！"的警示牌。设专人监护，严禁非作业人员进入。设备试验时，应将所要试验的设备与其他相邻设备做好物理隔离措施。 （2）调试过程试验电源应从试验电源屏或检修电源箱取得，严禁使用绝缘破损的电源线，用电设备与电源点距离超过3m的，必须使用带漏电保护器的移动式电源盘，试验设备和被试设备应可靠接地。 （3）装、拆试验接线应在接地保护范围内，穿绝缘鞋。在绝缘垫上加压操作，与加压设备保持足够的安全距离。 （4）更换试验接线前，应对测试设备充分放电。 （5）高处作业应正确使用安全带，作业人员在转移作业位置时不准失去安全保护。 （6）高压试验的安全措施已完善，试验设备和被试验设备外壳和铁芯及非试线圈已可靠接地（电抗器除外），升高座电流互感器二次绕组应短接并可靠接地，试验区域装设临时围栏和警告牌，并有专人警戒。 （7）耐压、局部放电试验时必须有监护人监视操作，操作人员应穿绝缘鞋，升压前后必须使调压器可靠回零并告知有关人员密切注意被试品。升压过程中，升压速度应平稳并密切注意有关仪表和设备情况，发现异常应立即降压或断开电源，进行放电，停止试验，待查明原因后，方可继续试验

（七）标准化作业

1. 检修现场布置

作业前，应将储油柜、滤油机、真空机组及干燥空气发生器摆放至指定位置，如图 2-1-2 所示。

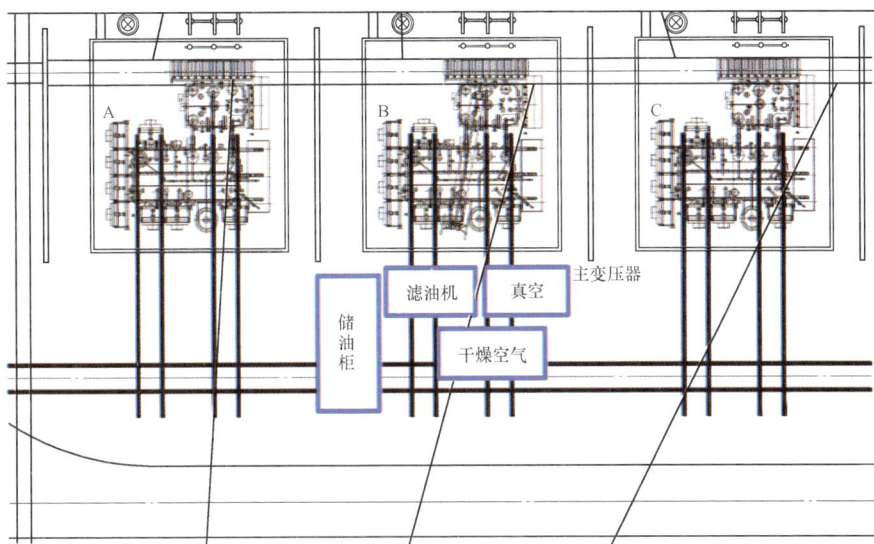

图 2-1-2　排油内检作业现场布置图

2. 本体排油

（1）排油前，应确认排油管路各连接部位密封良好，将干燥空气发生器管路各法兰面清理干净，确保变压器本体不会进入杂质。

（2）本体和储油柜应分开排油。变压器经过长时间运行，为了防止排油过程中储油柜底部可能存在的杂质进入本体，将储油柜内部绝缘油单独排至干净的空油罐内。排油启动开始同步打开储油柜呼吸管阀门，油位排至储油柜一半时，打开排气口阀门，用桶接流出的变压器油。待排气管无油流出时打开储油柜顶部呼吸管和排气管之间的连通阀，平衡胶囊内外压力。

（3）关闭本体与储油柜连接蝶阀，使本体与储油柜相互独立，对本体开展排油。油面至主瓦斯以下后，打开本体上部联管端部盖板（作为本体内部干燥空气的排气口）。排油至本体箱盖以下后，连接干燥空气发生器前，预吹 10min 以上，检查干燥空气露点不大于−55℃后，连接管路。将干燥空气发生器管路连接至本体箱盖蝶阀位置，连接前将管路和蝶阀法兰面清理干净。

（4）排油过程中，注意油管路不要受外力破坏，防止出现跑油情况。

（5）本体排油完毕后，拆除储油柜呼吸器，将干燥空气发生器管路连接至储油柜胶囊其中一个呼吸管，从另一个呼吸管排出多余干燥空气，防止胶囊压力过高，保证充气安全。

（6）本体排油结束后，测量并记录铁芯对地、夹件对地、铁芯和夹件之间的绝缘，试验电压 2500V，数值不小于 100MΩ。检修工作间断时，本体应充干燥空气至 0.01~0.03MPa，微正压保存并监测压力。

3. 进箱检查

（1）作业前，需遵循设备安装使用说明书及各项标准中环境要求，核实环境条件满足施工作业需求。空气湿度小于 65% 时，暴露时间不大于 12h；空气湿度在 65%~75% 时，暴露时间不大于 8h；空气湿度大于 75% 时，不具备进行检查条件。

（2）整个操作过程中，需持续向本体内部充入露点合格的干燥空气，避免本体内部受潮。

（3）进箱前，需要核实内部含氧量合格，不低于 18%。

（4）核实进箱工具并进行清点登记后，方可进箱。

（5）进箱检查项目如表 2-1-17 所示。

表 2-1-17　　　　　　　　　　　进箱内检项目

项目	检查内容
铁芯和铁芯接地系统的检查	铁芯到铁芯接地套管间接地线的绝缘和紧固件
	上、下夹件接地线的绝缘和紧固件
	夹件与夹件接地套管间的接地线的绝缘和紧固件
	夹件上的钢支架的紧固件
	旁轭屏蔽接地线的绝缘和紧固件
中性点引线和引线支架的检查	套管均压球安装情况
	引线进入均压球区域的绝缘情况
	引线支架的紧固件
	引线支架是否与铁芯可靠接触
器身可见部分的检查	器身绝缘上（可见部分）的绝缘件清洁度
	器身外旁轭屏蔽绝缘
	器身和箱底的定位螺栓的紧固情况
箱内清洁度	油箱内有无异物

（6）检查结束后，再次对工具进行清点，确保无遗漏。

4. 抽真空

（1）在本体安装真空计，在储油柜呼吸器管连接真空机组，对产品抽真空。打开储油柜上部胶囊内外联通阀门、关闭排气口阀门，打开气体继电器两端的蝶阀，如图 2-1-3 所示。

（2）抽真空过程中，应随时检查有无泄漏，为便于听到泄漏声，必要时可暂停真空泵，发现渗漏，及时处理。

泄漏率计算方式：当真空度小于 200Pa 时，关闭本体抽真空阀门和真空机组，静置 5min，记录此时的残压 P_1。30min 后，记录此时的残压 P_2。然后按式（2-1-1）进行泄漏率的计算

$$\eta = (P_2 - P_1) \times L / 1800 \qquad (2\text{-}1\text{-}1)$$

式中 η——泄漏率，Pa·L/s；

L——油箱容积为主体油质量，kg/0.9；

P_1、P_2——残压值，Pa。

油箱及管路的泄漏率 η 应小于 2000Pa·L/s，如果泄漏率 η 不符合此要求，则应检查渗漏点并处理。处理完成后，方可继续抽真空。

（3）满足泄漏要求后，继续抽真空至 30Pa 开始计时，持续抽空时间不小于 72h。

（4）抽真空期间，应安排人员进行 24h 值守，负责监视真空机组状态。

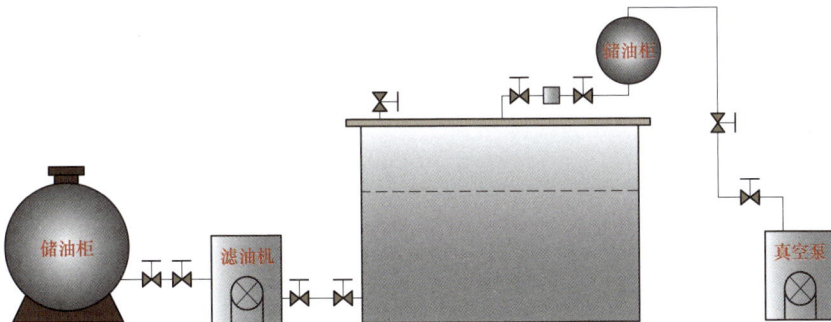

图 2-1-3 真空注油管路连接图

5. 真空注油

（1）注油前，应对绝缘油开展耐压、含水量、介质损耗、含气量、色谱、

颗粒度试验，并符合标准要求。

（2）将准备好的合格油，通过油箱下部的阀门注入油箱内。

（3）滤油机出口油温不超过 70℃，按照速度 2.5～3t/h 要求进行注油。同时从储油柜呼吸管处抽真空，继续注油至储油柜标准油位后停止注油，继续抽真空 2h 后停止，关闭储油柜顶部联通阀门，用干燥空气解除真空。

（4）排气口阀门处安装透明注油管。打开排气口阀门，将干燥空气连接于储油柜呼吸口，打开呼吸口阀门（联通阀门关闭状态）。将干燥空气充入胶囊内，至排气口阀门有连续的油流出，关闭排气口阀门。拆除呼吸口干燥空气联管，待胶囊内恢复标准大气压后进行油位调整。

（5）在储油柜注排油阀处安装透明油管至储油柜顶部，根据油温-油位曲线，观察油位计指示与真实油位是否一致。

（6）确认储油柜呼吸口阀门处于开启状态，呼吸口与排气口联通阀门处于关闭状态，排气口阀门处于关闭状态，储油柜注排油阀门处于关闭状态。如图 2-1-3 所示。

6. 热油循环

（1）将滤油机进油管路连接至油箱下部阀门，排油管路连接至顶部箱盖对角位置的阀门处，管路连接完成后进行热油循环，采用上进下出的方式。关闭下部冷却器和本体之间的阀门，保持上部冷却器和本体之间阀门处于开启状态，启动滤油机进行热油循环（开启脱气功能）。滤油机出口油温设定应不大于 70℃，循环流量控制在 8～10t/h。本体出口油温达 55℃ 开始计时，保持 72h。

（2）热油循环总时间应不低于 96h，上层油温不得超过 70℃。循环过程中，应注意加温均匀，升温速度以 10～15℃/h 为宜，应时刻观察滤油机各个压力表及温度表，防止出现过热导致油质老化甚至发生火灾的情况。

（3）热油循环结束后，取油样试验。试验结果应符合 GB/T 50832—2013 规定的标准，否则应继续热油循环，直至油质达标为止。

7. 静置、排气

静置时间应不低于 96h。静置期间，每 24h 进行 1 次高点排气，并做好记录。每次排气时，见有绝缘油溢出应立即拧紧排气塞，擦净溢出的油。排气塞的胶垫较小，要用力适度，避免拧坏胶垫。试验前，再次进行排气，确保局部放电试验前本体内部无气体。

8. 常规试验

为提高作业效率，常规试验可在静置 24h 后（油温自然降至 20℃左右）开展，试验项目包括绕组直流电阻、绕组电压比、绕组连同套管的绝缘电阻、吸收比和极化指数、绕组连同套管的电容量和介质损耗、套管的电容量和介质损耗、铁芯及夹件绝缘电阻和绝缘油常规试验。如油温低于 5℃，不应开展上述试验。

9. 特殊试验

达到静放时间，且常规试验、绝缘油试验结果全部合格后，方可进行耐压、局部放电试验。试验后，应在 24h 后进行油中溶解气体分析。第 1 次取油样后，应手动逐台开启潜油泵，1h 后停泵，再间隔 1h 后进行第 2 次油中溶解气体分析（取油样范围应包括本体上、中、下 3 个位置），试验前后的油中溶解气体分析结果应无明显变化。

10. 验收、送电

严格按照施工、监理、业主三级验收机制开展验收工作，履行签字、确认手续，验收合格后方可恢复送电。

四、ABB GOE 型套管拉杆及底座更换标准化作业

（一）作业背景

ABB GOE 型套管拉杆与底座连接方式为钢制拉杆直接拧入紫铜底座形式，在安装过程中，如操作不当很容易造成底座内丝扣损坏，在运行过程中出现拉力不足导致紫铜底座与套管导电杆接触不良，产生过热、放电故障，因此需对套管拉杆及底座进行改造换型。

ABB GOE 套管拉杆及底座更换作业需结合停电处理，针对不同设备采用本体全排油或半排油方式开展，下面主要以 1000kV 特高压变压器高压套管为例，对套管拉杆及底座更换标准化作业流程进行说明，关于本体注、排油及绝缘油处理等内容参见第二章第三节。

（二）设备基本情况

1. 设备参数

以 ABB GOE2600-1950-2500-0.5 型号的套管为例，参数见表 2-1-18。

表 2-1-18　　　　　　　　　套管基本参数表

参数	指标	参数	指标
总高度（m）	14.2	上节高度（m）	11.73
吊重（t）	6.4	下节高度（m）	2.47

2. 套管拉杆系统结构、原理

ABB GOE 型套管拉杆系统结构如图 2-1-4 所示。套管顶部由载流接线端同导流管相连接，套管底部由紫铜底座与变压器内部引线相连接，紫铜底座与导流管通过拉杆系统压紧保证可靠连接，拉杆系统中有一个三层同心管结构，用于补偿拉杆承力时产生的形变量。其中，红色管为导流管，蓝色管为弹性管，绿色管为拉管，外瓷套与内拉杆通过三层同心管结构达到压紧和内外受力平衡。

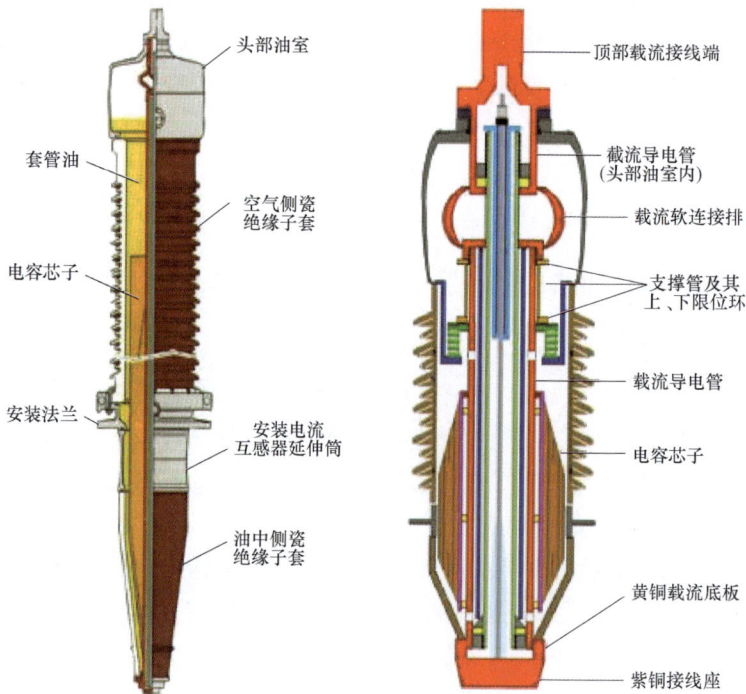

图 2-1-4　ABB GOE 型套管外形图

旧型拉杆与底座连接方式为钢制拉杆直接与铜质底座通过螺纹连接〔见图 2-1-5（a）〕，由于螺纹配合存在一定公差，在此连接方式下，如安装操作不当或拉杆拉力过大，将出现拉杆与底座连接松动等情况，进而导致套管过热、放电，影响设备安全运行。

新型拉杆与底座连接方式为下节拉杆直接与穿过紫铜底座的钢制螺栓连接后〔见图 2-1-5（b）〕，用螺母进行固定，其中除底座部分采用铜质，其余均采用钢质结构，有效改善承力结构强度，提高设备运行稳定性。

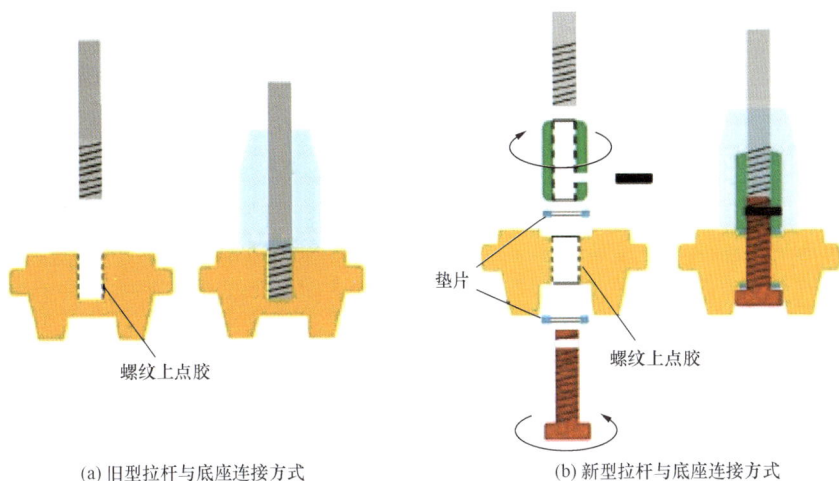

(a) 旧型拉杆与底座连接方式　　　　(b) 新型拉杆与底座连接方式

图 2-1-5　新、旧底座连接结构原理图

（三）备品备件、工器具准备

套管拉杆及底座更换备品备件、专用工器具见表 2-1-19。

表 2-1-19　　　　　套管拉杆及底座更换备品备件、专用工器具

序号	类别	名称	数量
1	工器具	吊车	2 台
2	工器具	真空滤油机	1 台
3	工器具	真空泵	1 台
4	工器具	干燥空气发生器	1 台
5	工器具	储油柜	充足
6	备品备件	1000kV GOE 套管上拉杆	1 套
7	备品备件	1000kV GOE 套管下拉杆及紫铜底座	1 套
8	备品备件	1000kV 套管拉杆导向管（PVC 管）	1 套
9	备品备件	1000kV 套管法兰密封垫	1 套
10	备品备件	1000kV 套管升高座人孔密封垫	1 套
11	专用工器具	1000kV 套管吊具	1 套
12	专用工器具	GOE 套管液压装置	1 套

（四）作业流程

ABB GOE 型套管拉杆及底座更换检标准化作业流程如图 2-1-6 所示。

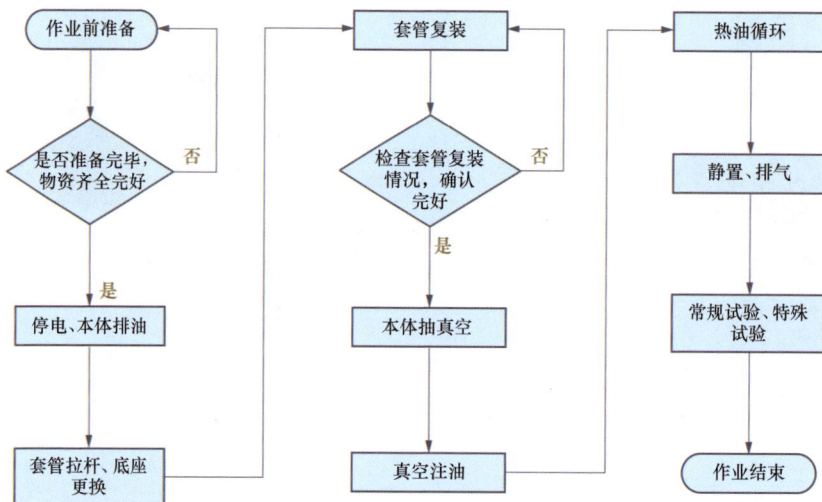

作业前准备 → 是否准备完毕，物资齐全完好（否 → 作业前准备）是 → 停电、本体排油 → 套管拉杆、底座更换

套管复装 → 检查套管复装情况，确认完好（否 → 套管复装）是 → 本体抽真空 → 真空注油

热油循环 → 静置、排气 → 常规试验、特殊试验 → 作业结束

图 2-1-6　拉杆、底座更换流程图

（五）工期安排

根据工作项目制定标准化作业时间节点安排，如表 2-1-20 所示。

表 2-1-20　　　　　　　　套管拉杆及底座工期计划

工序	作业现场准备，本体排油	套管取油样、引线拆除	套管拆除，套管拉杆、底座端子更换、套管复装	本体抽真空	本体真空注油、热油循环	本体静置、常规试验	耐压、局部放电试验	引线恢复、验收
第1天	Ⅳ							
第2天		Ⅲ						
第3天		Ⅲ						
第4天			Ⅰ					
第5天				Ⅳ				

工序	作业现场准备，本体排油	套管取油样、引线拆除	套管拆除，套管拉杆、底座端子更换、套管复装	本体抽真空	本体真空注油、热油循环	本体静置、常规试验	耐压、局部放电试验	引线恢复、验收
第 6 天				Ⅳ				
第 7 天				Ⅳ				
第 8 天				Ⅳ				
第 9 天				Ⅳ				
第 10 天					Ⅳ			
第 11 天					Ⅳ			
第 12 天					Ⅳ			
第 13 天					Ⅳ			
第 14 天					Ⅳ			
第 15 天						Ⅲ		
第 16 天						Ⅲ		
第 17 天						Ⅲ		
第 18 天						Ⅲ		
第 19 天							Ⅱ	
第 20 天							Ⅱ	
第 21 天								Ⅲ

（六）作业风险管控措施

套管拉杆及底座作业风险管控措施见表 2-1-21。

表 2-1-21　　　　　套管拉杆及底座作业风险管控措施

序号	工序	风险可能导致的后果	工序风险库等级	风险防范措施
1	油罐布置	中毒窒息、机械伤害、物体打击、环境污染、触电、火灾；本体油污染	中	（1）储油柜及大型真空滤油机的吊装涉及起重作业，起重机具应接地良好；吊车司机和起重人员必须持证上岗，作业全过程应设专人指挥，指挥人员应站在能全面观察到整个作业范围及吊车司机和司索人员的位置；任何工作人员发出紧急信号，必须停止吊装作业。

43

序号	工序	风险可能导致的后果	工序风险库等级	风险防范措施
1	油罐布置	中毒窒息、机械伤害、物体打击、环境污染、触电、火灾；本体油污染	中	（2）储油柜可露天放置，但要检查确认阀门、人孔盖等密封良好，应做好接地措施及防雨、防潮措施，更换呼吸器硅胶。滤油场地附近应无易燃易爆物，并设置安全防护围栏、安全标志牌和消防器材。变压器、滤油机、油罐周边 10m 内严禁烟火，不得有动火作业。 （3）施工用电的设施应按已批准的施工组织措施设计进行，并符合运行单位的规定，在运行单位指定的电源箱接入电源，严禁私拉乱接。施工用电设施安装完毕后，应由专业人员负责管理运行及接线，严禁非专业人员拆、装施工用电设备；施工用电电缆及设备的绝缘必须良好，布线整齐，接线牢固可靠，并挂牌使用；施工用电、照明用电、熔丝熔断后，必须查明原因，排除故障后方可投入运行，施工电源用完后，应立即拆除，确保用电安全；电源箱处必须配备足够的合格灭火器。 （4）储油柜清洗作业人员进入储油柜内前必须充分通风，并测试含氧量，不低于 18% 方可进入，入罐清理工作至少两人，一人入油罐内进行清理工作，一人在外专职进行监护。作业现场禁止吸烟及明火。如需动火作业必须按照一级动火工作票执行。 （5）合理安排油罐、油桶、管路、滤油机、油泵等工器具放置位置并与带电设备保持足够的安全距离
2	一次引线拆、接	高空坠落、触电、物体打击；搭接面发热	中	（1）作业人员与相应电压等级带电设备保持安规规定的安全距离；使用升高车、吊机进行作业时，吊臂注意保持与相应电压等级带电设备足够安全距离，登高机具做好接地措施。 （2）作业人员在主变压器本体上作业时正确佩戴安全带，在转移作业位置时不准失去安全保护。 （3）确认接地线已挂设牢固，必要时用绑扎带等对接地线夹进行加固。 （4）引线拆除前，引线需用缆风绳绑扎至牢固构架上，以免引线摆动至带电部位，回装时，待螺栓紧固后再拆除缆风绳。 （5）高空作业人员使用的工具及安装用的零部件，应放在随身佩带的工具袋内，不可随便向下丢掷，工具等用布带系好

序号	工序	风险可能导致的后果	工序风险库等级	风险防范措施
3	主变压器本体排油	环境污染、触电、火灾；本体油污染、气体继电器误动	低	（1）残油集中回收，不得污染环境。 （2）排油速度不宜过快，以免大量跑油。 （3）合理安排油罐、油桶、管路、滤油机、油泵等工器具放置位置并与带电设备保持足够的安全距离
4	进箱开展引线拆接	中毒窒息、物体打击、高处坠落；遗落异物、多点接地、渗漏油	高	（1）进入主变压器前必须充分通风，并测试含氧量，不低于18％方可进入，内检为两个人，一个人在外部，要不断与内部人员沟通，保证安全。 （2）进箱内检人员需穿防滑绝缘靴，移动过程需缓慢进行，落脚前先试探落脚点是否稳固不滑；内检人员必须全程正确佩戴安全帽，时刻注意周围环境，预防物体打击
5	套管拆除	机械伤害、高处坠落；设备损坏	高	（1）套管拆除前，仔细清理套管法兰、升高座及周边尘土、积污，防止杂质等落入油箱。 （2）使用套管安装专用吊具，起吊前再次检查吊具和吊带的安装情况。主吊车吊绳轻微受力，拆除套管法兰与升高座法兰的连接螺栓。拆卸过程中采取防护措施，防止螺栓落入油箱内部或坠落伤人。 （3）拆装套管底座与引线的连接螺栓时，应采用洁净塑料布或白布对均压球底部及外部绝缘层间缝隙进行防护，拆除后均压球内部应清理干净。内部连接引线拆除后，需对拆除的紧固件清点确认，防止遗漏在器身内。 （4）套管拆除后，立即用洁净塑料布对法兰面进行临时遮挡，防止异物侵入。套管尾部用拉伸膜包覆防护，地面枕木上铺放干净的塑料布，将套管水平放置。 （5）套管拆除全过程，持续向本体充入干燥空气（露点不高于－55℃），出气口采用塑料布包扎防护，防止局部气流导致潮气侵入本体。 （6）严禁人员攀爬套管，安全带应高挂低用，人员穿着防滑鞋

序号	工序	风险可能导致的后果	工序风险库等级	风险防范措施
6	真空注油	环境污染、低压触电；变压器损坏、渗漏油	低	（1）合理安排油罐、油桶、管路、滤油机、油泵等工器具放置位置并与带电设备保持足够的安全距离。 （2）抽真空及真空注油过程应专人负责。抽真空设备应有电磁式止回阀，防止液压油倒灌进入变压器本体。禁止使用麦氏真空计。 （3）在注油过程中，变压器本体应可靠接地，防止产生静电。 （4）注油和补油时，作业人员应打开变压器各处放气塞放气，气塞出油后应及时关闭，并确认通往储油柜管路阀门已经开启
7	热油循环	机械伤害、环境污染、低压触电；本体油污染	低	（1）滤油机必须接地，滤油机管路与变压器接口可靠连接。 （2）油罐与油管的连接处及油管与其他设备之间的各个连接处必须绑扎牢固，严防发生跑油事故。 （3）热油循环过程中应时刻观察滤油机各个压力表及温度表，防止出现过热导致油质老化甚至发生火灾，各个滤油机旁都应放有灭火器。 （4）滤油机所接电源应与滤油机功率相匹配，应定期检测滤油机电缆及电缆接头温度，防止电缆发热烧熔造成火灾。 （5）滤油机加热器应根据电源容量进行投切，防止负荷过大造成电源跳闸
8	例行试验	高空坠落、机械伤害、低压触电、高压触电；绝缘击穿、剩磁导致保护误动	中	（1）一次设备试验工作不得少于2人；试验作业前，必须规范设置安全隔离区域，向外悬挂"止步，高压危险!"的警示牌。设专人监护，严禁非作业人员进入。高处作业应正确使用安全带，作业人员在转移作业位置时不准失去安全保护。 （2）调试过程试验电源应从试验电源屏或检修电源箱取得，严禁使用绝缘破损的电源线，用电设备与电源点距离超过3m的，必须使用带漏电保护器的移动式电源盘，试验设备和被试设备应可靠接地，设备通电过程中，试验人员不得中途离开。工作结束后应及时将试验电源断开。

序号	工序	风险可能导致的后果	工序风险库等级	风险防范措施
8	例行试验	高空坠落、机械伤害、低压触电、高压触电；绝缘击穿、剩磁导致保护误动	中	（3）装、拆试验接线应在接地保护范围内，戴绝缘手套，穿绝缘鞋。在绝缘垫上加压操作，与加压设备保持足够的安全距离。更换试验接线前，应对测试设备充分放电。 （4）试验过程中，应有监护且不得少于2人；登高取样时应使用梯子并有专人扶梯；带电取样时，应与带电体保持安全距离；变压器外壳应可靠、独立接地；绝缘强度测试项目时应使用绝缘垫并设置安全围栏，测试过程中禁止触动仪器高压罩，以防高电压伤人；装样操作时不许用手触及电源及电极、油杯内部和试油
9	特殊试验	高空坠落、机械伤害、低压触电、高压触电；绝缘击穿、剩磁导致保护误动	高	（1）一次设备试验工作不得少于2人；试验作业前，必须规范设置安全隔离区域，向外悬挂"止步，高压危险！"的警示牌。设专人监护，严禁非作业人员进入。设备试验时，应将所要试验的设备与其他相邻设备做好物理隔离措施。 （2）调试过程试验电源应从试验电源屏或检修电源箱取得，严禁使用绝缘破损的电源线，用电设备与电源点距离超过3m的，必须使用带漏电保护器的移动式电源盘，试验设备和被试设备应可靠接地。 （3）装、拆试验接线应在接地保护范围内，穿绝缘鞋。在绝缘垫上加压操作，与加压设备保持足够的安全距离。 （4）更换试验接线前，应对测试设备充分放电。 （5）高处作业应正确使用安全带，作业人员在转移作业位置时不准失去安全保护。 （6）高压试验的安全措施已完善，试验设备和被试验设备外壳和铁芯及非试线圈已可靠接地（电抗器除外），升高座电流互感器二次绕组应短接并可靠接地，试验区域装设临时围栏和警告牌，并有专人警戒。 （7）耐压、局部放电试验时必须有监护人监视操作，操作人员应穿绝缘鞋，升压前后必须使调压器可靠回零并告知有关人员密切注意被试品。升压过程中，升压速度应平稳并密切注意有关仪表和设备情况，发现异常应立即降压或断开电源，进行放电，停止试验，待查明原因后，方可继续试验

（七）标准化作业

1. 现场布置

作业前，应将储油柜、滤油机、真空机组及干燥空气发生器摆放至指定位置，如图 2-1-7 所示。

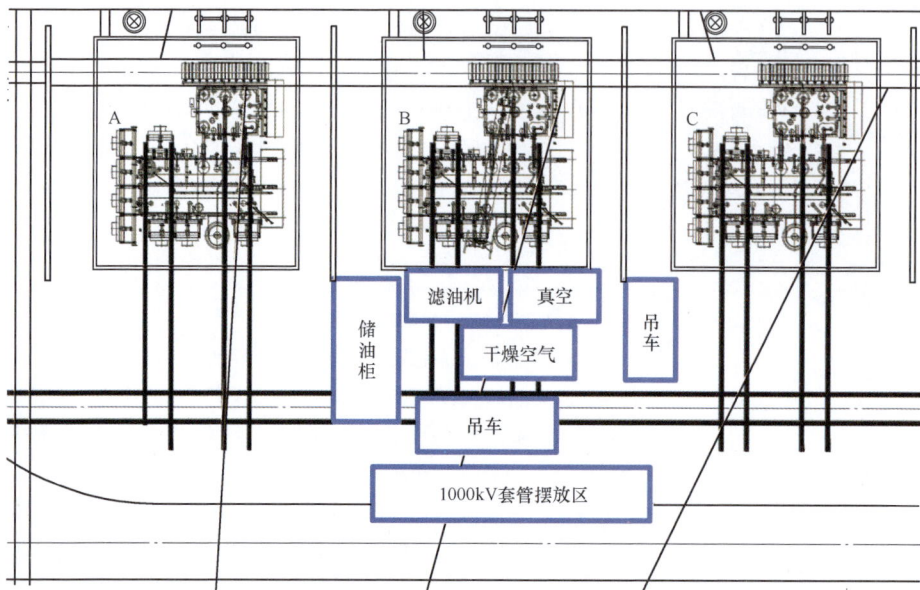

图 2-1-7　GOE 套管拉杆及底座更换现场布置图

2. 本体排油

本体与储油柜排油分开进行，排油前确认排油管路各连接部位密封良好，防止排油过程中绝缘油泄漏，详见第二章第三节排油部分。

3. 套管取油样、引线拆除

（1）取油样工艺应严格按照 ABB 公司标准要求开展，并对油样进行油中溶解气体分析。

（2）引线拆除后，应检查线夹及螺栓情况并妥善保管。

4. 套管拆装、拉杆及底座端子更换

（1）套管拆除。

1）作业前，确认天气状况，无雨、风力小于 4 级且环境相对湿度不高于 75％。

2）在高压侧套管升高座位置搭设脚手架，便于套管底部引线拆除。套管拆除前，清理套管法兰、套管升高座周围，防止异物落入油箱。

3）提前准备塑料布（尺寸比升高座法兰口大至少 500mm，保证全部覆盖升高座法兰口），更换过程中及时覆盖防护打开的法兰口。

4）安装套管专用吊具，检查套管吊具和吊带的安装状况。启动吊车（75t），吊绳稍微受力，拆除套管法兰与升高座法兰的连接螺栓、人孔封盖，拆卸的螺栓需要整体集中存放，并做好数量的清点和记录。拆卸过程中应采取防护措施，防止螺栓落入油箱内部或坠落伤人。拆除将军帽时，应加挂临时接地线，防止感应电伤人。

5）套管起吊前，使用手持吸尘器对螺栓孔进行清洁。清洁后，使用磁铁进行二次清洁，最后用磁力棒进行检查，检查无金属异物后，方可进行套管起吊。

6）操作人员需穿专用连体服，佩戴头套和雨靴，从升高座人孔处进入产品内部拆除引线。

7）套管起吊过程中，应听从内部操作人员的指挥。当套管整体起吊一定高度后，断开内部引线，将套管整体吊出。

8）套管拆除后，及时使用塑料布或封板将升高座套管安装孔和人孔封闭，防止异物进入油箱。套管尾部用塑料膜进行覆盖防护，地面铺放干净的塑料布，如图 2-1-8 所示。

(a) 起吊

(b) 放置

图 2-1-8　高压套管水平起吊及放置

9）套管接近地面时，需在法兰处安装辅助吊具，利用吊车（25t）吊起法兰，两部吊车协同配合，套管成水平状态，然后落放至地面支撑垫块上，将套管水平放置。

10）从拆除套管开始到本体密封抽真空为器身暴露时间，必须满足以下要求：空气湿度小于65％时，暴露时间不大于12h；空气湿度在65％~75％时，暴露时间不大于8h；空气湿度大于75％时，不具备施工条件。如出现异常天气，应立即用盖板密封，并充干燥空气保存。拆除的套管应立即用塑料布包扎套管尾部（连同安装法兰）和头部。若变压器开盖后当日工作未完成，应在升高座法兰位置安装盖板工装，对本体充干燥空气至0.01~0.03MPa，进行微正压保存并监测压力。

图2-1-9　套管将军帽内部检查、拍照

（2）旧拉杆拆除。

1）拆除套管顶部将军帽，检查将军帽内部有无磕碰损伤、过热、放电痕迹，并拍照记录，如图2-1-9所示。

2）测量套管拉杆系统顶部各部位尺寸。按图2-1-10所示位置测量并记录拉杆端部高于导流管长度 X_1 值（mm）、拉杆顶部高出紧固螺母长度 b 值（mm）、补偿铝管露出长度 c 值（mm）、顶部拉杆与导流管内部最大距离 W_{max} 值及最小距离 W_{min} 值。

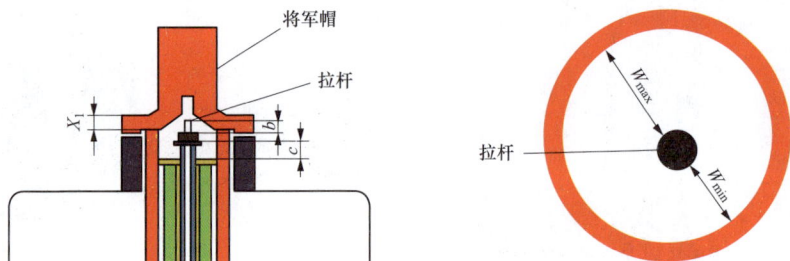

图2-1-10　套管拉杆顶部检查尺寸示意图

3）开展拉力校核。安装专用液压装置，液压装置的拉杆套筒与套管顶部拉杆螺纹连接应不小于10mm。液压工装从10kN开始缓慢施加拉力，直至可以通过中部套筒手动拆卸拉杆螺母为止，记录施加力的数值，如图2-1-11所示。

4）拉力超过55kN（易造成紫铜底座内丝损坏）或低于25kN（易造成紫

铜底座与套管下部法兰面压力不足），记录校核数据，后对整套拉杆系统进行更换。

（3）新拉杆安装。

1）组装拉杆，检查拉杆连接套部位，组装完毕后的拉杆上可看到螺纹牙数不超过 3 牙，如图 2-1-12 所示。

2）补偿钢管上端应将定心圈套在对应位置，如图 2-1-13 所示。

图 2-1-11 液压工装安装示意图

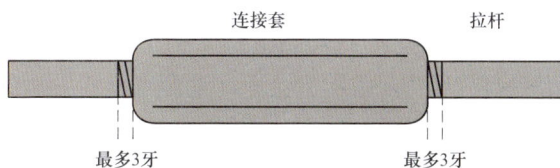

连接套　　　　　　　　拉杆

最多3牙　　　　　　　最多3牙

图 2-1-12 螺纹牙数不超过 3 牙

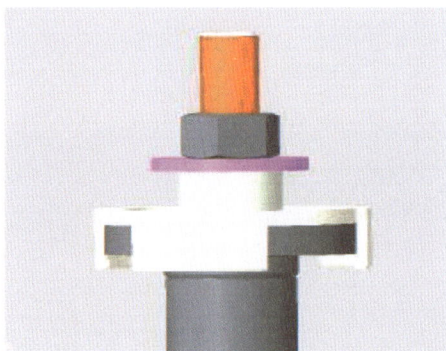

图 2-1-13 定心圈套在补偿钢管上端

3）在拉杆进入套管之前，相应地将支撑套卡在拉杆法兰位置的连接套上部，如图 2-1-14 所示。

4）将拉杆装入套管内，确保支撑环顺利进入套管中心管。如果螺母不能很顺利地旋到拉杆顶部螺纹上，在拉杆顶部螺纹上仔细地涂润滑脂，用白布擦去多余的润滑脂，确保螺母的螺纹牙和拉杆顶部螺纹牙清洁、无受损、并适当润滑。

5）用 10N·m 扭矩拧螺母后，测量距离 a，如图 2-1-15 所示。

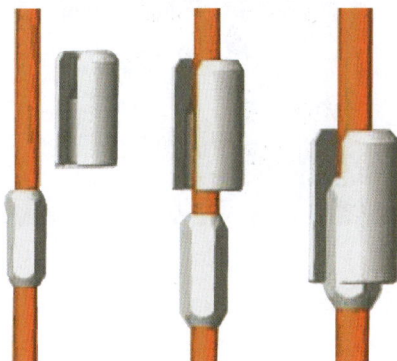

图 2-1-14　支撑套安装

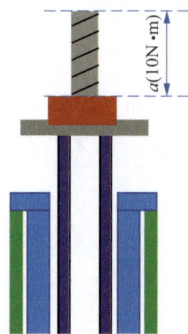

图 2-1-15　螺母上部拉杆
长度 a

6）重新安装将军帽，并更换新的 O 形圈。按对角交叉逐步拧紧 M10 螺钉①40N·m，然后对角交叉逐步拧紧 M8 螺钉②20N·m，如图 2-1-16 所示。

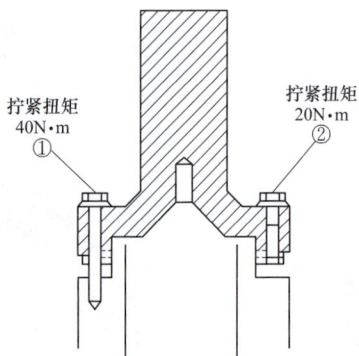

图 2-1-16　将军帽安装图

（4）拉杆拉力校核。

1）将 M16 连接套的连接杆与拉杆顶部螺纹连接，拉杆顶部应至少有长度 10mm 螺纹与连接杆连接，如图 2-1-17 所示。

2）将套筒扳手、千斤顶特制装置安装到位。

3）施加 40kN 压力，用手拧套筒扳手使拉杆螺母拧紧，拧紧后将专用工装

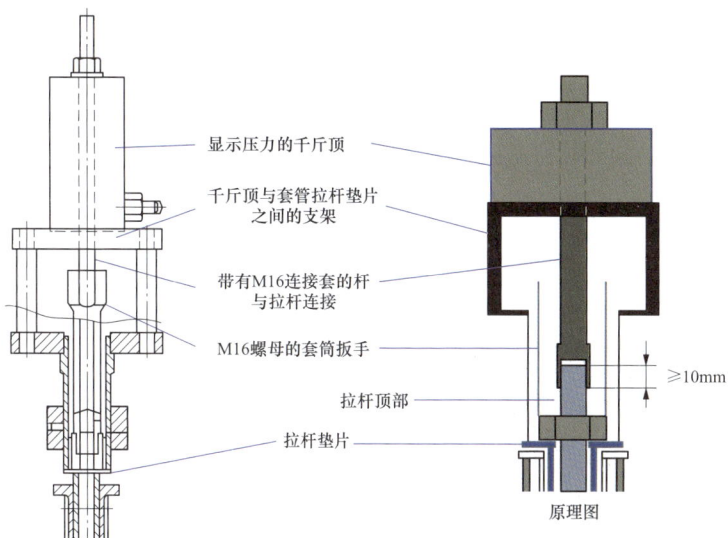

图 2-1-17 安装在套管拉杆顶部的专用工装安装图

拆除。

4）测量 40kN 压力后的距离 b 和螺母上部拉杆长度并记录，如图 2-1-18 所示。

5）回装外部端子前，测量拉杆顶部与套管顶部之间的距离 X_1 值并记录，如图 2-1-19 所示。

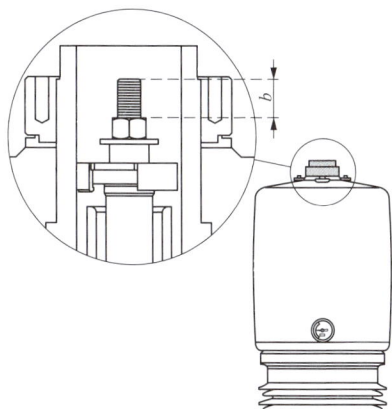

图 2-1-18 距离 b 和螺母上部拉杆长度

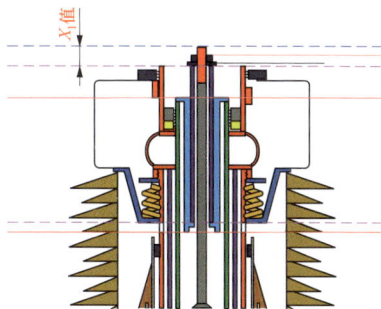

图 2-1-19 拉杆顶部与套管顶部之间的距离 X_1 值测量图

（5）套管复装。

1）使用 2 台吊车将套管水平均匀吊起至一定高度后，25t 辅助吊车停止上升，同时 75t 主吊继续上升，将套管缓慢吊起至与地面垂直状态，拆除辅助吊具。

2）将套管吊至升高座正上方，拆除套管油中部分的防护薄膜，更换套管与升高座之间的密封垫圈，旧密封垫应小心收起，做好防止异物落入升高座的安全措施。

图 2-1-20　高压套管与出线装置配合

3）将套管吊与升高座安装位置对正后缓慢下落，套管法兰距升高座法兰 550mm 左右时，厂家技术人员通过升高座人孔进人将引线与套管接线座连接。

4）套管继续降落，直到厂家技术人员开始安装套管紧固螺钉，对角紧固套管法兰和螺栓（厂家技术人员需要检查内部引线与套管配合情况，重点检查套管插入均压球的深度、套管与引线的同心度，并做好检查记录），如图 2-1-20 所示。

5）套管落到位后，对角紧固高压套管和升高座法兰螺栓。

（6）抽真空、真空注油、热油循环、静置、常规试验、特殊试验、验收、送电内容参见第二章第三节中"换流变压器排油内检标准化作业"内容。

五、PNO 型套管更换标准化作业

（一）作业背景

目前，经常性出现 P&V 套管油中溶解气体异常问题，特征气体含量严重超出规程要求时，需对套管进行整体更换。本节主要以 1000kV 电抗器高压套管为例，对更换标准化作业流程进行说明。

（二）设备基本情况

以 PNO.1100.2400.2500 型的油纸绝缘型套管为例，详细参数见表 2-1-22。

表 2-1-22　　　　　　　　　　PNO 型套管更换基本参数

参数	参数值	参数	参数值
总长度（m）	13.315	上节长度（m）	11.005
质量（kg）	6350	下节长度（m）	2.31

套管主要由空气侧接线端子、表带触指、油浸纸芯子绕制管、表带触指、油侧接线端子、储油柜组成，储油柜分布在套管底部法兰两侧，通过不锈钢软管连接至本体，使整体油路连通。储油柜内部有密闭的可伸缩的腔体，随油压变化而变化，从而实现套管内部绝缘油在温度变化带来的体积变化的补偿。压力表显示值为套管安装法兰处的相对压力，且套管内部处于满油状态。如图 2-1-21 所示。

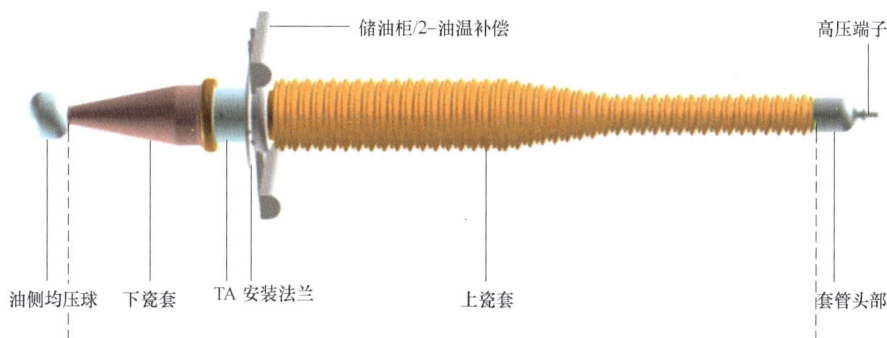

图 2-1-21　套管结构图

（三）备品备件、工器具准备

主要备品备件、工器具见表 2-1-23。

表 2-1-23　　　　　　　　PNO 型套管更换备品备件、工器具

序号	类别	名称	规格	数量
1	备品备件	1000kV P&V 套管	PNO.1100.2400.2500	1 支
2	备品备件	1000kV 套管法兰密封垫	氟硅	1 套
3	备品备件	1000kV 套管升高座人孔密封垫	氟硅	1 套
4	机具	吊车	50t	1 台
5	机具	吊车	25t	1 台
6	机具	真空机组（含注油管路及管接头）	4200m³/h	1 台
7	机具	真空滤油机（含注油管路及管接头）	12 000L/h	1 台
8	机具	干燥空气发生器	露点不大于−70℃	1 台
9	机具	低频加热设备	HVLF-1400kVA	1 台
10	机具	1000kV 套管吊具	—	1 套

（四）作业流程

以下为 PNO 型套管更换标准化作业流程，如图 2-1-22 所示。

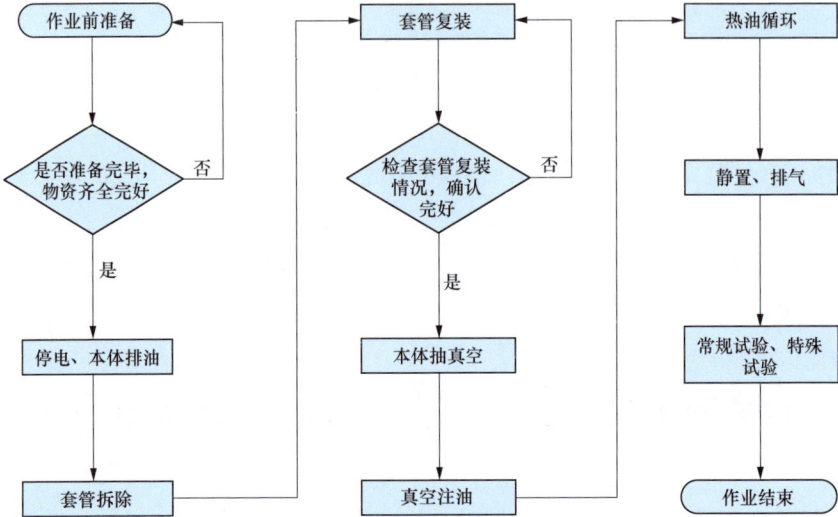

图 2-1-22　PNO 型套管更换流程图

（五）工期安排

根据工作项目制定标准化作业时间节点安排，见表 2-1-24。

表 2-1-24　　　　　　　　　　　　　工期安排

工序	作业现场准备	一次引线拆除	本体排油、高压套管拆除、新套管复装	抽真空	真空注油、热油循环	静置、常规试验	耐压试验	引线恢复、静放 24h 油样试验、验收
第 1 天	IV	III						
第 2 天			I					
第 3 天				IV				
第 4 天				IV				
第 5 天				IV				
第 6 天					IV			
第 7 天					IV			
第 8 天					IV			
第 9 天					IV			

工序	作业现场准备	一次引线拆除	本体排油、高压套管拆除、新套管复装	抽真空	真空注油、热油循环	静置、常规试验	耐压试验	引线恢复、静放24h油样试验、验收
第10天						Ⅲ		
第11天						Ⅲ		
第12天						Ⅲ		
第13天						Ⅲ		
第14天							Ⅱ	
第15天								Ⅲ

（六）作业风险管控措施

PNO 型套管更换作业风险管控措施见表 2-1-25。

表 2-1-25　　　　　　PNO 型套管更换作业风险管控措施

序号	工序	风险可能导致的后果	工序风险库等级	风险防范措施
1	油罐布置	中毒窒息、机械伤害、物体打击、环境污染、触电、火灾；本体油污染	中	（1）储油柜及大型真空滤油机的吊装涉及起重作业，起重机具应接地良好；吊车司机和起重人员必须持证上岗，作业全过程应设专人指挥，指挥人员应站在能全面观察到整个作业范围及吊车司机和司索人员的位置；任何工作人员发出紧急信号，必须停止吊装作业。（2）储油柜可露天放置，但要检查确认阀门、人孔盖等密封良好，应做好接地及防雨、防潮措施，更换呼吸器硅胶。滤油场地附近应无易燃易爆物，并设置安全防护围栏、安全标志牌和消防器材。变压器、滤油机、油罐周边10m内严禁烟火，不得有动火作业。（3）施工用电的设施应按已批准的施工组织措施设计进行，并符合运行单位的规定，在运行单位指定的电源箱接入电源，严禁私拉乱接。施工用电设施安装完毕后，应由专业人员负责管理运行及接线，严禁非专业人员拆、装施工用电设备；施工用电电缆及设备的绝缘必须良好，布线整齐，接地牢固可靠，并挂牌使用；施工用电、照明用电、熔丝熔断后，必须查明原因，排除故障后方可投入运行；施工电源用完后，应立即拆除，确保用电安全；电源箱处必须配备足够的合格灭火器。

序号	工序	风险可能导致的后果	工序风险库等级	风险防范措施
1	油罐布置	中毒窒息、机械伤害、物体打击、环境污染、触电、火灾；本体油污染	中	（4）储油柜清洗作业人员进入储油柜内前必须充分通风，并测试含氧量，不低于18%方可进入，入罐清理工作至少两人，一人入油罐内进行清理工作，一人在外专职进行监护。作业现场禁止吸烟及明火。如需动火作业必须按照一级动火工作票执行。 （5）合理安排油罐、油桶、管路、滤油机、油泵等工器具放置位置并与带电设备保持足够的安全距离
2	一次引线拆、接	高空坠落、触电、物体打击；搭接面发热	中	（1）作业人员与相应电压等级带电设备保持安规规定的安全距离；使用升高车、吊机进行作业时，吊臂注意保持与相应电压等级带电设备足够安全距离，登高机具做好接地措施。 （2）作业人员在主变本体上作业时正确佩戴安全带，在转移作业位置时不准失去安全保护。 （3）确认接地线已挂设牢固，必要时用绑扎带等对接地线线夹进行加固。 （4）引线拆除前，引线需用缆风绳绑扎至牢固构架上，以免引线摆动至带电部位，回装时，待螺栓紧固后再拆除缆风绳。 （5）高空作业人员使用的工具及安装用的零部件，应放在随身佩带的工具袋内，不可随便向下丢掷，工具要用布带系好
3	主变压器本体排油	环境污染、触电、火灾；本体油污染、气体继电器误动	低	（1）残油集中回收，不得污染环境。 （2）排油速度不宜过快，以免大量跑油。 （3）合理安排油罐、油桶、管路、滤油机、油泵等工器具放置位置并与带电设备保持足够的安全距离
4	进箱开展引线拆接	中毒窒息、物体打击、高处坠落；遗落异物、多点接地、渗漏油	高	（1）进入主变压器前必须充分通风，并测试含氧量，不低于18%方可进入，内检为两个人，一个人在外部，要不断与内部人员沟通，保证安全。 （2）进箱内检人员需穿防滑绝缘靴，移动过程需缓慢进行，落脚前先试探落脚点是否稳固不滑；内检人员必须全程正确佩戴安全帽，时刻注意周围环境，预防物体打击

序号	工序	风险可能导致的后果	工序风险库等级	风险防范措施
5	套管拆除	机械伤害、高处坠落；设备损坏	高	（1）套管拆除前，仔细清理套管法兰、升高座及周边尘土、积污，防止杂质等落入油箱。 （2）使用套管安装专用吊具，起吊前再次检查吊具和吊带的安装情况。主吊车吊绳轻微受力，拆除套管法兰与升高座法兰的连接螺栓。拆卸过程中采取防护措施，防止螺栓落入油箱内部或坠落伤人。 （3）拆装套管底座与引线的连接螺栓时，应采用洁净塑料布或白布对均压球底部及外部绝缘层间缝隙进行防护，拆装后均压球内部应清理干净。内部连接引线拆除后，需对拆除的紧固件清点确认，防止遗漏在器身内。 （4）套管拆除后，立即用洁净塑料布对法兰面进行临时遮挡，防止异物侵入。套管尾部用拉伸膜包覆防护，地面枕木上铺放干净的塑料布，将套管水平放置。 （5）套管拆除全过程，持续向本体充入干燥空气（露点不高于−55℃），出气口采用塑料布包扎防护，防止局部气流导致潮气侵入本体。 （6）严禁人员攀爬套管，安全带应高挂低用，人员穿着防滑鞋
6	真空注油	环境污染、低压触电；变压器损坏、渗漏油	低	（1）合理安排油罐、油桶、管路、滤油机、油泵等工器具放置位置并与带电设备保持足够的安全距离。 （2）抽真空及真空注油过程应专人负责。抽真空设备应有电磁式止回阀，防止液压油倒灌入变压器本体。禁止使用麦氏真空计。 （3）在注油过程中，变压器本体应可靠接地，防止产生静电。 （4）注油和补油时，作业人员应打开变压器各处放气塞放气，气塞出油后应及时关闭，并确认通往储油柜管路阀门已经开启
7	热油循环	机械伤害、环境污染、低压触电；本体油污染	低	（1）滤油机必须接地，滤油机管路与变压器接口可靠连接。 （2）油罐与油管的连接处及油管与其他设备之间的各个连接处必须绑扎牢固，严防发生跑油事故。

序号	工序	风险可能导致的后果	工序风险库等级	风险防范措施
7	热油循环	机械伤害、环境污染、低压触电；本体油污染	低	（3）热油循环过程中应时刻观察滤油机各个压力表及温度表，防止出现过热导致油质老化甚至发生火灾，各个滤油机旁都应放置灭火器。 （4）滤油机所接电源应与滤油机功率相匹配，应定期检测滤油机电缆及电缆接头温度，防止电缆发热烧熔造成火灾。 （5）滤油机加热器应根据电源容量进行投切，防止负荷过大造成电源跳闸
8	低频加热	低压触电、高空坠落、变压器局部过热、电缆起火	中	（1）变压器低频加热工作过程中，需24h值守，现场操作、值守人员不少于2人。 （2）低频加热前，应全面检查现场安全措施和被加热变压器本体状态（包括检查套管电流互感器二次绕组可靠短接接地、油路阀门状态、铁芯和外壳接地、套管末屏可靠短接等措施）应满足加热条件。 （3）变压器低频加热装置集装箱及独立的输入开关柜金属外壳均应可靠接地，采用截面积不低于25mm²专用接地线与现场主地网可靠连接。 （4）低频加热所需供电容量大，线缆截面积完全满足加热供电容量要求，敷设的电源电缆，应尽量使电缆散开利于散热，避免各电缆间紧密接触或集中穿管，防止电缆局部过热起火。 （5）低频加热装置所需最大负荷电流为630A，现场开关柜额定电流800A满足要求，检修人员操作低频加热装置，输出电流应缓慢增加，密切关注电流表指针变化，防止低频加热装置影响站用交流系统运行。 （6）低频加热装置输出端禁止接地和短路。 （7）低频加热区域应按规定放置检验合格的灭火器
9	例行试验	高空坠落、机械伤害、低压触电、高压触电；绝缘击穿、剩磁导致保护误动	中	（1）一次设备试验工作不得少于2人；试验作业前，必须规范设置安全隔离区域，向外悬挂"止步，高压危险！"的警示牌。设专人监护，严禁非作业人员进入。高处作业应正确使用安全带，作业人员在转移作业位置时不准失去安全保护。

序号	工序	风险可能导致的后果	工序风险库等级	风险防范措施
9	例行试验	高空坠落、机械伤害、低压触电、高压触电；绝缘击穿、剩磁导致保护误动	中	（2）调试过程试验电源应从试验电源屏或检修电源箱取得，严禁使用绝缘破损的电源线，用电设备与电源点距离超过 3m 的，必须使用带漏电保护器的移动式电源盘，试验设备和被试设备应可靠接地，设备通电过程中，试验人员不得中途离开。工作结束后应及时将试验电源断开。 （3）装、拆试验接线应在接地保护范围内，戴绝缘手套，穿绝缘鞋。在绝缘垫上加压操作，与加压设备保持足够的安全距离。更换试验接线前，应对测试设备充分放电。 （4）试验过程中，应有监护且不得少于 2 人；登高取样时应使用梯子并有专人扶梯；带电取样时，应与带电体保持安全距离；变压器外壳应可靠、独立接地；绝缘强度测试项目时应使用绝缘垫并设置安全围栏，测试过程中禁止触动仪器高压罩，以防高电压伤人；装样操作时不许用手触及电源及电极、油杯内部和试油
10	特殊试验	高空坠落、机械伤害、低压触电、高压触电；绝缘击穿、剩磁导致保护误动	高	（1）一次设备试验工作不得少于 2 人；试验作业前，必须规范设置安全隔离区域，向外悬挂"止步，高压危险！"的警示牌。设专人监护，严禁非作业人员进入。设备试验时，应将所要试验的设备与其他相邻设备做好物理隔离措施。 （2）调试过程试验电源应从试验电源屏或检修电源箱取得，严禁使用绝缘破损的电源线，用电设备与电源点距离超过 3m 的，必须使用带漏电保护器的移动式电源盘，试验设备和被试设备应可靠接地。 （3）装、拆试验接线应在接地保护范围内，穿绝缘鞋。在绝缘垫上加压操作，与加压设备保持足够的安全距离。 （4）更换试验接线前，应对测试设备充分放电。 （5）高处作业应正确使用安全带，作业人员在转移作业位置时不准失去安全保护。

续表

序号	工序	风险可能导致的后果	工序风险库等级	风险防范措施
10	特殊试验	高空坠落、机械伤害、低压触电、高压触电；绝缘击穿、剩磁导致保护误动	高	（6）高压试验的安全措施已完善，试验设备和被试验设备外壳和铁芯及非试线圈已可靠接地（电抗器除外），升高座电流互感器二次绕组应短接并可靠接地，试验区域装设临时围栏和警示牌，并有专人警戒。 （7）耐压、局部放电试验时必须有监护人监视操作，操作人员应穿绝缘鞋，升压前后必须使调压器可靠回零并告知有关人员密切注意被试品。升压过程中，升压速度应平稳并密切注意有关仪表和设备情况，发现异常应立即降压或断开电源，进行放电，停止试验，待查明原因后，方可继续试验

（七）标准化作业

1. 检修现场布置

作业前，应将储油柜、滤油机、真空机组、干燥空气发生器、低频加热装置摆放至指定位置，如图 2-1-23 所示。

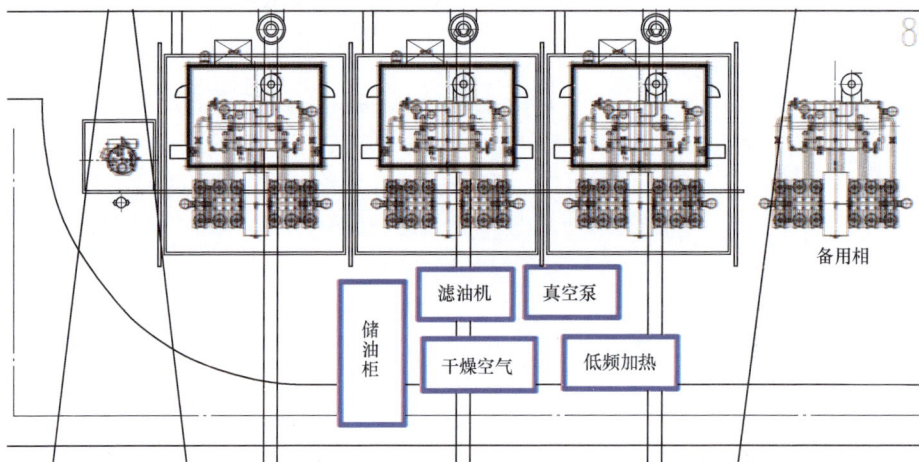

图 2-1-23　PNO 型套管更换作业现场布置图

2. 一次引线拆除

（1）拆除电抗器套管的一次引线及均压环。

（2）拆除后的螺栓应妥善保管。

3. 本体排油

（1）清理影响起吊高压套管周边区域。

（2）打开储油柜顶部平衡储油柜胶囊内外压力的旁通阀（ϕ25 波纹管铜阀门），拆除呼吸器，连接干燥空气发生。排油过程中，使用干燥空气发生器从呼吸器法兰处向油箱内充入露点低于−45℃的干燥空气，利用 12 000L/h 滤油机排出本体及附件绝缘油，排油管道从本体下部排油阀接入。

4. 原套管拆除

（1）对起重机具的能力进行校验，利用 1 台 50t 吊车、一台 25t 吊车进行套管吊装。

（2）根据吊装距离及吊装高度，选用 2 根长 13m 荷载 8t 的尼龙吊带、4 根长 6m 荷载 5t 的尼龙吊带、2 个 10t 卸扣、4 个 5t 卸扣、套管专用起吊工装。

5. 新套管检查

（1）检查瓷件表面是否损伤，金属表面是否锈蚀，是否有漏油现象。

（2）用软布擦去瓷套及连接套筒表面的尘土和油污，必要时使用溶剂擦拭干净。

（3）卸下套管头部的均压环，擦拭干净并用塑料布包好待用。

（4）仔细检查 O 形密封垫圈，如有损伤或老化必须更换。

（5）检查瓷套有无裂纹和渗漏，油位指示是否正常，瓷套端头有无裂纹和渗漏。

（6）对新套管进行取油样、油中溶解气体分析。

（7）对新套管进行频域介电谱（FDS）试验，检查新套管绝缘情况是否良好。

6. 新套管安装

（1）对起重机具的能力进行校验，使用 1 台 50t 吊车、1 台 25t 吊车进行套管吊装。

（2）根据吊装距离及吊装高度，选用 2 根长 13m 荷载 8t 的尼龙吊带、4 根长 6m 荷载 5t 的尼龙吊带、2 个 10t 卸扣、4 个 5t 卸扣、套管专用起吊工装。套管的起吊、安装应严格按照安装使用说明书规定及厂家技术人员的指导进行。

（3）搭设绝缘脚手架，在套管移至升高座上方时，缓慢放下套管，将升高座中的引线与套管底部接线端子连接并紧固连接螺栓。继续缓慢放下套管，直到套管法兰与升高座法兰完全接触后用螺栓紧固。

（4）更换新密封垫，重新紧固套管法兰、升高座手孔盖板、箱盖注放油阀门盖板。

7. 抽真空、真空注油

抽真空、真空注油部分参见第二章第三节变压器排油内检标准化作业部分内容。

图 2-1-24　低频加热装置现场布置图

8. 热油循环

不同环境温度下的热油循环方式有所不同。如环境温度大于5℃时，按常规热油循环方式开展；如环境温度在低于5℃时，采取增加低频加热和保温被辅助措施，以下为环境温度低于5℃时的热油循环方式。低频加热装置现场布置如图 2-1-24 所示。

（1）为保证本体出口油温快速达到55℃，在抽真空期间对本体四周、顶部加装两层保温棉被，最外层使用防水帆布对本体进行防风、防水包裹，在本体四周（防水帆布内侧）装设总数量不少于 10 台的热风机（功率不小于 5kW）。

（2）将滤油机进油管路连接至油箱下部的 DN80 球阀，出油管路连接至顶部箱盖对角位置的 DN80 蝶阀处，加入低频辅助加热装置采用上进下出的方式进行热油循环（将低频加热装置的输出线分别与高压及中性点套管连接，将中压套管与中性点套管短接）。

（3）关闭下部冷却器与本体之间的阀门，保持上部冷却器和本体之间阀门处于打开状态。启动滤油机进行热油循环（开启脱气功能）。滤油机出口油温设定为不低于 70℃，循环流量控制在 8～10t/h。

（4）低频加热装置参数。低频加热设备的输出功率为 350kW。低频加热装置输出电流最大至 1200A。

（5）将顶层油温控制在 70～80℃，循环结束前应满足以下要求：从本体出口油温达到 55℃后的用低频加热装置持续循环时间应不小于 36h；循环时间应不小于 3～5 倍总油量/滤油机每小时流量；滤油机单独继续循环不小于60h（热油循环开始后，同步利用低频加热装置辅助加热，出口油温达到 55℃后继续利用低频加热装置辅助加热 36h）。

（6）热油循环时间总时间不小于 96h，上层油温不得超过 85℃。循环过程中应注意加温均匀，升温速度以 10～15℃/h 为宜，防止产生局部过热，特别是绕组部分，不应超过其绝缘耐热等级的最高允许温度。

（7）热油循环后，再次测量记录器身含水量，含水量应不大于 1%。

（8）热油循环期间，应安排人员 24h 值守，每小时巡视一次，并做好记录。循环过程中，应时刻观察滤油机各个压力表及温度表，防止出现过热导致油质老化甚至发生火灾。

（9）热油循环结束前，应取油样进行绝缘油试验（耐压、含水量、介质损耗、含气量、油中溶解气体分析、颗粒度），并满足标准要求。否则仍应继续热油循环，直至油质达标为止。

（10）静置、排气、常规试验、特殊试验、验收、送电内容参见第二章第三节变压器排油内检标准化作业部分内容。

六、低温环境下变压器安装标准化作业

（一）作业背景

本部分内容是关于 −20℃ 以下的低温环境下开展特高压变压器现场安装的标准化作业，重点针对低温环境下作业采取的相关辅助措施进行论述。

（二）设备基本情况

以 ODFPS-1000000/1000 型号的特高压变压器为例，参数见表 2-1-26。

表 2-1-26　　　　　　低温环境下变压器安装基本参数

型号	ODFPS-1000000/1000	额定容量（MVA）	1000/1000/334
额定电压（kV）	$1050/\sqrt{3}/525/\sqrt{3}\pm4\times1.25\%/110$	冷却方式	OFAF
绝缘水平（kV）	h.v. / m.v.　中性点端子　LI/AC　325/140		
	l.v　线路端子　LI/AC　650/275		
调压变压器			
额定容量（MVA）	51.6/51.6	额定电压（kV）	109.981/29.725
补偿变压器			
额定容量（MVA）	17.1/17.1	额定电压（kV）	29.725/5.396
绝缘水平（kV）	X2-X3-X　中性点端子　LI/AC　325/140		
	a-x-x2　线路端子　LI/AC　650/275		

（三）备品备件、工器具准备

低温环境下变压器安装主要备品备件、工器具如表 2-1-27 所示。

表 2-1-27　　　　低温环境下变压器安装备品备件、专用工器具

序号	类别	名称	规格	数量
1	备品备件	主变压器法兰密封垫	氟硅	1 套
2	备品备件	主变压器人孔密封垫	氟硅	1 套
3	施工器具	吊车	50t	1 台
4	施工器具	吊车	25t	1 台
5	施工器具	真空机组（含注油管路及管接头）	4200m³/h	1 台
6	施工器具	真空滤油机（含注油管路及管接头）	12 000L/h	1 台
7	施工器具	干燥空气发生器	露点不大于－70℃	1 台
8	施工器具	低频加热装置	单相 1200A 可调	1 台
9	施工器具	棉被	150cm×200cm	30 块
10	施工器具	热风机	5000W	10 台
11	专用工器具	1000kV 套管吊具	—	1 套

（四）作业流程

低温环境下变压器安装标准化作业流程如图 2-1-25 所示。

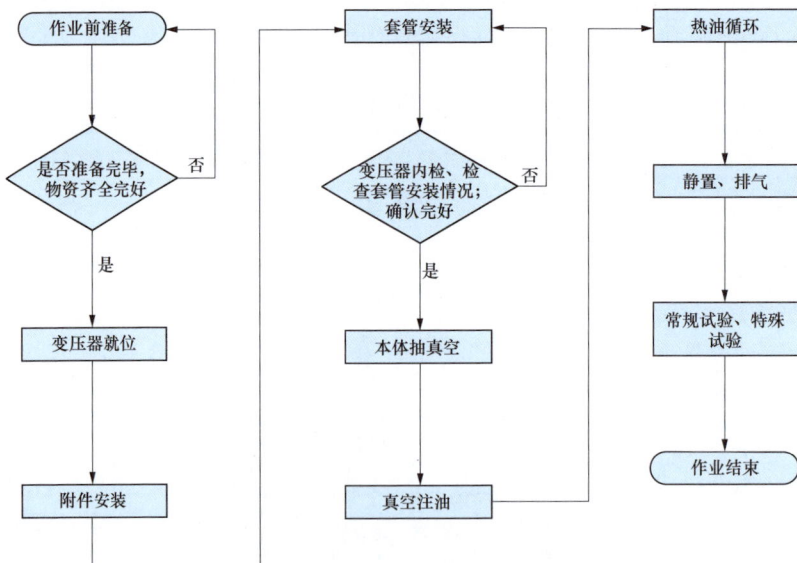

图 2-1-25　变压器安装流程图

（五）工期安排

根据工作项目制定标准化作业时间节点安排见表 2-1-28。

表 2-1-28　　　　　　变压器安装工期安排

工序	作业现场准备	变压器内检、套管安装 附件安装	抽真空	真空注油、热油循环	静置、常规试验	耐压、局部试验	引线恢复、静放24h 油样试验、验收
第 1 天	Ⅳ						
第 2 天		Ⅰ					
第 3 天		Ⅰ					
第 4 天			Ⅳ				
第 5 天			Ⅳ				
第 6 天			Ⅳ				
第 7 天				Ⅳ			
第 8 天				Ⅳ			
第 9 天				Ⅳ			
第 10 天				Ⅳ			
第 11 天				Ⅳ			
第 12 天					Ⅲ		
第 13 天					Ⅲ		
第 14 天					Ⅲ		
第 15 天					Ⅲ		
第 16 天						Ⅱ	
第 17 天							Ⅲ

（六）作业风险管控措施

变压器安装作业风险管控措施见表 2-1-29。

表 2-1-29　　　　　　变压器安装作业风险管控措施

序号	工序	风险可能导致的后果	工序风险库等级	风险防范措施
1	油罐布置	中毒窒息、机械伤害、物体打击、环境污染、触电、火灾；本体油污染	中	（1）储油柜及大型真空滤油机的吊装涉及起重作业，起重机具应接地良好；吊车司机和起重人员必须持证上岗，作业全过程应设专人指挥，指挥人员应站在能全面观察到整个作业范围及吊车司机和司索人员的位置；任何工作人员发出紧急信号，必须停止吊装作业。

序号	工序	风险可能导致的后果	工序风险库等级	风险防范措施
1	油罐布置	中毒窒息、机械伤害、物体打击、环境污染、触电、火灾；本体油污染	中	（2）储油柜可露天放置，但要检查确认阀门、人孔盖等密封良好，应做好接地措施及防雨、防潮措施，更换呼吸器硅胶。滤油场地附近应无易燃易爆物，并设置安全防护围栏、安全标志牌和消防器材。变压器、滤油机、油罐周边 10m 内严禁烟火，不得有动火作业。 （3）施工用电的设施应按已批准的施工组织措施设计进行，并符合运行单位的规定，在运行单位指定的电源箱接入电源，严禁私拉乱接。施工用电设施安装完毕后，应由专业人员负责管理运行及接线，严禁非专业人员拆、装施工用电设备；施工用电电缆及设备的绝缘必须良好，布线整齐，接地牢固可靠，并挂牌使用；施工用电、照明用电、熔丝熔断后，必须查明原因，排除故障后方可投入运行，施工电源用完后，应立即拆除，确保用电安全；电源箱处必须配备足够的合格灭火器。 （4）储油柜清洗作业人员进入储油柜内前必须充分通风，并测试含氧量，不低于 18% 方可进入，入罐清理工作至少两人，一人入油罐内进行清理工作，一人在外专职进行监护。作业现场禁止吸烟及明火。如需动火作业必须按照一级动火工作票执行。 （5）合理安排油罐、油桶、管路、滤油机、油泵等工器具放置位置并与带电设备保持足够的安全距离
2	一次引线拆、接	高空坠落、触电、物体打击；搭接面发热	中	（1）作业人员与相应电压等级带电设备保持安规规定的安全距离；使用升高车、吊机进行作业时，吊臂注意保持与相应电压等级带电设备足够安全距离，登高机具做好接地措施。 （2）作业人员在主变压器本体上作业时正确佩戴安全带，在转移作业位置时不准失去安全保护。 （3）确认接地线已挂设牢固，必要时用绑扎带等对接地线线夹进行加固。 （4）引线拆除前，引线需用缆风绳绑扎至牢固构架上，以免引线摆动至带电部位，回装时，待螺栓紧固后再拆除缆风绳。 （5）高空作业人员使用的工具及安装用的零部件，应放在随身佩带的工具袋内，不可随便向下丢掷，工具等用布带系好

序号	工序	风险可能导致的后果	工序风险库等级	风险防范措施
3	主变压器本体排油	环境污染、触电、火灾；本体油污染、气体继电器误动	低	（1）残油集中回收，不得污染环境。 （2）排油速度不宜过快，以免大量跑油。 （3）合理安排油罐、油桶、管路、滤油机、油泵等工器具放置位置并与带电设备保持足够的安全距离
4	进箱开展引线拆接	中毒窒息、物体打击、高处坠落；遗落异物、多点接地、渗漏油	高	（1）进入主变压器前必须充分通风，并测试含氧量，不低于18%方可进入，内检为两个人，一个人在外部，要不断与内部人员沟通，保证安全。 （2）进箱内检人员需穿防滑绝缘靴，移动过程需缓慢进行，落脚前先试探落脚点是否稳固不滑；内检人员必须全程正确佩戴安全帽，时刻注意周围环境，预防物体打击
5	套管拆除	机械伤害、高处坠落；设备损坏	高	（1）套管拆除前，仔细清理套管法兰、升高座及周边尘土、积污，防止杂质等落入油箱。 （2）使用套管安装专用吊具，起吊前再次检查吊具和吊带的安装情况。主吊车吊绳轻微受力，拆除套管法兰与升高座法兰的连接螺栓。拆卸过程中采取防护措施，防止螺栓落入油箱内部或坠落伤人。 （3）拆装套管底座与引线的连接螺栓时，应采用洁净塑料布或白布对均压球底部及外部绝缘层间缝隙进行防护，拆装后均压球内部应清理干净。内部连接引线拆除后，需对拆除的紧固件清点确认，防止遗漏在器身内。 （4）套管拆除后，立即用洁净塑料布对法兰面进行临时遮挡，防止异物侵入。套管尾部用拉伸膜包覆防护，地面枕木上铺放干净的塑料布，将套管水平放置。 （5）套管拆除全过程，持续向本体充入干燥空气（露点不高于−55℃），出气口采用塑料布包扎防护，防止局部气流导致潮气侵入本体。 （6）严禁人员攀爬套管，安全带应高挂低用，人员穿着防滑鞋
6	真空注油	环境污染、低压触电；变压器损坏、渗漏油	低	（1）合理安排油罐、油桶、管路、滤油机、油泵等工器具放置位置并与带电设备保持足够的安全距离。 （2）抽真空及真空注油过程应专人负责。抽真空设备应有电磁式止回阀，防止液压油倒灌进入变压器本体。禁止使用麦氏真空计。

序号	工序	风险可能导致的后果	工序风险库等级	风险防范措施
6	真空注油	环境污染、低压触电；变压器损坏、渗漏油	低	（3）在注油过程中，变压器本体应可靠接地，防止产生静电。 （4）注油和补油时，作业人员应打开变压器各处放气塞放气，气塞出油后应及时关闭，并确认通往储油柜管路阀门已经开启
7	热油循环	机械伤害、环境污染、低压触电；本体油污染	低	（1）滤油机必须接地，滤油机管路与变压器接口可靠连接。 （2）油罐与油管的连接处及油管与其他设备之间的各个连接处必须绑扎牢固，严防发生跑油事故。 （3）热油循环过程中应时刻观察滤油机各个压力表及温度表，防止出现过热导致油质老化甚至发生火灾，各个滤油机旁都应放置灭火器。 （4）滤油机所接电源应与滤油机功率相匹配，应定期检测滤油机电缆及电缆接头温度，防止电缆发热烧熔造成火灾。 （5）滤油机加热器应根据电源容量进行投切，防止负荷过大造成电源跳闸
8	低频加热	低压触电、高空坠落、变压器局部过热、电缆起火	中	（1）变压器低频加热工作过程中，需 24h 值守，现场操作、值守人员不少于 2 人。 （2）低频加热前，应全面检查现场安全措施和被加热变压器本体状态（包括检查套管电流互感器二次绕组可靠短接接地、油路阀门状态、铁芯和外壳接地、套管末屏可靠短接等措施）应满足加热条件。 （3）变压器低频加热装置集装箱及独立的输入开关柜金属外壳均应可靠接地，采用截面积不低于 25mm² 专用接地线与现场主地网可靠连接。 （4）低频加热所需供电容量大，线缆截面积完全满足加热供电容量要求，敷设的电源电缆，应尽量使电缆散开利于散热，避免各电缆间紧密接触或集中穿管，防止电缆局部过热起火。 （5）低频加热装置所需最大负荷电流为 630A，现场开关柜额定电流 800A 满足要求，检修人员操作低频加热装置，输出电流应缓慢增加，密切关注电流表指针变化，防止低频加热装置影响站用交流系统运行。 （6）低频加热装置输出端禁止接地和短路。 （7）频加热区域应按规定放置检验合格的灭火器

序号	工序	风险可能导致的后果	工序风险库等级	风险防范措施
9	例行试验	高空坠落、机械伤害、低压触电、高压触电；绝缘击穿、剩磁导致保护误动	中	（1）一次设备试验工作不得少于2人；试验作业前，必须规范设置安全隔离区域，向外悬挂"止步，高压危险！"的警示牌。设专人监护，严禁非作业人员进入。高处作业应正确使用安全带，作业人员在转移作业位置时不准失去安全保护。调试过程试验电源应从试验电源屏或检修电源箱取得，严禁使用绝缘破损的电源线，用电设备与电源点距离超过3m的，必须使用带漏电保护器的移动式电源盘，试验设备和被试设备应可靠接地，设备通电过程中，试验人员不得中途离开。工作结束后应及时将试验电源断开。 （2）装、拆试验接线应在接地保护范围内，戴绝缘手套，穿绝缘鞋。在绝缘垫上加压操作，与加压设备保持足够的安全距离。更换试验接线前，应对测试设备充分放电。 （3）试验过程中，应有监护且不得少于2人；登高取样时应使用梯子并有专人扶梯；带电取样时，应与带电体保持安全距离；变压器外壳应可靠、独立接地；绝缘强度测试项目时应使用绝缘垫并设置安全围栏，测试过程中禁止触动仪器高压罩，以防高电压伤人；装样操作时不许用手触及电源及电极、油杯内部和试油
10	特殊试验	高空坠落、机械伤害、低压触电、高压触电；绝缘击穿、剩磁导致保护误动	高	（1）一次设备试验工作不得少于2人；试验作业前，必须规范设置安全隔离区域，向外悬挂"止步，高压危险！"的警示牌。设专人监护，严禁非作业人员进入。设备试验时，应将所要试验的设备与其他相邻设备做好物理隔离措施。 （2）调试过程试验电源应从试验电源屏或检修电源箱取得，严禁使用绝缘破损的电源线，用电设备与电源点距离超过3m的，必须使用带漏电保护器的移动式电源盘，试验设备和被试设备应可靠接地。 （3）装、拆试验接线应在接地保护范围内，穿绝缘鞋。在绝缘垫上加压操作，与加压设备保持足够的安全距离。 （4）更换试验接线前，应对测试设备充分放电。

序号	工序	风险可能导致的后果	工序风险库等级	风险防范措施
10	特殊试验	高空坠落、机械伤害、低压触电、高压触电；绝缘击穿、剩磁导致保护误动	高	（5）高处作业应正确使用安全带，作业人员在转移作业位置时不准失去安全保护。 （6）高压试验的安全措施已完善，试验设备和被试验设备外壳和铁芯及非试线圈已可靠接地（电抗器除外），升高座电流互感器二次绕组应短接并可靠接地，试验区域装设临时围栏和警告牌，并有专人警戒。 （7）耐压、局部放电试验时必须有监护人监视操作，操作人员应穿绝缘鞋，升压前后必须使调压器可靠回零并告知有关人员密切注意被试品。升压过程中，升压速度应平稳并密切注意有关仪表和设备情况，发现异常应立即降压或断开电源，进行放电，停止试验，待查明原因后，方可继续试验

（七）标准化作业

1. 检修现场布置

作业前，应将储油柜、滤油机、真空机组及干燥空气发生器摆放至指定位置，如图 2-1-26 所示。

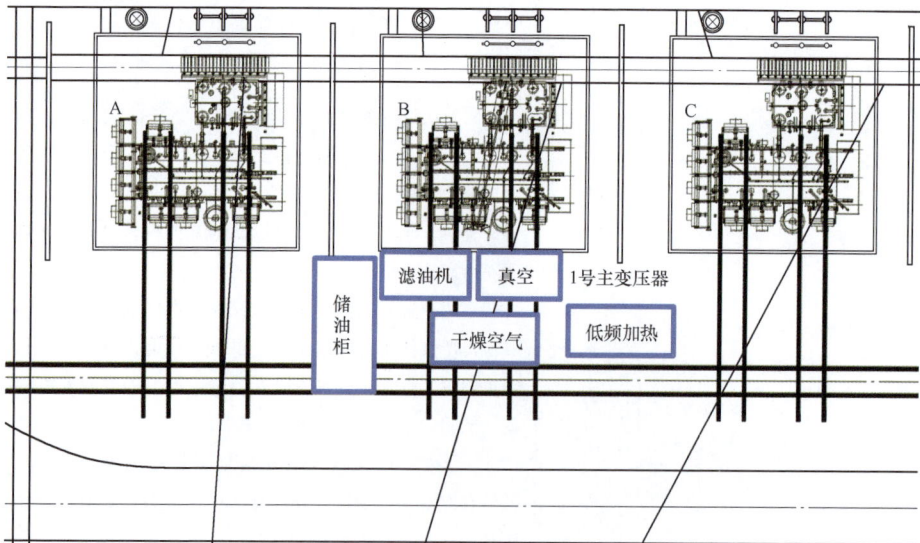

图 2-1-26　变压器安装作业现场布置图

2. 本体就位

（1）基础前方路面平整，满足地面承载力要求，防止地面下陷。在现场地面用钢板铺设 24 块，上部铺钢梁 6 块、枕木 120 块，将基础前的地面铺垫平整，确保在平移过程中安全和稳定。

（2）用 150t 千斤顶在变压器本体专用的 4 个顶升点上纵向多次交替顶升，为确保各部位附件在顶升过程中产生的震动值在最小范围内。每次单个千斤顶的顶起高度不超过 30mm，同时在本体和基础之间垫硬木板，做好保护，避免一侧倾斜度过大对变压器带来不良后果。

（3）当本体顶升至距基础高度 300mm 时，在底部一侧铺设枕木，将变压器一侧落于枕木之上，另一侧将双钢轨插入变压器与基础平台之间，然后将千斤顶落下，将变压器落于钢轨之上，然后再将另一侧顶起，并将原先垫在变压器底部的枕木抽出换双钢轨进入，并将两侧钢轨装上推进器，准备平移。

（4）本体上台后，仔细核对本体的安装位置，保证本体中心线与基础中心线一致。本体就位后，应对本体的外观、压力表及三维冲撞记录仪进行检查。

3. 附件安装

（1）高压出线装置安装。高压出线装置装配前，须将器身角环中固定纸圈取出。高压出线装置装配时，先调整器身角环，保证对准出线装置中心，然后将出线装置慢慢靠近本体，靠近到合适距离后保持出线装置不动，连接高压引出线并补包 1mm 绝缘。绝缘包好后将定位棒与油箱法兰上的定位孔相配，找准中心后慢慢推入，推到位后将出线装置用紧固出线装置与油箱紧固后，将支撑高压出线装置的支架摆正，调节高压出线装置支架上的螺栓长度，确保支架将高压出线装置撑紧后，将高压出线装置支架与基础预埋钢板焊接为一个整体。

（2）套管检查。

1）检查瓷件表面是否损伤，金属表面是否锈蚀，是否有漏油现象。

2）用软布擦去瓷套及连接套筒表面的尘土和油污，必要时使用溶剂擦拭干净。

3）卸下套管头部的均压环，擦拭干净并用塑料布包好待用。

4）仔细检查 O 形密封垫圈，如有损伤或老化必须更换。

5）检查瓷套有无裂纹和渗漏，油位指示是否正常，瓷套端头有无裂纹和渗漏。

（3）套管吊装。

1）对起重机具的能力进行校验，使用 1 台 50t 吊车、1 台 25t 吊车进行套管吊装。

2）根据吊装距离及吊装高度，选用 2 根长 13m、荷载 8t 的尼龙吊带，4 根长 6m、荷载 5t 的尼龙吊带，2 个 10t 卸扣、4 个 5t 卸扣、套管专用起吊工装。套管的起吊、安装应严格按照安装使用说明书规定及厂家技术人员的指导进行。

（4）套管安装。

1）搭设绝缘脚手架，拆除高压升高座，进行更换套管尾部接线端子，回装高压升高座。

2）在套管移至升高座上方时，缓慢放下套管，将升高座中的引线与套管底部接线端子连接并紧固连接螺栓。继续缓慢放下套管，直到套管法兰与升高座法兰完全接触后用螺栓紧固。

（5）冷却装置安装。

1）安装前，应按使用说明书做好安装前的检查及准备工作。

2）冷却装置内部应无锈蚀、雨水、油污等，现场可不安排内部冲洗。如有脏污，应用合格的绝缘油经滤油机循环将内部冲洗干净，并将残油排尽。

3）将框架与主体导油管连接固定好，然后按编号吊装冷却装置，安装油流继电器。

4）风扇电动机及叶片应安装牢固并且转动灵活，无卡阻。试转时应无振动过热，叶片应无扭曲变形或风筒碰擦等情况，转向正确。

5）油泵转向正确，转动时应无异常噪声、振动或过热现象。

6）管路中的阀门应操作灵活，开闭位置正确，阀门及法兰连接处应密封良好。

7）油流继电器应校验合格且密封良好，动作可靠。

8）冷却装置的外接油管路在安装前，应彻底除锈并清洗干净，做好油管的标识，标明流向。

9）在冷却器及油管的安装过程中，不允许扳动或打开主变压器油箱的任一阀门或密封板。

（6）储油柜安装。

1）储油柜安装前应擦洗干净，隔膜袋应完好无损，隔膜沿长度方向与储油柜长轴平行，不应有扭曲。检查连杆浮球沉浮自如，检查油位表指针是否灵活。

2）气体继电器安装前应进行检查，需符合使用要求。

3）安装好柜脚后，将储油柜就位，再安装储油柜梯子。

4）检查各连接法兰面，密封槽是否清洁，密封垫是否伏贴后再安装联管、蝶阀、气体继电器、防雨罩、释压器升高座、释压器及附件。

5）安装接地板、吸湿器。

4. 进箱检查

（1）施工前，按照设备安装使用说明书及各项标准中环境要求，核实环境条件满足施工作业需求。空气湿度小于 65％时，暴露时间不大于 12h；空气湿度在 65％～75％时，暴露时间不大于 8h；空气湿度大于 75％时，不具备进行检查条件。

（2）整个操作过程中需要持续向电抗器本体内部充入露点合格的干燥空气，避免电抗器受潮。

（3）进箱前，需要核实内部含氧量合格，不低于 18％。

（4）核实进箱工具并进行清点登记后方可进箱。

（5）进箱检查项目见表 2-1-30。

表 2-1-30　　　　　　　　　　　　进箱检查项目

项目名称	检查内容
铁芯和铁芯接地系统的检查	铁芯到铁芯接地套管间接地线的绝缘和紧固件
	上、下夹件接地线的绝缘和紧固件
	夹件与夹件接地套管间的接地线的绝缘和紧固件
	夹件上的钢支架的紧固件是否紧固
	旁轭屏蔽接地线的绝缘和紧固件
引线和引线支架的检查	套管均压球安装情况
	引线进入均压球区域的绝缘情况
	引线支架的紧固件是否固定可靠
	引线支架是否与铁芯可靠接触
器身可见部分的检查	器身绝缘上（可见部分）的绝缘件清洁度
	器身外旁轭屏蔽绝缘
	器身和箱底的定位螺栓的紧固情况
箱内清洁度	油箱内有无异物

（6）进箱结束后，再次对工具进行清点，确保无遗漏。

5. 抽真空、真空注油、热油循环、静置、排气、常规试验、特殊试验、
验收、送电

抽真空、真空注油、热油循环、静置、排气、常规试验、特殊试验、验
光、送电内容参见第二章第一节中"PNO型套管更换标准化作业"部分内容。

第二节　特高压电抗器标准化检修作业

一、检修作业准备

（1）检修计划一经批准，应在检修前做好检修计划的落实，组织开展检修
前勘察，落实人员、机具和物资，提前完成现场勘察记录、作业方案、作业
卡、工作票等文本资料编审。

（2）现场勘察由工作票签发人或工作负责人组织，现场勘察时，严禁改变
设备状态或进行其他与勘察无关的工作，严禁移开或越过遮栏，并注意与带电
部位保持足够的安全距离。

（3）参检单位应具备一级承装、承修、承试资质。

（4）外来参检人员应进行安规考试，考试合格，经设备运维管理单位认可
后，方可参与检修工作，特殊工种作业人员应持有职业资格证。

（5）检修前，应确认检修作业所需工机具、试验设备是否齐备，状态是否
良好。

（6）开工前，应进行现场安全技术交底，形成安全技术交底记录。

二、常规检修标准化作业

（一）设备常规标准化检修

设备常规标准化检修内容及标准见表 2-2-1。

表 2-2-1　　　　　　　　　设备常规标准化检修内容及标准

检修项目	检修标准
检查出厂铭牌	齐全、清晰可识别（含"油温—油位"曲线）
检查运行编号、相序标识	清晰可识别
检查本体及附件	无渗漏油（如储油柜顶部、套管储油柜等接近或高于油面的区域、在线监测装置进回油管路、冷却器进回油管路、法兰对界面、高压电抗器顶部放气塞等）

检修项目	检修标准
检查本体端子箱	无锈蚀、驱潮装置和加热升温装置工作正常、箱门密封良好、内部封堵良好无灰尘及杂物
检查接地系统	本体及附件接地良好、接地无锈蚀、各附件与本体接地线连接良好、黄绿油漆色标正确清晰
检查阀门接头	密封良好，阀门状态正确
检查套管接线板引线及线夹	引线应无散股、扭曲、断股现象，抱箍、线夹应无裂纹

（二）压力释放阀常规检修标准化作业

压力释放阀常规检修标准化作业内容及标准见表 2-2-2。

表 2-2-2　　　　　　　　**压力释放阀常规检修内容及标准**

检修项目	检修标准
检查压力释放阀密封情况	无渗油痕迹
检查压力释放阀信号回路	信号回路良好，手动拉升压力释放阀顶盖中间的机械指示杆至试验位置时，保护显示信号正确
检查压力释放阀外观及防雨罩	外观正常安装正常，无锈蚀，无脱落

（三）气体继电器标准化检修

气体继电器标准化检修内容及标准见表 2-2-3。

表 2-2-3　　　　　　　　**气体继电器检修内容及标准**

检修项目	检修标准
检查气体继电器密封情况	无渗油痕迹
检查气体继电器信号回路	信号回路良好，手动按下继电器试验按钮，保护显示信号正确
检查气体继电器回路绝缘情况	用 2500V 绝缘电阻表测量绝缘电阻不小于 2MΩ
检查气体继电器外观及防雨罩情况	安装正常，无锈蚀，无脱落
检查气体继电器取气装置	阀门应关闭，无渗油痕迹

（四）储油柜油位及油位计标准化检修

储油柜油位及油位计标准化检修内容及标准见表 2-2-4。

表 2-2-4   储油柜油位及油位计检修内容及标准

检修项目	检修标准
检查储油柜油位	按温度曲线查对油位计，指示正常
检查储油柜及连管、油位计密封情况	无渗漏油及油位计进水痕迹
检查储油柜油位计信号回路检查	回路绝缘应良好，用 2500V 绝缘电阻表测量绝缘电阻不小于 2MΩ
检查储油柜油位计外观及防雨罩的安装	外观正常，无锈蚀，无脱落

（五）测温装置标准化检修

测温装置标准化检修内容及标准见表 2-2-5。

表 2-2-5   测温装置标准化检修内容及标准

检修项目	检修标准
检查温度计指示情况	温度计指示正常
检查温度计、温控器密封情况	应密封良好，无渗漏油及温度计进水痕迹
检查温度计、温控器信号回路	回路应该良好，手动拨动指针，保护显示信号正确
检查温度计、温控器回路绝缘情况	用 2500V 绝缘电阻表测量绝缘电阻不小于 2MΩ
检查温度计、温控器外观及防雨罩情况	安装正常，无锈蚀，无脱落

（六）吸湿器检修标准化检修

吸湿器检修标准化检修内容及标准见表 2-2-6。

表 2-2-6   吸湿器检修标准化检修内容及标准

检修内容	检修标准
检查硅胶变色情况	变色量不超过 2/3
检查吸湿器外观	玻璃罩清洁、无破裂
检查油封杯	绝缘油清洁、无色

（七）套管检修标准化检修

套管检修标准化检修内容及标准见表 2-2-7。

表 2-2-7   套管检修标准化检修内容及标准

检修项目	检修标准
检查外绝缘情况	清洁绝缘子套管积尘和污垢
检查末屏及接线盒	检查末屏接地情况，检查接线盒锈蚀情况

续表

检修项目	检修标准
检查渗漏点	检查套管连接部位是否有渗漏现象
检查及调整油位	油位或气体压力正常，油位计或压力计就地指示应清晰，便于观察

（八）冷却器例行维护标准化检修

冷却器例行维护标准化检修内容及标准见表 2-2-8。

表 2-2-8　　　　　　　　冷却器例行维护检修内容及标准

检修项目	检修标准
检查散热片外观	检查确认外观洁净，必要时进行清洗
控制控箱检查	对冷却器总控制箱进行内部清扫，对总控箱内各接线端子连接线、接线螺钉进行检查，连接导线无发热、烧焦，接线端子无松动，检查开关工作情况
蝶阀位置检查	检查蝶阀位置、功能是否正常
联结部件检查	检查确认连接部件连接螺钉紧固，无松动
风扇检查	检查风扇叶片与导风洞间隙，检查风扇电机绝缘情况，检查风扇电机运转情况，无反转现象

三、排油内检标准化作业

（一）作业背景

高压电抗器运行过程中由于设备内部故障需停电开展排油内检工作，下面主要以 1000kV 高压电抗器为例，对高压电抗器排油内检标准化作业流程进行说明。

（二）设备基本情况

以型号为 BKDF-320000/1000 的特高压电抗器为例，如表 2-2-9 所示。

表 2-2-9　　　　　　　　排油内检基本参数

额定电压	$1000/\sqrt{3}$ kV	冷却方式	自然油循环风冷（ONAF）
绝缘油重量	92t	总重量	324t

（三）备品备件、工器具准备

排油内检备品备件、专用器具见表 2-2-10。

表 2-2-10   排油内检备品备件、专用工器具

序号	类别	名称	数量
1	车辆	吊车	1 台
2	机具	真空滤油机	2 台
3	机具	真空泵	1 台
4	机具	干燥空气发生器	1 台
5	工器具	储油柜（20t）	5 个
6	仪器仪表	电子真空计	2 支
7	仪器仪表	红外测温仪	1 台
8	备品备件	密封圈	1 套
9	工器具	专用工具	1 套

（四）作业流程

高压电抗器排油内检标准化作业流程如图 2-2-1 所示。

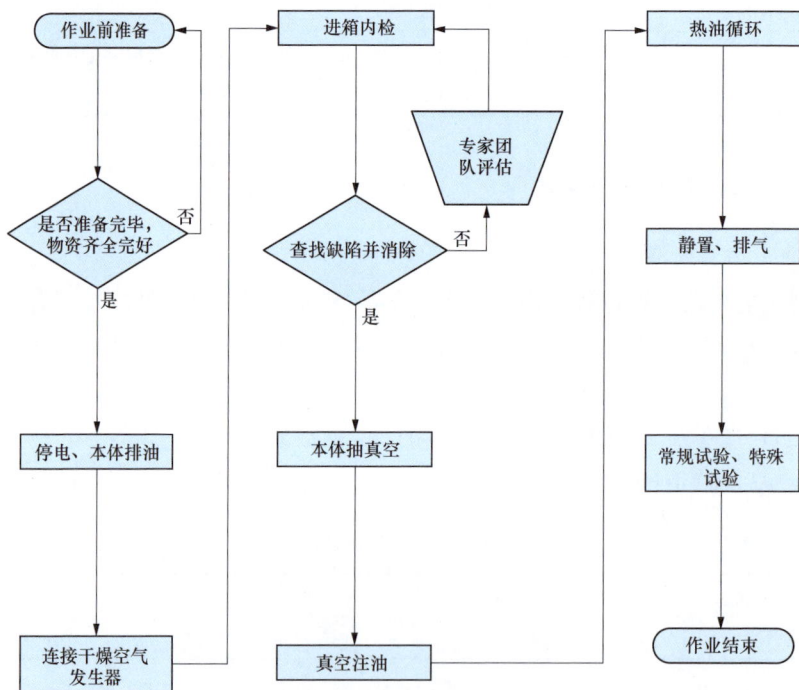

图 2-2-1 排油内检作业流程图

（五）工期安排

根据工作项目制定标准化作业时间节点安排，见表 2-2-11。

表 2-2-11 排油内检工期安排

工序	作业现场准备	排油	开箱内检	抽真空	真空注油热油循环	静置、常规试验	耐压、局部放电试验	验收
第 1 天								
第 2 天								
第 3 天								
第 4 天								
第 5 天								
第 6 天								
第 7 天								
第 8 天								
第 9 天								
第 10 天								
第 11 天								
第 12 天								
第 13 天								
第 14 天								
第 15 天								
第 16 天								
第 17 天								

（六）作业风险管控措施

作业风险管控措施见表 2-2-12。

表 2-2-12 排油内检作业风险管控措施

序号	工序	风险可能导致的后果	工序风险库等级	风险防范措施
1	油罐布置	中毒窒息、机械伤害、物体打击、环境污染、触电、火灾；本体油污染	中	（1）储油柜及大型真空滤油机的吊装涉及起重作业，起重机具应接地良好；吊车司机和起重人员必须持证上岗，作业全过程应设专人指挥，指挥人员应站在能全面观察到整个作业范围及吊车司机和司索人员的位置；任何工作人员发出紧急信号，必须停止吊装作业。

序号	工序	风险可能导致的后果	工序风险库等级	风险防范措施
1	油罐布置	中毒窒息、机械伤害、物体打击、环境污染、触电、火灾；本体油污染	中	（2）储油柜可露天放置，但要检查确认阀门、人孔盖等密封良好，应做好接地措施及防雨、防潮措施，更换呼吸器硅胶。滤油场地附近应无易燃易爆物，并设置安全防护围栏、安全标志牌和消防器材。变压器、滤油机、油罐周边 10m 内严禁烟火，不得有动火作业。 （3）施工用电的设施应按已批准的施工组织措施设计进行，并符合运行单位的规定，在运行单位指定的电源箱接入电源，严禁私拉乱接。施工用电设施安装完毕后，应由专业人员负责管理运行及接线，严禁非专业人员拆、装施工用电设备；施工用电电缆及设备的绝缘必须良好，布线整齐，接地牢固可靠，并挂牌使用；施工用电、照明用电、熔丝熔断后，必须查明原因，排除故障后方可投入运行，施工电源用完后，应立即拆除，确保用电安全；电源箱处必须配备足够的合格灭火器。 （4）储油柜清洗作业人员进入储油柜内前必须充分通风，并测试含氧量，不低于18％方可进入，入罐清理工作至少两人，一人入油罐内进行清理工作，一人在外专职进行监护。作业现场禁止吸烟及明火。如需动火作业必须按照一级动火工作票执行。 （5）合理安排油罐、油桶、管路、滤油机、油泵等工器具放置位置并与带电设备保持足够的安全距离
2	一次引线拆、接	高空坠落、触电、物体打击；搭接面发热	中	（1）作业人员与相应电压等级带电设备保持安规规定的安全距离；使用升高车、吊机进行作业时，吊臂注意保持与相应电压等级带电设备足够安全距离，登高机具做好接地措施。 （2）作业人员在主变本体上作业时正确佩戴安全带，在转移作业位置时不准失去安全保护。 （3）确认接地线已挂设牢固，必要时用绑扎带等对接地线线夹进行加固。 （4）引线拆除前，引线需用缆风绳绑扎至牢固构架上，以免引线摆动至带电部位，回装时，待螺栓紧固后再拆除缆风绳。 （5）高空作业人员使用的工具及安装用的零部件，应放在随身佩带的工具袋内，不可随便向下丢掷，工具等用布带系好

序号	工序	风险可能导致的后果	工序风险库等级	风险防范措施
3	主变压器本体排油	环境污染、触电、火灾；本体油污染、气体继电器误动	低	（1）残油集中回收，不得污染环境。 （2）排油速度不宜过快，以免大量跑油。 （3）合理安排油罐、油桶、管路、滤油机、油泵等工器具放置位置并与带电设备保持足够的安全距离
4	进箱开展引线拆接	中毒窒息、物体打击、高处坠落；遗落异物、多点接地、渗漏油	高	（1）进入主变压器前必须充分通风，并测试含氧量，不低于18%方可进入，内检为两个人，一个人在外部，要不断与内部人员沟通，保证安全。 （2）进箱内检人员需穿防滑绝缘靴，移动过程需缓慢进行，落脚前先试探落脚点是否稳固不滑；内检人员必须全程正确佩戴安全帽，时刻注意周围环境，预防物体打击
5	套管拆除	机械伤害、高处坠落；设备损坏	高	（1）套管拆除前，仔细清理套管法兰、升高座及周边尘土、积污，防止杂质等落入油箱。 （2）使用套管安装专用吊具，起吊前再次检查吊具和吊带的安装情况。主吊车吊绳轻微受力，拆除套管法兰与升高座法兰的连接螺栓。拆卸过程中采取防护措施，防止螺栓落入油箱内部或坠落伤人。 （3）拆装套管底座与引线的连接螺栓时，应采用洁净塑料布或白布对均压球底部及外部绝缘层间缝隙进行防护，拆装后均压球内部应清理干净。内部连接引线拆除后，需对拆除的紧固件清点确认，防止遗漏在器身内。 （4）套管拆除后，立即用洁净塑料布对法兰面进行临时遮挡，防止异物侵入。套管尾部用拉伸膜包覆防护，地面枕木上铺放干净的塑料布，将套管水平放置。 （5）套管拆除全过程，持续向本体充入干燥空气（露点不高于−55℃），出气口采用塑料布包扎防护，防止局部气流导致潮气侵入本体。 （6）严禁人员攀爬套管，安全带应高挂低用，人员穿着防滑鞋
6	真空注油	环境污染、低压触电；变压器损坏、渗漏油	低	（1）合理安排油罐、油桶、管路、滤油机、油泵等工器具放置位置并与带电设备保持足够的安全距离。 （2）抽真空及真空注油过程应专人负责。抽真空设备应有电磁式逆止阀，防止液压油倒灌进入变压器本体。禁止使用麦氏真空计。

序号	工序	风险可能导致的后果	工序风险库等级	风险防范措施
6	真空注油	环境污染、低压触电；变压器损坏、渗漏油	低	（3）在注油过程中，变压器本体应可靠接地，防止产生静电。 （4）注油和补油时，作业人员应打开变压器各处放气塞放气，气塞出油后应及时关闭，并确认通往储油柜管路阀门已经开启
7	热油循环	机械伤害、环境污染、低压触电；本体油污染	低	（1）滤油机必须接地，滤油机管路与变压器接口可靠连接。 （2）油罐与油管的连接处及油管与其他设备之间的各个连接处必须绑扎牢固，严防发生跑油事故。 （3）热油循环过程中应时刻观察滤油机各个压力表及温度表，防止出现过热导致油质老化甚至发生火灾，各个滤油机旁都应放有灭火器。 （4）滤油机所接电源应与滤油机功率相匹配，应定期检测滤油机电缆及电缆接头温度，防止电缆发热烧熔造成火灾。 （5）滤油机加热器应根据电源容量进行投切，防止负荷过大造成电源跳闸
8	低频加热	低压触电、高空坠落、变压器局部过热、电缆起火	中	（1）变压器低频加热工作过程中，需 24h 值守，现场操作、值守人员不少于 2 人。 （2）低频加热前，应全面检查现场安全措施和被加热变压器本体状态（包括检查套管电流互感器二次绕组可靠短接接地、油路阀门状态、铁芯和外壳接地、套管末屏可靠短接等措施）应满足加热条件。 （3）变压器低频加热装置集装箱及独立的输入开关柜金属外壳均应可靠接地，采用截面积不低于 25mm² 专用接地线与现场主地网可靠连接。 （4）低频加热所需供电容量大，线缆截面积完全满足加热供电容量要求，敷设的电源电缆，应尽量使电缆散开利于散热，避免各电缆间紧密接触或集中穿管，防止电缆局部过热起火。 （5）低频加热装置所需最大负荷电流为 630A，现场开关柜额定电流 800A 满足要求，检修人员操作低频加热装置，输出电流应缓慢增加，密切关注电流表指针变化，防止低频加热装置影响站用交流系统运行。 （6）低频加热装置输出端禁止接地和短路。 （7）低频加热区域应按规定放置检验合格的灭火器

序号	工序	风险可能导致的后果	工序风险库等级	风险防范措施
9	例行试验	高空坠落、机械伤害、低压触电、高压触电；绝缘击穿、剩磁导致保护误动	中	（1）一次设备试验工作不得少于2人；试验作业前，必须规范设置安全隔离区域，向外悬挂"止步，高压危险！"的警示牌。设专人监护，严禁非作业人员进入。高处作业应正确使用安全带，作业人员在转移作业位置时不准失去安全保护。 （2）调试过程试验电源应从试验电源屏或检修电源箱取得，严禁使用绝缘破损的电源线，用电设备与电源点距离超过3m的，必须使用带漏电保护器的移动式电源盘，试验设备和被试设备应可靠接地，设备通电过程中，试验人员不得中途离开。工作结束后应及时将试验电源断开。 （3）装、拆试验接线应在接地保护范围内，戴绝缘手套，穿绝缘鞋。在绝缘垫上加压操作，与加压设备保持足够的安全距离。更换试验接线前，应对测试设备充分放电。 （4）试验过程中，应有监护且不得少于2人；登高取样时应使用梯子并有专人扶梯；带电取样时，应与带电体保持安全距离；变压器外壳应可靠、独立接地；绝缘强度测试项目时应使用绝缘垫并设置安全围栏，测试过程中禁止触动仪器高压罩，以防高电压伤人；装样操作时不许用手触及电源及电极、油杯内部和试油
10	特殊试验	高空坠落、机械伤害、低压触电、高压触电；绝缘击穿、剩磁导致保护误动	高	（1）一次设备试验工作不得少于2人；试验作业前，必须规范设置安全隔离区域，向外悬挂"止步，高压危险！"的警示牌。设专人监护，严禁非作业人员进入。设备试验时，应将所要试验的设备与其他相邻设备做好物理隔离措施。 （2）调试过程试验电源应从试验电源屏或检修电源箱取得，严禁使用绝缘破损的电源线，用电设备与电源点距离超过3m的，必须使用带漏电保护器的移动式电源盘，试验设备和被试设备应可靠接地。 （3）装、拆试验接线应在接地保护范围内，穿绝缘鞋。在绝缘垫上加压操作，与加压设备保持足够的安全距离。 （4）更换试验接线前，应对测试设备充分放电。 （5）高处作业应正确使用安全带，作业人员在转移作业位置时不准失去安全保护。

序号	工序	风险可能导致的后果	工序风险库等级	风险防范措施
10	特殊试验	高空坠落、机械伤害、低压触电、高压触电；绝缘击穿、剩磁导致保护误动	高	(6) 高压试验的安全措施已完善，试验设备和被试验设备外壳和铁芯及非试线圈已可靠接地（电抗器除外），升高座电流互感器二次绕组应短接并可靠接地，试验区域装设临时围栏和警告牌，并有专人警戒。 (7) 耐压、局部放电试验时必须有监护人监视操作，操作人员应穿绝缘鞋，升压前后必须使调压器可靠回零并告知有关人员密切注意被试品。升压过程中，升压速度应平稳并密切注意有关仪表和设备情况，发现异常应立即降压或断开电源，进行放电，停止试验，待查明原因后，方可继续试验

（七）标准化作业

1. 检修现场布置

作业前，应将储油柜、滤油机、真空机组及干燥空气发生器摆放至指定位置，如图 2-2-2 所示。

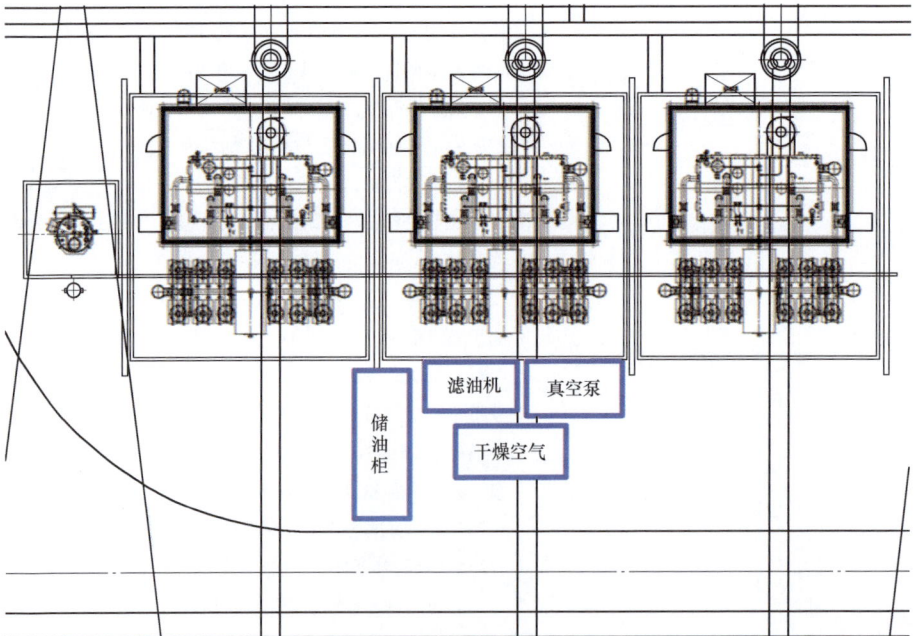

图 2-2-2　排油内检作业现场布置图

2. 本体排油、进箱检查、抽真空、真空注油、热油循环、静置、排气、常
   规试验、特殊试验、验收、送电

本体排油、进箱检查、抽真空、真空注油、热油循环、静置、排气、常规试验、特殊试验、验收、送电内容参见第二章中"变压器排油内检标准化检修"部分内容。

第三节 换流变压器标准化检修作业

一、检修作业准备

（1）检修计划一经批准，检修单位应在检修前做好检修计划的落实，组织开展检修前勘察，落实人员、机具和物资，提前完成现场勘察记录、作业方案、作业卡、工作票等文本资料编审。

（2）现场勘察由工作票签发人或工作负责人组织，现场勘察时，严禁改变设备状态或进行其他与勘察无关的工作，严禁移开或越过遮拦，并注意与带电部位保持足够的安全距离。

（3）参检单位应具备一级承装、承修、承试资质。

（4）外来参检人员应进行安规考试，考试合格，经设备运维管理单位认可后，方可参与检修工作，特殊工种作业人员应持有职业资格证。

（5）检修前运维单位应与参检单位共同确认检修作业所需工机具、试验设备是否齐备，状态是否良好。

（6）开工前，运维单位组织参检单位进行现场安全技术交底，形成安全技术交底记录。

二、常规检修标准化作业

复合绝缘的干式套管常规标准化检修项目见表 2-3-1。

表 2-3-1　　　　　复合绝缘的干式套管常规标准化检修项目

序号	项　　目
1	外绝缘表面应无放电、裂纹、破损、脏污等，法兰无锈蚀
2	套管本体及与箱体连接密封、固定应良好
3	套管导电连接部位应无松动
4	套管接线端子等连接部位表面应无氧化或过热
5	末屏接地良好

电容型套管常规标准化检修项目见表 2-3-2。

表 2-3-2 电容型套管常规标准化检修项目

序号	项 目
1	外绝缘应无放电、裂纹、破损、渗漏、脏污等现象，法兰无锈蚀
2	套管外观完好，伞裙无开胶、损坏，防污闪涂层无龟裂、起毛现象
3	套管外绝缘爬距满足污秽等级要求
4	套管本体及与箱体连接密封应良好，无渗油，油位指示清晰，油位正常
5	套管接线端子等连接部位表面应无氧化或过热现象
6	末屏接地良好，密封良好，无渗漏油

复合绝缘的充气式套管常规标准化检修项目见表 2-3-3。

表 2-3-3 复合绝缘的充气式套管常规标准化检修项目

序号	项 目
1	绝缘件表面应无放电、裂纹、破损、渗漏、脏污等现象，法兰无锈蚀
2	套管本体及与箱体连接密封、固定良好
3	SF_6 气体表计指示正常，符合产品技术规定，必要时进行检漏和气体成分分析
4	套管 SF_6 密度继电器动作值符合产品技术规定，温度补偿功能的 SF_6 密度继电器应校验合格
5	末屏接地良好
6	套管接线端子等连接部位表面应无氧化或过热现象

充油套管常规标准化检修项目见表 2-3-4。

表 2-3-4 充油套管常规标准化检修项目

序号	项 目
1	瓷件应无放电、裂纹、破损、渗漏、脏污等现象，法兰无锈蚀
2	套管外绝缘爬距满足污秽等级要求
3	套管本体及与箱体连接密封应良好
4	套管接线端子等连接部位表面应无氧化或过热现象

有载分接开关常规标准化检修项目见表 2-3-5。

表 2-3-5 有载分接开关常规标准化检修项目

序号	项 目
1	两个循环操作各部件的全部动作顺序及限位动作，应符合技术要求
2	各分接位置显示应正确一致
3	二次回路的绝缘电阻不小于 1MΩ，测量电压为 1000V

冷却装置常规标准化检修项目见表2-3-6。

表 2-3-6　　　　　　　　　冷却装置常规标准化检修项目

序号	项　目
1	冷却器外观完好、无锈蚀、无渗漏油、表面无严重积污
2	阀门开启方向正确，油泵、油路等无渗漏，无掉漆及锈蚀
3	运行中的风扇和油泵运转平稳，转向正确，无异常声音和振动
4	逐台关闭冷却器电源一定时间（30min左右），冷却器负压区无渗漏现象
5	二次回路元器件绝缘电阻不低于1MΩ，测量电压为1000V

油流指示器常规标准化检修项目见表2-3-7。

表 2-3-7　　　　　　　　油流指示器常规标准化检修项目

序号	项　目
1	油泵启动后指针应在正确位置，无抖动现象
2	外观及防雨罩无损坏，无松动、脱落现象
3	密封良好，表内应无潮气凝露，无渗漏现象
4	可能存在的负压区出现渗漏应及时处置，如潜油泵进油口
5	信号回路良好，通过油流指示器本体端子，模拟油流异常信号，在后台验证告警功能正常

气体继电器常规标准化检修项目见表2-3-8。

表 2-3-8　　　　　　　　气体继电器常规标准化检修项目

序号	项　目
1	气体继电器、邻近阀门及连接管道密封良好、无渗漏
2	防雨罩完好，固定螺栓无松动脱落
3	集气盒无渗漏
4	轻、重瓦斯动作可靠，回路传动正确无误
5	视窗内应无气体
6	二次回路的绝缘电阻不小于1MΩ，测量电压为1000V
7	检查二次电缆保护管无锈蚀、破损，无雨水倒灌的可能

压力释放阀常规标准化检修项目见表2-3-9。

表 2-3-9 压力释放阀常规标准化检修项目

序号	项 目
1	外观完好、无渗漏、喷油现象，导油管下部无油迹
2	防雨罩完好，固定螺栓无松动脱落
3	导向装置固定良好，导向喷口方向正确
4	信号回路良好，告警功能正常
5	二次回路的绝缘电阻不小于1MΩ，绝缘电阻测量电压为1000V

压力继电器常规标准化检修项目见表 2-3-10。

表 2-3-10 压力继电器常规标准化检修项目

序号	项 目
1	外观完好、无渗漏现象
2	防雨罩完好，固定螺栓无松动脱落，本体及二次电缆进线50mm应被遮蔽，45°向下雨水不能直淋

温度计常规标准化检修项目见表 2-3-11。

表 2-3-11 温度计常规标准化检修项目

序号	项 目
1	温度计外观应完整，表盘密封良好，无潮气、凝露
2	防雨罩无松动、脱落现象，本体及二次电缆进线50mm应被遮蔽，45°向下雨水不能直淋
3	温度计引出线固定良好，绕线盘半径不小于50mm
4	比较压力式温度计和电阻（远传）温度计的指示，差值应在±5℃之内，历史最高温度指示正确
5	温度计接点整定值正确，二次回路传动正确
6	二次回路的绝缘电阻不小于1MΩ，绝缘电阻测量电压为1000V

储油柜及油位计常规标准化检修项目见表 2-3-12。

表 2-3-12 储油柜及油位计常规标准化检修项目

序号	项 目
1	储油柜外观无变形、锈蚀、渗漏油情况
2	法兰、阀门、冷却装置、油箱、油管路、储油柜等密封连接处应密封良好，无渗漏痕迹。本体及组件可能存在的负压区出现渗漏应及时处置，如储油柜顶部、套管储油柜等接近或高于油面的区域

序号	项　目
3	油位计外观完整，密封良好，无潮气、凝露，防雨罩无松动脱落现象，指示应符合油温油位标准曲线的要求
4	储油柜胶囊无破损
5	油位计的信号接点位置正确、动作准确
6	油位计二次回路绝缘电阻不小于1MΩ，绝缘电阻测量电压为1000V

油箱及阀门常规标准化检修项目见表2-3-13。

表 2-3-13　　　　　　　　油箱及阀门常规标准化检修项目

序号	项　目
1	油箱无渗漏油情况
2	各阀门接头密封良好，无渗漏油现象，发现密封圈老化应予以更换；阀门开闭状态应符合设备运行要求，阀门指示开闭位置的标志清晰正确

呼吸器常规标准化检修项目见表2-3-14。

表 2-3-14　　　　　　　　呼吸器常规标准化检修项目

序号	项　目
1	吸湿器从变压器上卸下，倒出内部吸附剂，检查玻璃罩，清洁内部，密封垫进行更换；玻璃罩清洁完好，密封良好，2/3以上硅胶变色时必须更换
2	把干燥吸附剂装入吸湿器；离顶盖留下1/6～1/5高度空隙
3	下部油封罩内注入清洁绝缘油，并将罩拧紧；加油至正常油位线

接地系统常规标准化检修项目见表2-3-15。

表 2-3-15　　　　　　　　接地系统常规标准化检修项目

序号	项　目
1	本体的接地件外观良好，无严重锈蚀、断裂等情况，本体应有两根在不同位置分别引向不同地点的水平接地体
2	端子箱箱体接地、箱内二次接地、箱门与箱体连接良好
3	铁芯、夹件套管（端子板）部位无渗漏油现象
4	铁芯、夹件外引接地应良好，标识清楚，无严重锈蚀、断裂等情况

控制箱及端子箱常规标准化检修项目见表2-3-16。

表 2-3-16 控制箱及端子箱常规标准化检修项目

序号	项目
1	箱体密封、封堵良好，无进水、凝露现象
2	控制元件及端子无烧蚀过热，控制线电缆芯无外露
3	驱潮装置和加热升温装置工作正常，加热装置与各元件、二次电缆的距离应大于 50mm，如使用荧光灯管门灯，应加装防护罩
4	控制箱双电源切换功能正常，两路电源任意一相缺相，断相保护均能正确动作，两路电源相互独立、互为备用
5	冷却器自动投入功能正常，各报警信号上传正确

在线监测装置常规标准化检修项目见表 2-3-17。

表 2-3-17 在线监测装置常规标准化检修项目

序号	项目
1	油色谱在线监测装置无渗漏油情况，上传数据准确无误；载气、标气压力正常，在使用期内，例行维护按制造厂技术文件实施
2	铁芯、夹件对地电流在线监测装置外观完好，上传数据准确
3	SF_6 压力在线监测装置无气体泄漏情况，上传数据准确
4	套管末屏电压在线监测数据无异常

载流金具常规标准化检修项目见表 2-3-18。

表 2-3-18 载流金具常规标准化检修项目

序号	项目
1	按力矩要求紧固，导线、母线接触良好，力矩紧固后进行标记
2	引线无散股、扭曲、断股现象，握手线夹无开裂
3	连接管形母线表面光滑、无毛刺
4	初测直流电阻不超过 $15\mu\Omega$，对超标的接头进行打磨、清洁处理、涂抹导电膏，紧固后复测

三、换流变压器排油内检标准化作业

（一）作业背景

换流变压器运行过程中由于设备内部故障需停电开展排油内检工作，本节

主要以 50kV 换流变压器为例，对换流变压器排油内检标准化作业流程进行说明。

（二）设备基本情况

以 ZZDFPZ-509400/500 型号换流变压器为例，参数见表 2-3-19。

表 2-3-19　　　　　　　换流变压器排油内检基本参数

参数	指标	参数	指标
设备型号	ZZDFPZ-509400/500	额定电压	$530/\sqrt{3}$
额定电流（A）	1664.73	冷却方式	强迫油循环风冷（ODAF）
容量（MVA）	509.4	连接组别	Ii0
绝缘油型号	克拉玛依 KI50X	调压方式	有载调压
油量（t）	138	器身质量（t）	293
总量（t）	539	尺寸（mm）	29 802×7624×13 929

（三）备品备件、工器具

备品备件、工器具见表 2-3-20。

表 2-3-20　　　　换流变压器排油内检备品备件、专用工器具表

序号	类别	名称	规格	数量
1	车辆	吊车	25t	1 台
2	机具	真空滤油机	12 000L/h，需带精滤	2 台
3	机具	真空泵	ZKC-3000	1 台
4	器具	储油柜	20t	6 个
5	机具	干燥空气发生器	GF-200BY	1 台
6	仪器仪表	真空计	电子式	2 只
7	仪器仪表	红外测温仪	T660	1 台
8	备品备件	密封垫	氟硅	1 套
9	工器具	专用工具	—	1 套

换流变压器排油内检备品备件、工器具摆放如图 2-3-1 所示。

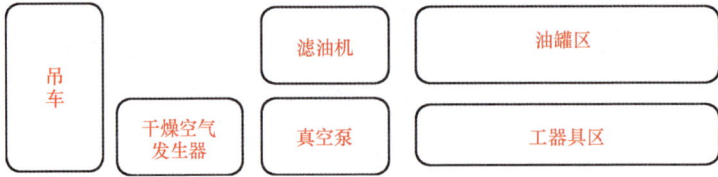

图 2-3-1 备品备件、工器具摆放图

（四）作业流程

换流变压器排油内检流程如图 2-3-2 所示。

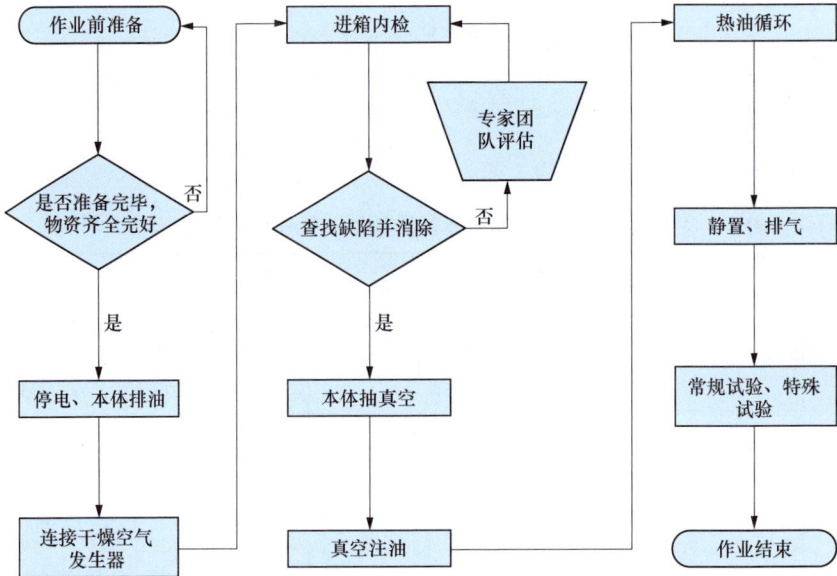

图 2-3-2 换流变压器排油内检作业流程图

（五）工期安排

换流变压器工期安排见表 2-3-21。

表 2-3-21 　　　　　　　　　　　换流变压器工期安排

工序	作业准备	排油	开箱内检	抽真空	真空注油 热油循环	静置 常规试验	耐压 局放试验	验收
第 1 天	Ⅳ	Ⅳ						
第 2 天			Ⅲ					
第 3 天				Ⅳ				
第 4 天				Ⅳ				
第 5 天				Ⅳ				
第 6 天					Ⅳ			
第 7 天					Ⅳ			
第 8 天					Ⅳ			
第 9 天					Ⅳ			
第 10 天						Ⅲ		
第 11 天						Ⅲ		
第 12 天						Ⅲ		
第 13 天						Ⅲ		
第 14 天							Ⅲ	Ⅲ

（六）作业风险管控措施

换流变压器排油内检作业风险管控措施见表 2-3-22。

表 2-3-22 　　　　　　换流变压器排油内检作业风险管控措施

序号	工序	风险可能导致 的后果	工序风险库 等级	风险防范措施
1	油罐布置	中毒窒息、机械伤害、物体打击、环境污染、触电、火灾；本体油污染	中	（1）储油柜及大型真空滤油机的吊装涉及起重作业，起重机应具接地良好；吊车司机和起重人员必须持证上岗，作业全过程应设专人指挥，指挥人员应站在能全面观察到整个作业范围及吊车司机和司索人员的位置；任何工作人员发出紧急信号，必须停止吊装作业。 （2）储油柜可露天放置，但要检查确认阀门、人孔盖等密封良好，应做好接地措施及防雨、防潮措施，更换呼吸器硅胶。滤油场地附近应无易燃易爆物，并设置安全防护围栏、安全标志牌和消防器材。变压器、滤油机、油罐周边 10m 内严禁烟火，不得有动火作业。

续表

序号	工序	风险可能导致的后果	工序风险库等级	风险防范措施
1	油罐布置	中毒窒息、机械伤害、物体打击、环境污染、触电、火灾；本体油污染	中	（3）施工用电的设施应按已批准的施工组织措施设计进行，并符合运行单位的规定，在运行单位指定的电源箱接入电源，严禁私拉乱接。施工用电设施安装完毕后，应由专业人员负责管理运行及接线，严禁非专业人员拆、装施工用电设备；施工用电电缆及设备的绝缘必须良好，布线整齐，接地牢固可靠，并挂牌使用；施工用电、照明用电、熔丝熔断后，必须查明原因，排除故障后方可投入运行，施工电源用完后，应立即拆除，确保用电安全；电源箱处必须配备足够的合格灭火器。 （4）储油柜清洗作业人员进入储油柜内前必须充分通风，并测试含氧量，不低于18％方可进入，入罐清理工作至少2人，1人入油罐内进行清理工作，1人在外专职进行监护。作业现场禁止吸烟及明火。如需动火作业必须按照一级动火工作票执行。 （5）合理安排油罐、油桶、管路、滤油机、油泵等工器具放置位置并与带电设备保持足够的安全距离
2	一次引线拆、接	高空坠落、触电、物体打击；搭接面发热	中	（1）作业人员与相应电压等级带电设备保持安规规定的安全距离；使用升高车、吊机进行作业时，吊臂注意保持与相应电压等级带电设备足够安全距离，登高机具做好接地措施。 （2）作业人员在主变压器本体上作业时正确佩戴安全带，在转移作业位置时不准失去安全保护。 （3）确认接地线已挂设牢固，必要时用绑扎带等对接地线线夹进行加固。 （4）引线拆除前，引线需用缆风绳绑扎至牢固构架上，以免引线摆动至带电部位，回装时，待螺栓紧固后再拆除缆风绳。 （5）高空作业人员使用的工具及安装用的零部件，应放在随身佩带的工具袋内，不可随便向下丢掷，工具等用布带系好

序号	工序	风险可能导致的后果	工序风险库等级	风险防范措施
3	本体排油	环境污染、触电、火灾；本体油污染、气体继电器误动	低	（1）残油集中回收，不得污染环境。 （2）排油速度不宜过快，以免大量跑油。 （3）合理安排油罐、油桶、管路、滤油机、油泵等工器具放置位置并与带电设备保持足够的安全距离
4	进箱开展引线拆接	中毒窒息、物体打击、高处坠落；遗落异物、多点接地、渗漏油	高	（1）进入换流变压器前必须充分通风，并测试含氧量，不低于18％方可进入，内检为2个人，1个人在外部，要不断与内部人员沟通，保证安全。 （2）进箱内检人员需穿防滑绝缘靴，移动过程需缓慢进行，落脚前先试探落脚点是否稳固不滑；内检人员必须全程正确佩戴安全帽，时刻注意周围环境，预防物体打击
5	真空注油	环境污染、低压触电；变压器损坏、渗漏油	低	（1）合理安排油罐、油桶、管路、滤油机、油泵等工器具放置位置并与带电设备保持足够的安全距离。 （2）抽真空及真空注油过程应专人负责。抽真空设备应有电磁式逆止阀，防止液压油倒灌进入变压器本体。禁止使用麦氏真空计。 （3）在注油过程中，变压器本体应可靠接地，防止产生静电。 （4）注油和补油时，作业人员应打开变压器各处放气塞放气，气塞出油后应及时关闭，并确认通往储油柜管路阀门已经开启
6	热油循环	机械伤害、环境污染、低压触电；本体油污染	低	（1）滤油机必须接地，滤油机管路与变压器接口可靠连接。 （2）油罐与油管的连接处及油管与其他设备之间的各个连接处必须绑扎牢固，严防发生跑油事故。 （3）热油循环过程中应时刻观察滤油机各个压力表及温度表，防止出现过热导致油质老化甚至发生火灾，各个滤油机旁都应放置灭火器。 （4）滤油机所接电源应与滤油机功率相匹配，应定期检测滤油机电缆及电缆接头温度，防止电缆发热烧熔造成火灾。 （5）滤油机加热器应根据电源容量进行投切，防止负荷过大造成电源跳闸

序号	工序	风险可能导致的后果	工序风险库等级	风险防范措施
7	例行试验	高空坠落、机械伤害、低压触电、高压触电；绝缘击穿、剩磁导致保护误动	中	（1）一次设备试验工作不得少于2人；试验作业前，必须规范设置安全隔离区域，向外悬挂"止步，高压危险！"的警示牌。设专人监护，严禁非作业人员进入。高处作业应正确使用安全带，作业人员在转移作业位置时不准失去安全保护。 （2）调试过程试验电源应从试验电源屏或检修电源箱取得，严禁使用绝缘破损的电源线，用电设备与电源点距离超过3m的，必须使用带漏电保护器的移动式电源盘，试验设备和被试设备应可靠接地，设备通电过程中，试验人员不得中途离开。工作结束后应及时将试验电源断开。 （3）装、拆试验接线应在接地保护范围内，戴绝缘手套，穿绝缘鞋。在绝缘垫上加压操作，与加压设备保持足够的安全距离。更换试验接线前，应对测试设备充分放电。 （4）试验过程中，应有监护且不得少于2人；登高取样时应使用梯子并有专人扶梯；带电取样时，应与带电体保持安全距离；变压器外壳应可靠、独立接地；绝缘强度测试项目时应使用绝缘垫并设置安全围栏，测试过程中禁止触动仪器高压罩，以防高电压伤人；装样操作时不许用手触及电源及电极、油杯内部和试油
8	特殊试验	高空坠落、机械伤害、低压触电、高压触电；绝缘击穿、剩磁导致保护误动	高	（1）一次设备试验工作不得少于2人；试验作业前，必须规范设置安全隔离区域，向外悬挂"止步，高压危险！"的警示牌。设专人监护，严禁非作业人员进入。设备试验时，应将所要试验的设备与其他相邻设备做好物理隔离措施。 （2）调试过程试验电源应从试验电源屏或检修电源箱取得，严禁使用绝缘破损的电源线，用电设备与电源点距离超过3m的，必须使用带漏电保护器的移动式电源盘，试验设备和被试设备应可靠接地。 （3）装、拆试验接线应在接地保护范围内，穿绝缘鞋。在绝缘垫上加压操作，与加压设备保持足够的安全距离。

序号	工序	风险可能导致的后果	工序风险库等级	风险防范措施
8	特殊试验	高空坠落、机械伤害、低压触电、高压触电；绝缘击穿、剩磁导致保护误动	高	（4）更换试验接线前，应对测试设备充分放电。 （5）高处作业应正确使用安全带，作业人员在转移作业位置时不准失去安全保护。 （6）高压试验的安全措施已完善，试验设备和被试验设备外壳和铁芯及非试线圈已可靠接地（电抗器除外），升高座电流互感器二次绕组应短接并可靠接地，试验区域装设临时围栏和警示牌，并有专人警戒。 （7）耐压、局部放电试验时必须有监视人监视操作，操作人员应穿绝缘鞋，升压前后必须使调压器可靠回零并告知有关人员密切注意被试品。升压过程中，升压速度应平稳并密切注意有关仪表和设备情况，发现异常应立即降压或断开电源，进行放电，停止试验，待查明原因后，方可继续试验

（七）标准化作业

1. 工作准备（第1天）

开工前开展检修前勘察，落实人员、机具和物资，提前完成现场勘察记录、作业方案、作业卡、工作票等文本资料编审，详见第二章第一节部分。

2. 换流变压器本体排油（第1天）

排油前将干燥空气发生器接入 DN25 旁通阀门，换流变压器油底部 DN80 阀门通过滤油机排入油罐，换流变压器排油的同时充干燥空气，干燥空气露点控制不大于-55℃。待换流变压器油全部排至清洁油罐后，逐罐封闭保存。同时将阀套管油腔内的油使用干燥空气排出。有载开关油室内油排光。本体排油结束后测量并记录铁芯对地、夹件对地、铁芯和夹件之间的绝缘，试验电压2500V，数值不小于100MΩ。换流变压器排油示意如图 2-3-3 所示。

3. 换流变压器排油内检（第2天）

排油内检选择天气晴朗，环境温度不低于5℃，环境空气相对湿度小于65%，油箱内空气的相对湿度不大于20%，整个操作过程中需要持续向换流变压器内部充入露点合格的干燥空气，避免换流变压器受潮。打开换流变压器人孔，并进行充分通风，内部含氧量不低于18%，合格后方可进入。派专人在换流变压器人孔进行监护，登记进入人员及带入的所有工器具。对换流变压器内部进行检查，要求重点检查对以下部位（可视范围内）进行检查，见表 2-3-23。

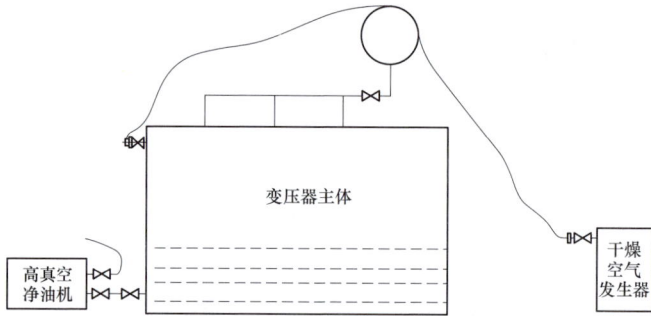

图 2-3-3　换流变压器排油示意图

表 2-3-23　　　　　　　　　　换流变压器内检重点检查项目

项目	工作内容
绕组检查	间隔板和围屏有无破损、变色、变形、放电痕迹
	检查绕组各部垫块有无位移和松动情况
	检查绕组绝缘有无破损、油道有无被绝缘、油垢或杂物堵塞现象，必要时可用软毛刷或白布轻轻擦拭，绕组线匝表面如有破损裸露导线处，应进行包扎处理
	用手指按压绕组表面检查其绝缘状态
引线及绝缘支架	检查引线及引线锥的绝缘包扎有无变形、变脆、破损，引线有无断股，引线与引线接头处焊接情况是否良好，有无过热现象
	检查绕组至分接开关的引线，其长度、绝缘包扎的厚度、引线接头的焊接（或连接）、引线对各部位的绝缘距离、引线的固定情况是否符合要求
	检查绝缘支架有无松动和损坏、位移，检查引线在绝缘支架内的固定情况
	检查引线与各部位之间的绝缘距离
调压开关检查	检查开关各部件是否齐全完整
	检查动静触头间接触是否良好，触头表面是否清洁，有无氧化变色、镀层脱落及碰伤痕迹，弹簧有无松动
	检查分接开关绝缘件有无受潮、剥裂或变形，表面是否清洁
铁芯检查	检查铁芯外表是否平整，有无片间短路或变色、放电烧伤痕迹，绝缘漆膜有无脱落，上铁轭的顶部和下铁轭的底部是否有油垢杂物
	检查压钉、绝缘垫圈的接触情况，逐个检查并紧固上下夹件、方铁、压钉等各部位紧固螺栓
	检查铁芯下部通流螺栓连接情况，并进行紧固
	检查铁芯的拉板和钢带
	检查铁芯电场屏蔽绝缘及接地情况
油箱检查	油箱内有无异物

换流变压器内检结束后，带出所有工器具及材料，并与带入时登记物品进行核对，防止遗留换流变压器内部。将打开的所有人孔进行封闭。

4. 换流变压器本体抽真空（第 3～6 天）

完成换流变压器内检后通过真空罐汇集后对换流变压器抽真空，要求真空度不大于 50Pa 时，持续抽空时间不小于 24h。其中储油柜不参与抽空。抽真空过程连接图如图 2-3-4 所示。

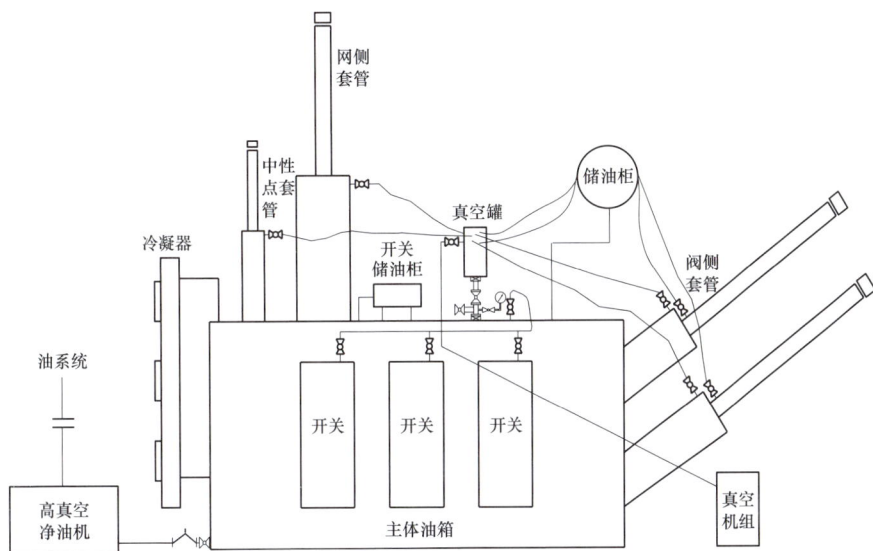

图 2-3-4 换流变压器抽真空示意图

5. 换流变压器真空注油（第 3～6 天）

（1）换流变压器真空度达到要求后，将油罐内的换流变压器油注入换流变压器内。启动真空滤油机，流量控制在 4～5t/h，注油时油温控制在 60℃。注油至浸没全部绝缘（距箱顶约 100mm），油速调整到 3～4t/h，并关闭真空罐与 T 型接头之间的阀门。当油面高于油箱顶部时，注油油速调整到 2～3t/h，注油期间注意观察各个升高座抽空口，发现出油后立即关闭网、阀、中性点升高座阀门，同时继续保持真空注油状态。

（2）阀侧套管注油：继续保持真空注油状态，阀侧套管出油，注意不要立即关闭阀门，当油位高度达到储油柜高度位置时，关闭阀套管阀门，开关注油完成后储油柜注油。

（3）储油柜注油：储油柜最后补油。储油柜胶囊预先充气 10kPa，储油柜顶部两端放气口阀门必须呈开启状态。缓缓打开储油柜与主体之间的阀门，为储油柜补油，储油柜注油流时速控制在 $1.5\sim2.5m^3/h$。当储油柜放气口出油后，关闭主体阀门停止补油，排放胶囊中的干燥空气并将胶囊排气管连接至呼吸器上。给储油柜注油，一直达到相应温度下的标准油位。

注意：根据实时气温及油位油温曲线注油。

6. 变换流变压器热油循环（第 7~9 天）

循环方向：主体下部出油口→高真空滤油机→主体上部注油口（见图 2-3-5）。滤油机的流量控制不小于 $10m^3/h$，滤油机出口油温不超过 $70℃$，持续循环 72h，油指标符合表 2-3-24 的指标要求后，停止热油循环。

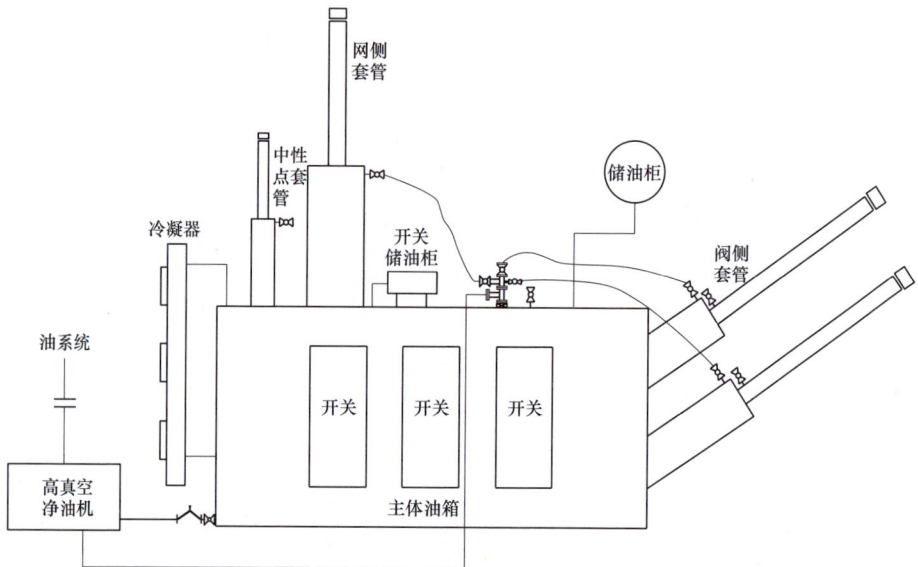

图 2-3-5 换流变压器热油循环示意图

表 2-3-24　　　　　　　　换流变压器绝缘油试验项目一览表

序号	项　　目	技术指标
1	击穿电压（kV）	≥65
2	水分（mg/L）	≤8
3	介质损耗因数（90℃）	≤0.007
4	含气量	≤1（尽量控制 0.5%，不能超过 1%）
5	油色谱	氢气<10μL/L；乙炔<0μL/L；总烃<20μL/L
6	颗粒度	大于 5μm 以上颗粒总数≤1500/100mL

7. 换流变压器静放（第 10～13 天）

静放 96h，静置过程中，每隔 24h 对气体继电器、升高座、冷却器及其联管等部位进行放气。

8. 常规试验及特殊试验（第 13、14 天）

静放 24h 后可开展常规试验，包括绕组直流电阻、绕组电压比、绕组连同套管的绝缘电阻、吸收比和极化指数、绕组连同套管的电容量和介质损耗、套管的电容量和介质损耗、铁芯及夹件绝缘电阻。

局部放电前需从换流变压器本体（上、中、下）及网侧升高座取油样，做色谱、耐压、微水、介质损耗、含气量，套管做色谱试验。常规试验合格后方可进行特殊试验。见表 2-3-25。

表 2-3-25　　　　　　　　　　换流变压器试验项目

序号	绝缘油试验	常　规　项　目
1	击穿电压	绕组直流电阻
2	水分	绕组电压比
3	介质损耗因数（90℃）	绕组连同套管的绝缘电阻
4	含气量	吸收比和极化指数
5	油色谱	绕组连同套管的电容量和介质损耗
6	颗粒度	铁芯及夹件绝缘电阻

四、GOE 套管拉杆底座更换标准化作业

（一）作业背景

GOE 型套管拉杆与底座连接方式为拉杆直接拧入紫铜底座形式，紫铜底座内丝扣材质较软，拉杆拉力过大容易损坏，使紫铜底座与套管导电杆接触不良，在运行中产生发热及放电故障，2018 年国家电网公司某换流站前后因套管底座发生 2 次事故。发生事故后，为了防止接线底座再次脱落，采取了降低套管拉杆拉力的方案（从 40kN 降低到 25kN），但未从根本上解决套管接线底座容易松脱的问题，为彻底治理套管接线底座问题，所有的套管底座进行升级

换型。

GOE 套管拉杆底座更换作业需停电检修，对本体进行全排油或半排油处理后开展，下面主要以±800kV 换流变压器交流 500kV 网侧 A 套管更换接线底座为例，对 GOE 型套管拉杆底座更换标准化作业流程进行说明。

（二）作业基本情况

1. 设备情况

特高压变压器型号为 ZZDFPZ-509300/500，容量为 509 400kVA，套管为 GOE 油纸绝缘型，参数见表 2-3-26。

表 2-3-26　　　　　　　　　　主变压器及套管

换流变压器基本参数			
设备型号	ZZDFPZ-509400/500	额定电压	$530/\sqrt{3}$
额定电流（A）	1664.73	冷却方式	强迫油循环风冷（ODAF）
容量（MVA）	509.4	连接组别	Ii0
绝缘油型号	克拉玛依 KI50X	调压方式	有载调压
油质量（t）	138	器身质量（t）	293
总质量（t）	539	尺寸（mm）	29 802×7624×13 929
网侧 A 套管基本参数			
制造厂名称	ABB	设备型号	GOE1675-1300-2500-0.6-BSP
总高度（m）	14.2	上节高度（m）	11.73
吊重（kg）	1752	下节高度（m）	2.47

2. 套管的故障案例

拉杆异常分流导电导致故障案例。2017 年 8 月某换流变压器网侧高压套管升高座气体继电器轻瓦斯报警，32s 后重瓦斯跳闸，变压器型号为 ZZDFPZ-406000/500-400，2014 年 7 月正式投运。换流变压器网侧高压套管由瑞典 ABB 公司生产，套管型号为 GOE 1675-1300-2500-0.3，经分析，引起该次故障的位置为网侧套管，故障原因为拉杆异常分流导电，套管导电杆内部过热，生产的高压将接线底座与套管底部分离，最终导致接线底座和套管底部放电烧损，如

图 2-3-6 和图 2-3-7 所示。

图 2-3-6 接线底座

图 2-3-7 导向锥

3. 套管结构、原理及新旧底座对比

GOE 套管为瑞典 ABB 公司生产，与国内传奇套管、南京电力电瓷套管相比，GOE 套管最大的特点是有一套拉杆补偿系统，套管接线底座和套管导电杆通过拉杆相连接，拉杆的长度随着温度的升高而变长，拉力将下降，为解决拉杆随温度变化的问题，ABB 在拉杆外部还设计了拉杆补偿杆，拉杆补偿杆的长度随温度变化而变化，用来补偿拉杆随温度的变化值，最终使不同温度下 GOE 套管的拉杆系统能够将套管接线底座始终牢固地拉紧在套管底部。如图 2-3-8 所示，这种设计结构复杂，给现场安装提出了非常高的要求。

拉杆系统端子底座新旧对比，如图 2-3-9 所示，旧拉杆系统由拉杆直接螺纹旋进端子底座，为了防止拉杆从底座中脱落，将紫铜底座打孔，螺栓加垫片形式穿过该孔，端子底座正面旋入螺纹扣，螺纹扣另一端再旋入拉杆，在螺纹扣上钉入插销，彻底解决原拉杆系统可能从紫铜底座脱落的可能性。

4. 换流变压器网侧套管的均压环双环设计的结构

网侧套管接线底座下面的均压环为上下双环设计，网侧升高座没有设计手孔，如图 2-3-10 所示。上下双环的均压环设计，将接线端子完全屏蔽在均压环内，如图 2-3-11 所示。能更好地满足换流变压器的绝缘性能，但此种结构，不具备在升高座开手孔接线的条件，也正因此设计，导致换流变压器和高特高压主变压器更换套管的流程不同（换流变压器套管和接线底座分别拆卸，特高压主变压器套管连同接线底座一同拆卸）。

基于以上套管结构和换流变压器结构，更换换流变压器网侧套管接线底座需要采用小排油的方式进行。

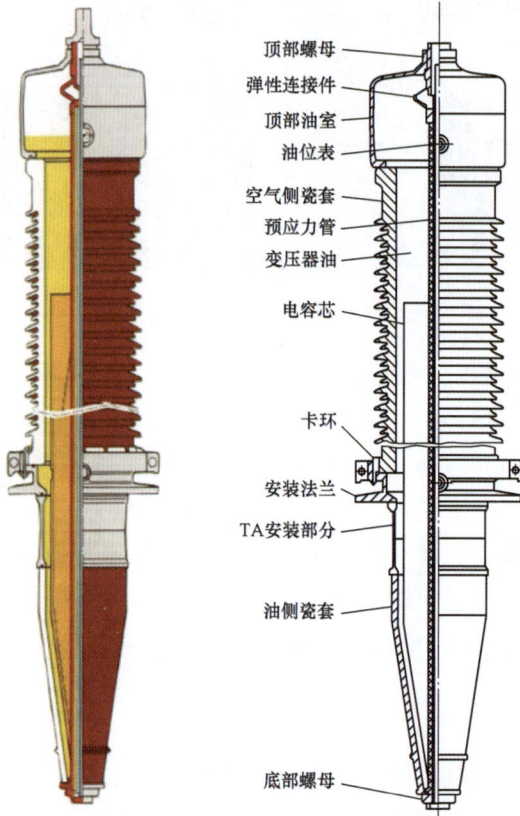

顶部螺母
弹性连接件
顶部油室
油位表
空气侧瓷套
预应力管
变压器油
电容芯
卡环
安装法兰
TA安装部分
油侧瓷套
底部螺母

图 2-3-8　GOE 型套管外形图

（三）作业准备

1. 场地布置

现场设置油罐区，对油罐区域用围栏进行封闭，并有工作的变压器、套管存放、吊车、滤油机、真空机组、干燥空气发生器的布置图。

2. 备品备件、专用工器具

备品备件、专用工器具表参见表 2-3-27。

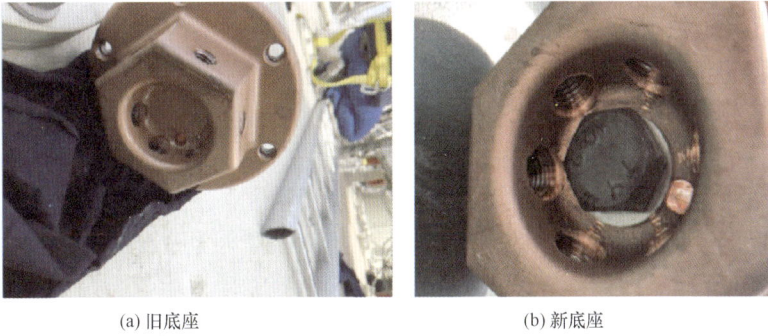

(a) 旧底座　　　　　　　　　　(b) 新底座

图 2-3-9　新旧底座对比

网侧套管接线底座位置

图 2-3-10　接线底座位于变压器的位置

图 2-3-11　上下双环的均压环

表 2-3-27　　　　　　GOE 套管拉杆底座更换备品备件、专用工器具

序号	类别	名称	规格	数量
1	备品备件	套管拉杆	500kV GOE	1 套
2	备品备件	套管紫铜底座	500kV GOE	1 套
3	备品备件	500kV 套管法兰密封垫	氟硅	1 套
4	备品备件	500kV 套管升高座密封胶条	氟硅	1 套
5	专用工器具	500kV 套管吊具	专用	1 套
6	专用工器具	GOE 套管液压装置	专用	1 套
7	工器具	吊车	25t	1 台
8	工器具	真空机组	—	1 台
9	工器具	滤油机	12 000L/min	1 台
10	工器具	干燥空气发生器	4200L/min	1 台
11	工器具	油罐	20t	7 个

（四）作业流程

GOE 套管拉杆底座更换流程如图 2-3-12 所示。

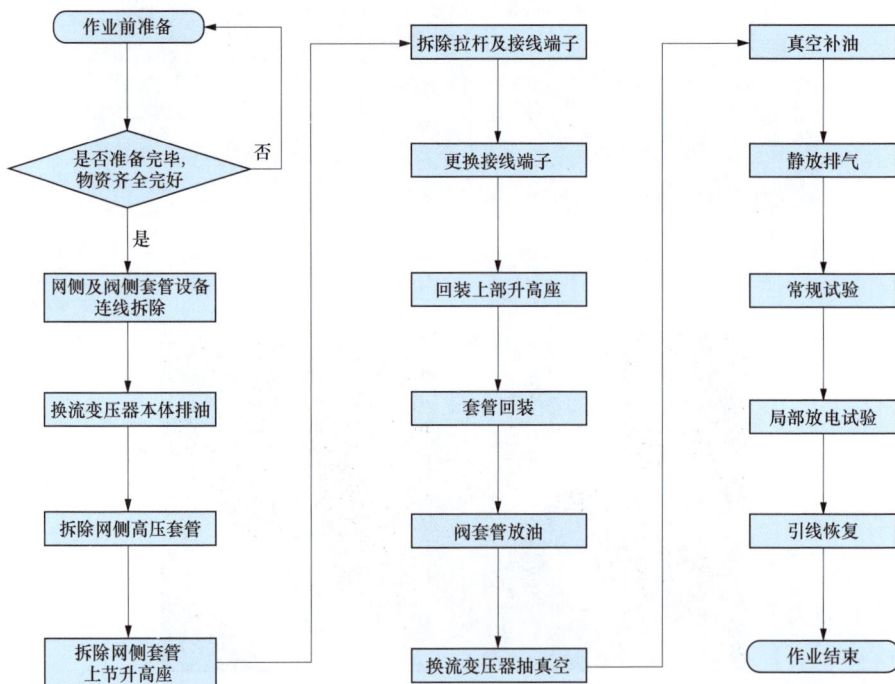

图 2-3-12　GOE 套管拉杆底座更换流程图

（五）工期安排

根据工作项目制定标准化作业时间节点安排，如表 2-3-28 所示。

表 2-3-28　　　　　　　　GOE 套管柱杆底座更换工期计划表

主要工序	网侧及阀侧套管设备连线拆除	换流变压器本体排油	拆除网侧高压套管	拆除网侧套管上节升高座	拆除拉杆及接线端子	更换接线端子	回装上部升高座	套管回装	阀套管放油	换流变压器油真空	真空补油	静放排气	常规试验	局部放电试验	引线恢复
第1天	Ⅱ	Ⅱ	Ⅱ	Ⅱ	Ⅱ	Ⅱ	Ⅱ	Ⅱ	Ⅱ	Ⅱ	Ⅱ				
第2天												Ⅱ			
第3天												Ⅱ	Ⅱ	Ⅱ	
第4天														Ⅱ	Ⅱ

（六）作业风险管控措施

GOE 套管拉杆底座更换作业风险管控措施见表 2-3-29。

表 2-3-29　　　　　　GOE 套管拉杆底座更换作业风险管控措施

序号	工序	风险可能导致的后果	工序风险库等级	风险防范措施
1	油罐布置	中毒窒息、机械伤害、物体打击、环境污染、触电、火灾；本体油污染	中	（1）储油柜及大型真空滤油机的吊装涉及起重作业，起重机具应接地良好；吊车司机和起重人员必须持证上岗，作业全过程应设专人指挥，指挥人员应站在能全面观察到整个作业范围及吊车司机和司索人员的位置；任何工作人员发出紧急信号，必须停止吊装作业。 （2）储油柜可露天放置，但要检查确认阀门、人孔盖等密封良好，应做好接地措施及防雨、防潮措施，更换呼吸器硅胶。滤油场地附近应无易燃易爆物，并设置安全防护围栏、安全标志牌和消防器材。变压器、滤油机、油罐周边 10m 内严禁烟火，不得有动火作业。 （3）施工用电的设施应按已批准的施工组织措施设计进行，并符合运行单位的规定，在运行单位指定的电源箱接入电源，严禁私拉乱接。施工用电设施安装完毕后，应由专业人员负责管理运行及接线，严禁非专业人员拆、

序号	工序	风险可能导致的后果	工序风险库等级	风险防范措施
1	油罐布置	中毒窒息、机械伤害、物体打击、环境污染、触电、火灾；本体油污染	中	装施工用电设备；施工用电电缆及设备的绝缘必须良好，布线整齐，接地牢固可靠，并挂牌使用；施工用电、照明用电、熔丝熔断后，必须查明原因，排除故障后方可投入运行，施工电源用完后，应立即拆除，确保用电安全；电源箱处必须配备足够的合格灭火器。 （4）储油柜清洗作业人员进入储油柜内前必须充分通风，并测试含氧量，不低于18％方可进入，入罐清理工作至少2人，1人入油罐内进行清理工作，1人在外专职进行监护。作业现场禁止吸烟及明火。如需动火作业必须按照一级动火工作票执行。 （5）合理安排油罐、油桶、管路、滤油机、油泵等工器具放置位置并与带电设备保持足够的安全距离
2	一次引线拆、接	高空坠落、触电、物体打击；搭接面发热	中	（1）作业人员与相应电压等级带电设备保持安规规定的安全距离；使用升高车、吊机进行作业时，吊臂注意保持与相应电压等级带电设备足够安全距离，登高机具做好接地措施。 （2）作业人员在主变压器本体上作业时正确佩戴安全带，在转移作业位置时不准失去安全保护。 （3）确认接地线已挂设牢固，必要时用绑扎带等对接地线夹进行加固。 （4）引线拆除前，引线需用缆风绳绑扎至牢固构架上，以免引线摆动至带电部位，回装时，待螺栓紧固后再拆除缆风绳。 （5）高空作业人员使用的工具及安装用的零部件，应放在随身佩带的工具袋内，不可随便向下丢掷，工具等用布带系好
3	主变压器本体排油	环境污染、触电、火灾；本体油污染、气体继电器误动	低	（1）残油集中回收，不得污染环境。 （2）排油速度不宜过快，以免大量跑油。 （3）合理安排油罐、油桶、管路、滤油机、油泵等工器具放置位置并与带电设备保持足够的安全距离

序号	工序	风险可能导致的后果	工序风险库等级	风险防范措施
4	进箱开展引线拆接	中毒窒息、物体打击、高处坠落；遗落异物、多点接地、渗漏油	高	（1）进入主变压器前必须充分通风，并测试含氧量，不低于18%方可进入，内检为2个人，1个人在外部，要不断与内部人员沟通，保证安全。 （2）进箱内检人员需穿防滑绝缘靴，移动过程需缓慢进行，落脚前先试探落脚点是否稳固不滑；内检人员必须全程正确佩戴安全帽，时刻注意周围环境，预防物体打击
5	套管拆除	机械伤害、高处坠落；设备损坏	高	（1）套管拆除前，仔细清理套管法兰、升高座及周边尘土、积污，防止杂质等落入油箱。 （2）使用套管安装专用吊具，起吊前再次检查吊具和吊带的安装情况。主吊车吊绳轻微受力，拆除套管法兰与升高座法兰的连接螺栓。拆卸过程中采取防护措施，防止螺栓落入油箱内部或坠落伤人。 （3）拆装套管底座与引线的连接螺栓时，应采用洁净塑料布或白布对均压球底部及外部绝缘层间缝隙进行防护，拆装后均压球内部应清理干净。内部连接引线拆除后，需对拆除的紧固件清点确认，防止遗漏在器身内。 （4）套管拆除后，立即用洁净塑料布对法兰面进行临时遮挡，防止异物侵入。套管尾部用拉伸膜包覆防护，地面枕木上铺放干净的塑料布，将套管水平放置。 （5）套管拆除全过程，持续向本体充入干燥空气（露点不高于－55℃），出气口采用塑料布包扎防护，防止局部气流导致潮气侵入本体。 （6）严禁人员攀爬套管，安全带应高挂低用，人员穿着防滑鞋
6	真空注油	环境污染、低压触电；变压器损坏、渗漏油	低	（1）合理安排油罐、油桶、管路、滤油机、油泵等工器具放置位置并与带电设备保持足够的安全距离。 （2）抽真空及真空注油过程应专人负责。抽真空设备应有电磁式逆止阀，防止液压油倒灌进入变压器本体。禁止使用麦氏真空计。 （3）在注油过程中，变压器本体应可靠接地，防止产生静电。 （4）注油和补油时，作业人员应打开变压器各处放气塞放气，气塞出油后应及时关闭，并确认通往储油柜管路阀门已经开启

续表

序号	工序	风险可能导致的后果	工序风险库等级	风险防范措施
7	热油循环	机械伤害、环境污染、低压触电；本体油污染	低	（1）滤油机必须接地，滤油机管路与变压器接口可靠连接。 （2）油罐与油管的连接处及油管与其他设备之间的各个连接处必须绑扎牢固，严防发生跑油事故。 （3）热油循环过程中应时刻观察滤油机各个压力表及温度表，防止出现过热导致油质老化甚至发生火灾，各个滤油机旁都应放有灭火器。 （4）滤油机所接电源应与滤油机功率相匹配，应定期检测滤油机电缆及电缆接头温度，防止电缆发热烧熔造成火灾。 （5）滤油机加热器应根据电源容量进行投切，防止负荷过大造成电源跳闸
8	例行试验	高空坠落、机械伤害、低压触电、高压触电；绝缘击穿、剩磁导致保护误动	中	（1）一次设备试验工作不得少于2人；试验作业前，必须规范设置安全隔离区域，向外悬挂"止步，高压危险！"的警示牌。设专人监护，严禁非作业人员进入。高处作业应正确使用安全带，作业人员在转移作业位置时不准失去安全保护。 （2）调试过程试验电源应从试验电源屏或检修电源箱取得，严禁使用绝缘破损的电源线，用电设备与电源点距离超过3m的，必须使用带漏电保护器的移动式电源盘，试验设备和被试设备应可靠接地，设备通电过程中，试验人员不得中途离开。工作结束后应及时将试验电源断开。 （3）装、拆试验接线应在接地保护范围内，戴绝缘手套，穿绝缘鞋。在绝缘垫上加压操作，与加压设备保持足够的安全距离。更换试验接线前，应对测试设备充分放电。 （4）试验过程中，应有监护且不得少于2人；登高取样时应使用梯子并有专人扶梯；带电取样时，应与带电体保持安全距离；变压器外壳应可靠、独立接地；绝缘强度测试项目时应使用绝缘垫并设置安全围栏，测试过程中禁止触动仪器高压罩，以防高电压伤人；装样操作时不许用手触及电源及电极、油杯内部和试油

续表

序号	工序	风险可能导致的后果	工序风险库等级	风险防范措施
9	特殊试验	高空坠落、机械伤害、低压触电、高压触电；绝缘击穿、剩磁导致保护误动	高	（1）一次设备试验工作不得少于 2 人；试验作业前，必须规范设置安全隔离区域，向外悬挂"止步，高压危险！"的警示牌。设专人监护，严禁非作业人员进入。设备试验时，应将所要试验的设备与其他相邻设备做好物理隔离措施。 （2）调试过程试验电源应从试验电源屏或检修电源箱取得，严禁使用绝缘破损的电源线，用电设备与电源点距离超过 3m 的，必须使用带漏电保护器的移动式电源盘，试验设备和被试设备应可靠接地。 （3）装、拆试验接线应在接地保护范围内，穿绝缘鞋。在绝缘垫上加压操作，与加压设备保持足够的安全距离。 （4）更换试验接线前，应对测试设备充分放电。 （5）高处作业应正确使用安全带，作业人员在转移作业位置时不准失去安全保护。 （6）高压试验的安全措施已完善，试验设备和被试验设备外壳和铁芯及非试线圈已可靠接地（电抗器除外），升高座电流互感器二次绕组应短接并可靠接地，试验区域装设临时围栏和警示牌，并有专人警戒。 （7）耐压、局部放电试验时必须有监护人监视操作，操作人员应穿绝缘鞋，升压前后必须使调压器可靠回零并告知有关人员密切注意被试品。升压过程中，升压速度应平稳并密切注意有关仪表和设备情况，发现异常应立即降压或断开电源，进行放电，停止试验，待查明原因后，方可继续试验

（七）标准化作业

1. 网侧及阀侧套管设备连线拆除（第 1 天）

拆除网侧 A、B 套管，阀侧 a、b 套管的设备连线接头，将设备连线通过风绳固定，拆除的螺栓妥善保存，以便恢复。做好设备连线的状态变更记录（断复引记录），填写拆除部位，拆除时间，并拍好照片。拆除阀侧套管母线时，合理利用电动葫芦和阀厅作业车，拆卸后的管母线按照换流变压器相位统一堆放在阀侧套管下方，避免混淆。

2. 换流变压器本体排油（第1天）

关闭储油柜与换流变压器本体之间主联管阀门。

关闭本体与冷却系统之间的所有阀门。

箱底取油样处连接油位软管，将透明软管一端与换流变压器箱底取油样阀门连接，另一端用绑带竖直固定在网侧 TA 升高座吊环位置，用于监测换流变压器排油过程中油位变化。

在换流变压器下部放油阀门处连接滤油机对换流变压器本体进行放油，放油过程中观察软管油位变化。当油位降至网侧升高座外部油位标识线以下位置时，关闭放油阀门，拆除充气软管，如图 2-3-13 所示。

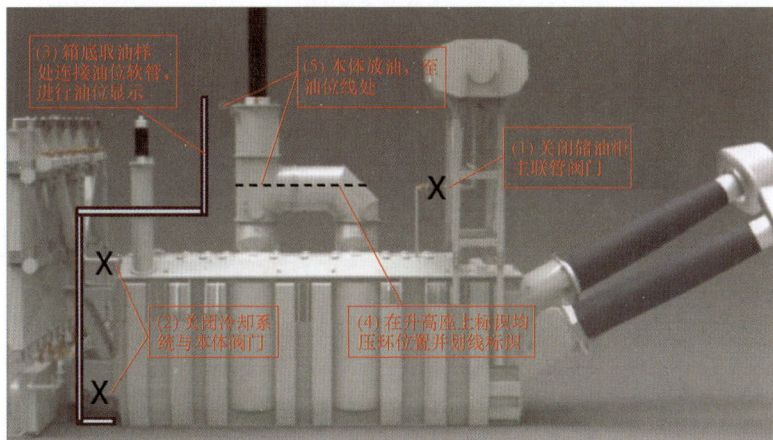

图 2-3-13　换流变压器排油示意图

3. 拆除网侧高压套管（第1天）

（1）拆卸将军帽。解开顶部将军帽，松开拉杆顶部螺母。

（2）安装拉杆吊绳和套管吊具。在套管顶部的拉杆安装拉杆吊绳，拉杆吊绳通过吊车主钩，另外一侧送至套管底部的工作人员处，在储油柜顶部安装套管吊具。本次套管最重约为 2t，采用 1 台 25t 吊车、1 台高空作业车进行吊装。吊带选用两根承重 5t 的吊带，单根长度为 10m。网侧套管采用专用吊装工具吊装，将吊环及吊带固定好，吊车吊带始终处于垂直状态，防止套管突然受力碰及其他设备或人员。

（3）拆除套管（第1天）。检查网侧高压套管吊具和吊带的安装状况，缓慢启动汽车吊使吊绳稍微受力，拆除套管法兰与升高座法兰的连接螺栓。缓慢起吊套管的同时，放松拉杆吊绳，此时套管向上移动，套管的拉杆保持不动，待上部、下部拉杆螺纹连接套筒露出后，拆除拉杆螺纹连接套筒，并用拉伸膜将套管油中部分包裹两层，此时将拉杆吊绳固定在套管底部的吊环上，上部拉杆将随套管一起吊出，将套管水平放置在地面枕木上，如图 2-3-14 所示。

图 2-3-14 套管从竖直转为水平状态示意图

4. 拆除网侧套管上节升高座（第 1 天）

在露出的套管下部拉杆外侧放置 PVC 保护管进行防护；上节升高座外安装吊环、吊带；松开升高座法兰紧固螺栓并移除上节升高座，如图 2-3-15 所示。

5. 拆除拉杆及接线端子（第 1 天）

用扳手卡住下节拉杆卡槽位置，将下节拉杆与接线底座分开；松开上部屏蔽罩固定螺栓，移除上层屏蔽罩并采取防尘保护措施放置；将下节拉杆包括原尾部端子从变压器移除，在拆除接线端子下部引线后用干净的白布将升高座引线绝缘装置的缝隙进行填充，扳手一端用绳系在手腕，防止安装过程中螺栓、工具失误脱落，如图 2-3-16 所示。

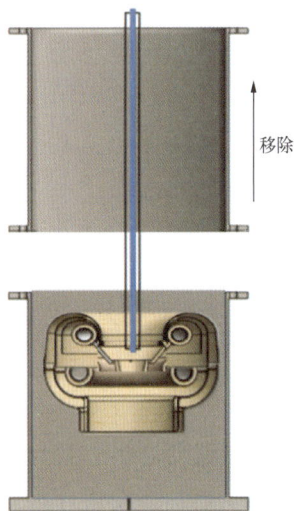

图 2-3-15 套管上节升高座
移除示意图

6. 更换接线端子（第 1 天）

连接网侧绕组引线，引线对角安装，接线螺栓力矩（68±6)N·m；安装接线端子和下节拉杆（安装前用酒精擦拭清洁），安装前取出棉布等并反复检

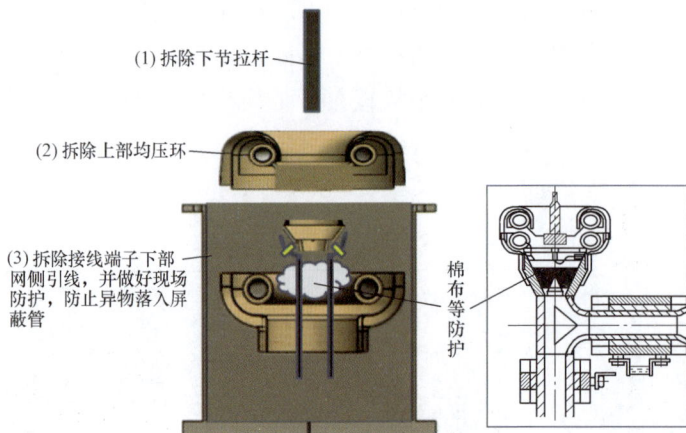

(1) 拆除下节拉杆

(2) 拆除上部均压环

(3) 拆除接线端子下部网侧引线，并做好现场防护，防止异物落入屏蔽管

棉布等防护

图 2-3-16　拉杆及接线端子拆除示意图

查屏蔽罩内无遗留物品；用标准力矩紧固引线固定螺栓和上节均压球支架固定螺栓；复装上部均压环，用水平尺测量，保持上节均压球水平，水平偏差不超过±10mm，连接均压球支架与接线端子的螺栓，螺栓力矩为 22N·m。

7. 回装上部升高座（第 1 天）

将法兰槽擦拭干净，擦拭时要由内向外，防止异物掉落油箱内；将密封胶垫均匀压入下节升高座法兰槽内，确保胶垫平整、无出槽情况，保证安装平稳；回装上部升高座，将法兰螺栓按对角均匀紧固，紧固力矩 200N·m。

8. 套管回装（第 1 天）

（1）安装拉杆上部分的两节。拉杆连接套筒需先涂抹乐泰 243 螺纹锁紧胶，紧固两节拉杆后，连接套筒两端露出的螺纹不得超过 3 丝，在拉杆头部安装拉杆吊绳，将拉杆系统（拉杆、补偿铝管、补偿钢管）回装至水平放置的套管内。

（2）套管起吊。将套管连同拉杆上部分吊至升高座正上方时，拆除套管油中部分的防护薄膜后，再将网侧升高座上部密封塑料布拆除。

（3）套管与升高座对接部位安装。将套管与升高座安装位置对正后缓慢下落，距升高座 400mm 左右时，停止下来，通过控制拉杆吊绳，将拉杆上部分和已经安装在接线底座的拉杆下部分用扳手将两段拉杆紧固到位。拉杆连接处螺纹伸出连接套筒的尺寸控制在 0～2.5 丝，如图 2-3-17 所示。

（4）套管法兰安装。下落套管的同时收起拉杆吊绳，套管下落到位后，紧固套管和升高座法兰螺栓。对角紧固法兰螺栓，顺序如图 2-3-18 所示。

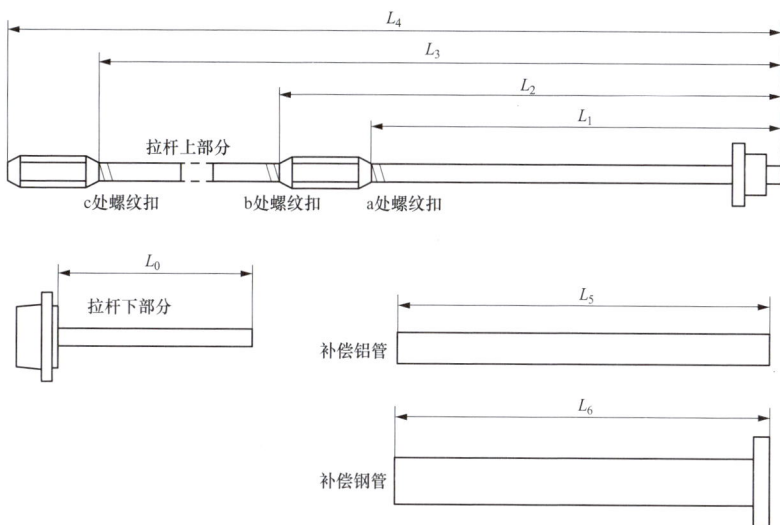

图 2-3-17　拉杆示意图

（5）拆除拉杆吊绳。在套管头部安装专用液压装置，液压装置的拉杆套筒与套管顶部拉杆螺纹连接应不小于 10mm，如图 2-3-19 所示。

（6）测量拉杆数据。通过液压装置对套管拉杆施加 40kN 拉力，用套筒扳手拧紧套筒，在 40kN 力的作用下，测量 b 值、H_1、H_2、H_3、W_{max}、W_{min} 值，如图 2-3-20 所示。

（7）安装将军帽。更换套管头部密封件。

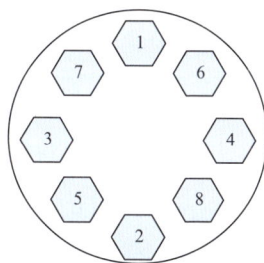

图 2-3-18　螺栓紧固顺序图

将军帽安装时，首先对角交叉逐步拧紧螺钉 1，然后对角交叉逐步拧紧螺钉 2，螺钉 1 的紧固力矩为 40N·m，螺钉 2 的紧固力矩为 20N·m，如图 2-3-21 所示。

9. 阀套管放油（第 1 天）

打开阀侧套管安装法兰处抽真空及放油阀门，在抽真空阀门处连接干燥空气管路（要严格控制出气速率，小气量，确保套管内部微正压），在放油口下方放置油桶接装变压器油，如图 2-3-22 所示。待下部放油口无油流出后，停止充气，关闭两处阀门。

117

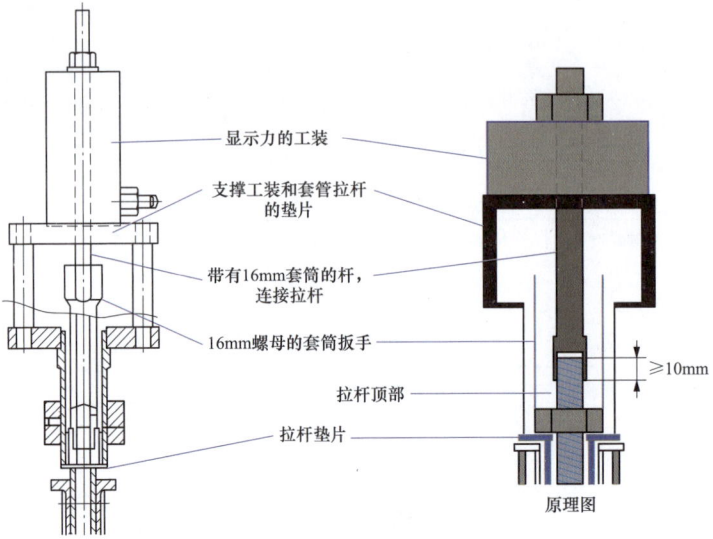

图 2-3-19 液压装置安装

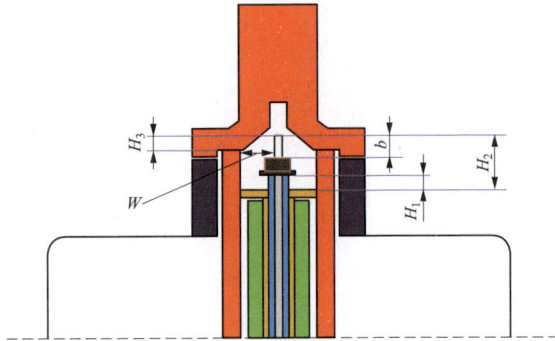

图 2-3-20 液压装置安装

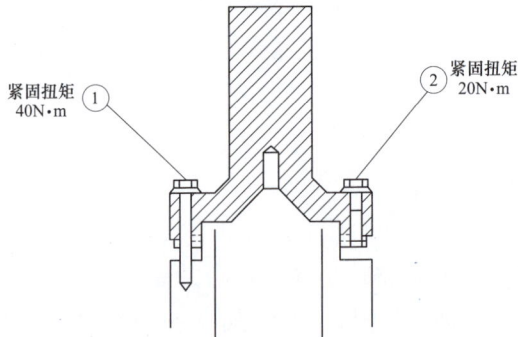

图 2-3-21 套管将军帽（顶部端子）安装

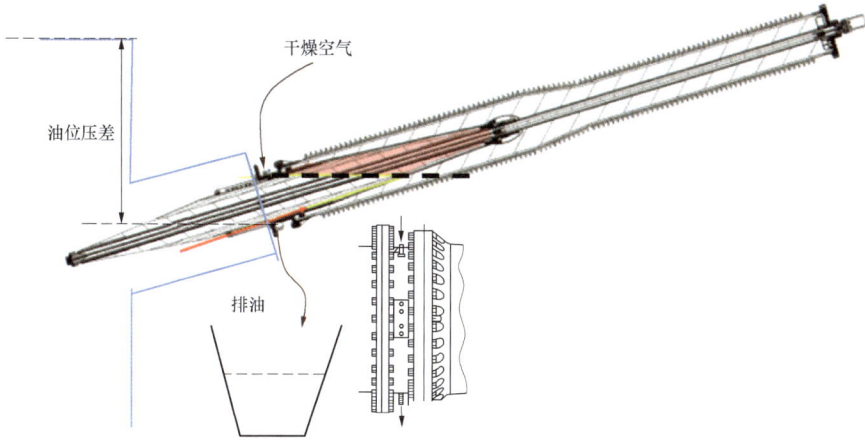

图 2-3-22　阀套管放油

10. 换流变压器抽真空（第 1 天）

更换完成后通过真空罐对真空罐阀侧套管与网侧升高座同时抽真空处理，其中冷却系统和储油柜不参与抽真空。真空管需要用透明的，阀侧套管的真空管绕过本体储油柜的顶部，方便下一步真空注油时观察阀套管的油位。抽真空过程连接如图 2-3-23、图 2-3-24 所示，抽真空至残压 133Pa 开始计时，维持时间不少于 12h。

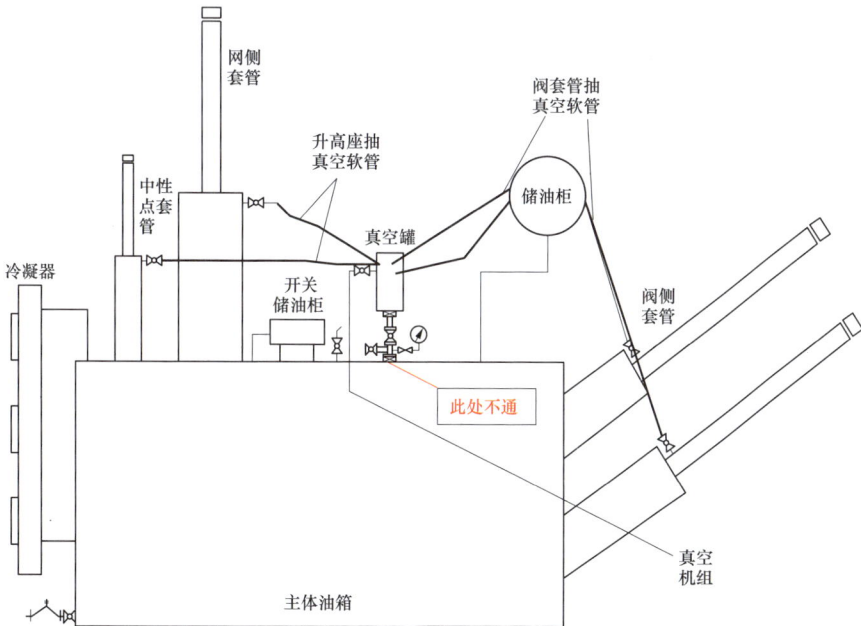

图 2-3-23　抽空示意图

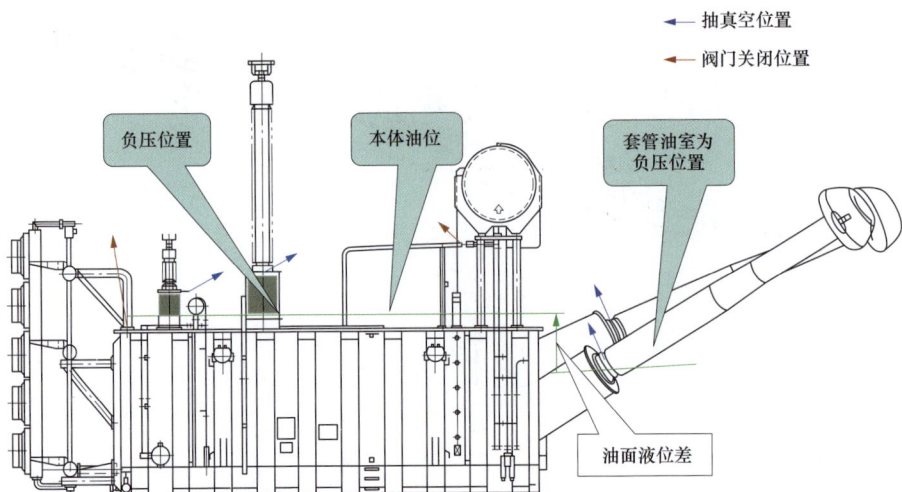

图 2-3-24　换流变压器内部压强示意图

11. 真空补油（第 1 天）

真空度满足要求，继续保持真空机组运行状态，缓慢打开本体和储油柜之间的阀门，通过储油柜内的绝缘油对阀侧套管和网侧套管升高座进行补油。按图 2-3-25 所示进行注油操作（红色箭头为油流方向），阀侧套管油位高度在注

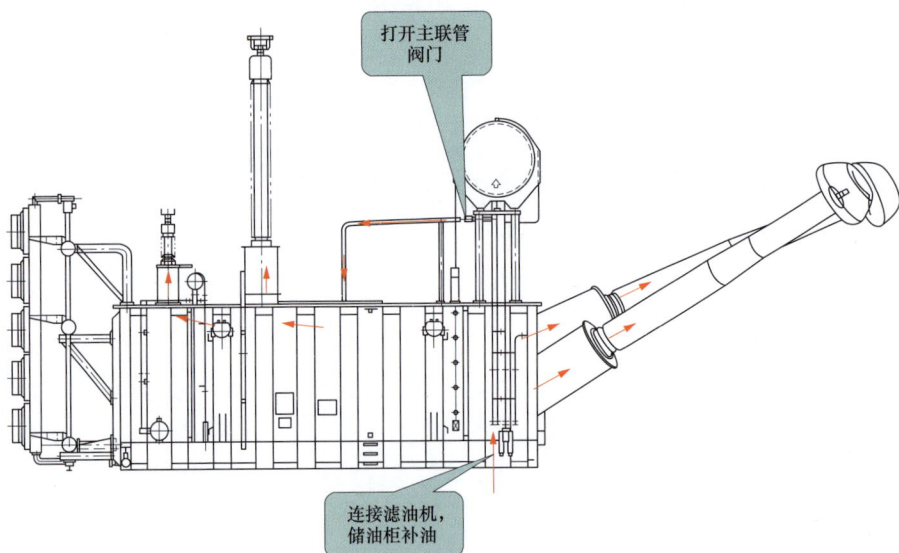

图 2-3-25　升高座和阀套管注油示意图

油时严格控制，保证连接阀侧套管的抽真空透明管路内油位高于阀侧套管油位高度 $h(h＝L\sinα)$。缓慢打开冷却系统阀门。再通过滤油机和对储油柜单独进行补油至合适的油位，如图 2-3-25、图 2-3-26 所示。

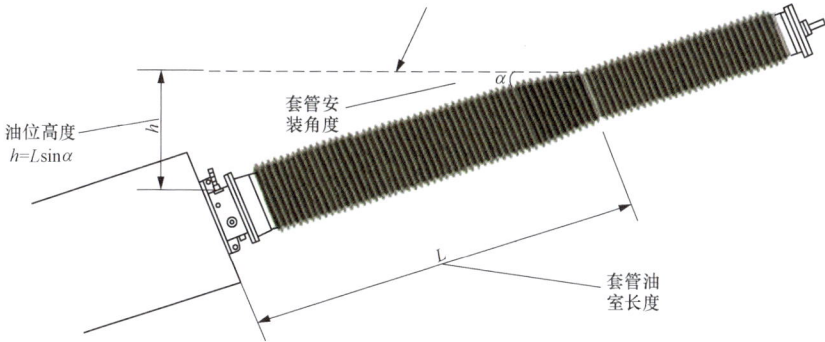

油位高度
$h=L\sinα$

套管安装角度

$α$

套管油室长度

L

图 2-3-26　阀套管油位

12. 静放排气（第 2、3 天）

静置时间 36h，静置过程中，每隔 12h 对气体继电器、升高座、冷却器及其联管等部位进行放气。

13. 常规试验（第 3 天）

静放 24h 后可开展常规试验，包括网侧套管带绕组的直阻、绝缘、介质损耗、电容量试验，10kV 电压套管介质损耗及电容量测试、末屏绝缘，铁芯夹件绝缘测试。

局部放电前需从换流变压器本体（上、中、下）及网侧升高座取油样，做色谱、耐压、微水、介质损耗、含气量，套管做色谱试验。常规试验合格后方可进行特殊试验。

14. 局部放电试验（第 3、4 天）

静放 96h 后可以做局部放电试验，局部放电试验参见第五章第三节部分特殊试验部分。

15. 恢复网侧、阀侧一次设备连线（第 4 天）

按照工艺恢复网侧、阀侧管母金具及设备连线，恢复完成后按照要求对接触面进行处理并进行直阻测试，记录数据，网侧接头直阻不大于 $20\mu\Omega$，阀侧接头直阻不大于 $10\mu\Omega$，填写断复引记录，明确恢复时间、恢复位置、恢复直阻、恢复人。恢复接头时，导电膏务必涂抹均匀。

五、ABB 分接开关检修标准化作业

(一) 作业背景

为推进换流站设备周期性检修管理，建立规范化检修标准，实现设备精益化管理，指导该分接开关的维护与检修工作。依据国家和行业的有关标准、规程和规范及制造厂对设备维护检修的要求，编制 ABB 分接开关检修标准化作业方案。

(二) 设备基本情况

以特高压换流变压器分接开关为 ABB VUCLRE1050/2×1000/F 型号为例，参数见表 2-3-30。

表 2-3-30　　　　　　　　　　ABB 有载分接开关参数

型号	VUCLRE1050/2×1000/F	分接开关相对于绕组的位置	网侧中性点
电压（V）	380	无需检修的操作次数和运行时间	300 000 次或每 15 年
电流（A）	2×1000	电气寿命	600 000 次
分接级数	29	机械寿命	驱动开关 1 200 000 次/选择器 1 500 000 次
可调范围+/−（%）	+28.75/−6.25	生产厂家	ABB
每级电压档距（%）	1.25	生产日期	2016 年 1 月

ABB 真空有载分接开关。真空分接开关以真空开关管代替灭弧触头，在真空中产生的弧电压比在油中或 SF_6 中产生的要低很多，降低了能量消耗和触头磨损。在调挡的时候滤油机才启动。分接头调压在高压侧，因为换流变压器高压侧电流小，所以切换开关切换时电流较小，调节时不会引起大的放电。

ABB 分接开关外形见图 2-3-27。

(三) 备品备件、工器具

ABB 分接开关检修备品备件、工器具见表 2-3-31。

表 2-3-31　　　　　　ABB 分接开关检修备品备件、专用工器具表

序号	类别	名称	规格	数量
1	车辆	吊车	25t	1 台
2	机具	真空滤油机	12 000L/h，需带精滤	2 台
3	机具	手动葫芦	3t	1 台

序号	类别	名称	规格	数量
4	器具	储油柜	10t	1个
5	仪器仪表	开关特性测试仪	—	
6	仪器仪表	红外测温仪	T660	1台
7	备品备件	密封垫	氟硅	1套
8	工器具	专用工具	—	1套

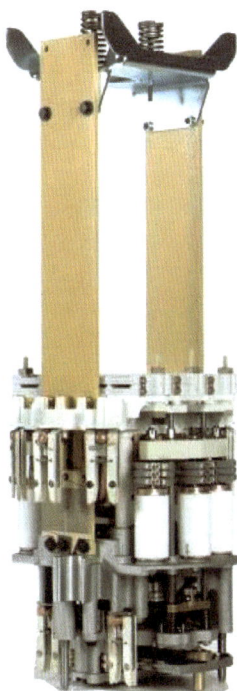

图 2-3-27　ABB 分接开关外形图

（四）作业流程

ABB 分接开关检修作业流程如图 2-3-28 所示。

（五）标准化作业

1. 检修现场布置

分接开关检修作业现场布置如图 2-3-29 所示。

2. 作业前准备

（1）换流变压器处于检修状态，安全措施已完成。

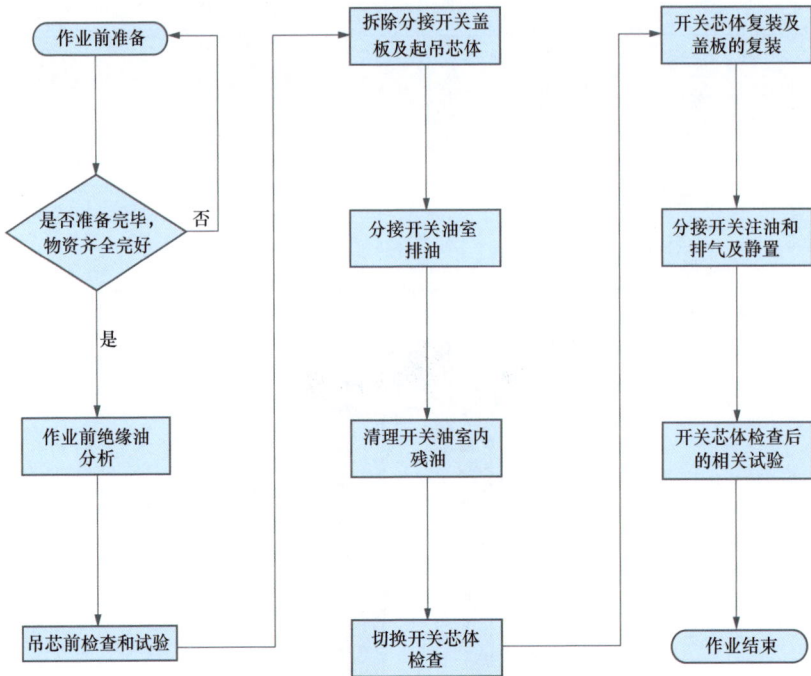

图 2-3-28　分接开关检修作业流程图

（2）记录有载分接开关位置。

（3）在有载分接开关开始任何工作之前，电动机构的电机保护开关及"本地/远控"（LOCAL/REMOTE）开关都必须打到位置 0。

（4）在有载分接开关进行任何工作之前：确保变压器已断开电源，并且已可靠接地，必须获得主管工程师签发的凭证。

3. 作业前绝缘油分析

（1）取分接开关油室的油样，进行分析，微水，色谱，击穿电压，颗粒度。

（2）若乙炔含量大于 $50\mu L/L$，需要对分接开关在现场进行检查。

（3）若乙炔含量大于 $10\mu L/L$，小于 $50\mu L/L$，可以用内窥镜对分接开关在现场进行检查，之后返回瑞典进行更进一步检查。

（4）需要准备一定数量的干净空桶用于收集并过滤有载分接开关油室内的油。

（5）取新油的油样验证微水、击穿电压、颗粒度及各气体指标是否合格，

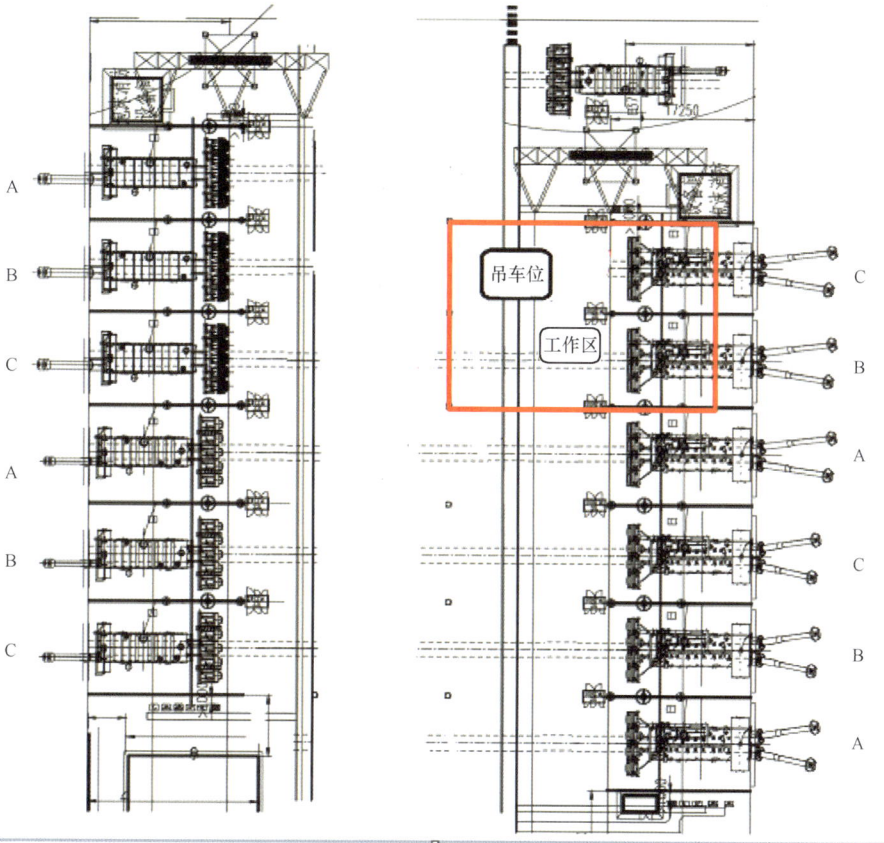

图 2-3-29 分接开关检修作业现场布置图

目的是确保油的质量没有问题。新油等同于变压器内变压器油标准。

（6）拆除开关油室上方的起吊阻挡物。

4. 起吊后的开关芯体检查

要求重点对以下部位（可视范围内）进行检查，检查项目见表 2-3-32。

表 2-3-32   重点检查项目

项目	工　作　内　容
开关排油	排油前打开开关储油柜的呼吸器，再使用开关滤油机将开关储油柜和开关油室内及在线滤油机内变压器油排除
拆除开关盖板	拆除盖板前需对箱盖进行清理，以开关头盖外径为中心，附近 500mm 范围内进行清理，保证箱盖清洁无异物。开关头部螺栓松开后需对螺栓进行清理后方可起吊开关芯体

项目	工 作 内 容
吊起切换开关芯体	为避免切换开关的损坏，用手操作手动葫芦，并确定切换开关驱动连杆的端部或其连接处不碰到法兰的内部边缘（真空开关灭弧室绝缘子很脆弱，一定要小心操作）；切换开关吊出后用塑料薄膜包裹防护，吊置于干净的托盘上，用收紧带固定
清理开关油室内的残油	利用干净、合格的新变压器油对开关油室进行冲洗，并将冲洗后的脏油彻底抽出；安装切换开关前，需要用新油冲洗开关；确保切换开关油室清洁且干燥，无异物（工具等）留在油室内
开关芯体检查	真空泡为易碎装置，因此应小心拿放切换开关；VUCL 型切换开关装备有两个导向槽：一个固定在切换开关油室内的排油管内，另一个安装在导向杆上；降下切换开关时，目视检查插入式触头是否与缸内的触头对齐；为确保切换开关销与耦合盘啮合，应朝同一方向至少执行三次分接变换操作。切换开关工作时，会听到清晰的响声，这表示切换开关的传动销被连接；如果没有听到响声，原因可能是传动销被直接固定到槽内或切换开关可能在操作电动机构过程中被按下；按下切换开关过程中，再向同一方向执行三次操作；当降至最终位置时，切换开关提升设备的顶部应位于盖子机械水平面以下。仅提升设备的弹簧可高于该水平面

5. 开关油室顶盖板的复装

（1）复装过程中做好防护，通过并螺帽拆卸下油室头部顶盖的双头固定螺栓；在双头螺栓上涂上锁紧液，并将其固定在螺孔中；在变压器法兰的双头螺栓上安装支撑底座；用螺母将 M12 螺栓连接到支座上，用 76N·m 的扭矩拧紧，将支座固定到螺栓上；对法兰上要更换的螺栓和需要安装的支座逐一按以上步骤安装；有的螺栓和支座安装好后，进行油室顶盖的安装。

（2）在上部法兰的盖子上放一个新的 O 形密封圈。安装有载分接开关盖。转动盖子，使油室内的定位销朝向盖子内的导向孔（必须按下盖子，以便抵消将切换开关保持在适当位置的弹簧的弹力）。

（3）用吊车吊起油室顶盖，在起吊和就位时小心碰撞损坏顶盖密封圈和其他部位；在盖板伸出的螺栓上放上垫片后再放螺母拧紧；用 55N·m 的扭力拧紧螺母；检查油室顶盖与支撑顶面有无空隙；如有间隙用 1mm 或 0.25mm 厚的垫圈进行填充，直到不能填充为止；在支座上的盖板孔上先后放上 13mm×37mm×3mm 和 13mm×30mm×6mm 两种规格垫片，再安装 M12×100 A4-80 规格六角螺栓；然后用 55N·m 的扭力对此 6 个六角螺栓进行紧固；盖板安装好后，盖板上的起吊耳无需拆下。

6. 分接开关注油

在常压下，由滤油机注油，注油后静置 24h。

7. 开关芯子检查后的相关试验

（1）分接开关操作试验。分接开关操作试验见表 2-3-33。

表 2-3-33　　　　　　　　　　分接开关操作试验

序号	项目	内　　　容
1	注油后的操作检查	所有更换完成后需要以 1 个挡位为基数分别上升和下降摇动切换开关确定正反切换圈数差在 1 圈之内。再用手柄摇动开关的每个挡位，每一挡位手摇确定后才允许电动操作开关，电动完成后红色位置指示器指在"position"，刹车盘上的红线位于两根刹车弹簧中间，开关到达正挡位
2	两次全范围的电动操作	采用电动机构操作，进行两次全范围的电动操作试验，记录每次单位上升或下降时的动作时刻，综合 6 台的每挡动作时间，对比分析分接开关调挡同步性

（2）静置 24h 后油化试验。开关注油结束后，静置 24h 后，然后再取油样，进行 DGA 测试、微水、击穿电压试验。静置后油化试验见表 2-3-34。

表 2-3-34　　　　　　　　　　静置后油化试验

序号	项目	内　　　容
1	击穿电压	大于 50kV
2	微水	小于 15μL/L
3	色谱	无乙炔
4	颗粒度	小于 1000

（3）分接开关带电后油化试验、电气试验。开关带电后，静置 24h 后，然后再取油样，进行 DGA 测试、微水、击穿电压试验。

按照作业卡内容负责分接开关检查前、后的直流电阻测试、油试验和整改后的动作特性试验、消磁试验，并提供试验报告。带电后油化试验见表 2-3-35，分接开关动作特性试验及消磁试验见表 2-3-36。

表 2-3-35 带电后油化试验表

序号	项目	内　　容
1	击穿电压	大于 50kV
2	微水	小于 $15\mu L/L$
3	色谱	无乙炔
4	颗粒度	小于 1000

表 2-3-36 分接开关动作特性试验及消磁试验

序号	项目	内　　容
1	动作特性试验	（1）阀侧短接接地，网侧解引进行试验。 （2）过渡电阻的实测值与铭牌值相差不大于 10%。正方切换时间符合产品的技术要求。升降1挡动作侧特性试验
2	网侧各挡位直流电阻	阀侧地刀需断开，网侧套管解引，与出厂值比较，数值不大于 2%
3	消磁试验	剩磁小于 2%

换流变压器整体试验进行的项目有：电流互感器有载分接开关动作特性试验，换流变压器网侧各挡位直流电阻测量网侧绝缘电阻、吸收比测试；介质损耗测量。

消磁试验是换流变压器交接试验中最后一个试验，目的是消除换流变压器剩磁危害，保护换流变压器免受励磁涌流冲击，每台换流变压器至少需消磁 5 次，剩磁量应低于 2%。

六、MR 分接开关检修标准化作业

（一）作业背景

为推进换流站设备周期性检修管理，建立规范化检修标准，实现设备精益化管理，指导该分接开关的维护与检修工作。依据国家和行业的有关标准、规程和规范及制造厂对设备维护检修的要求，编制 MR 分接开关检修标准化作业方案。

（二）设备基本情况

以特高压变压器分接开关为 MR VRG Ⅱ 1302-72.5/E-16313W 型号为例，参数见表 2-3-37。

表 2-3-37　　　　　　　　　　MR 有载分接开关参数

型号	VRG Ⅱ1302-72.5/E-16313W	分接开关相对于绕组的位置	网侧中性点
电压（V）	380	无需检修的操作次数和运行时间	300 000 次或每 15 年
电流（A）	1300/柱	电气寿命	600 000 次
分接级数	29	机械寿命	100 000 次
可调范围＋/－（％）	＋28.75/－6.25	生产厂家	MR
每级电压档距（％）	1.25	生产日期	2016 年 1 月

MR 真空有载分接开关。真空分接开关以真空开关管代替灭弧触头，在真空中产生的弧电压比在油中或 SF_6 中产生的要低很多，降低了能量消耗和触头磨损。分接开关滤油机 24h 不间断滤油。分接头调压在高压侧，因为换流变压器高压侧电流小，所以切换开关切换时电流较小，调节时不会引起大的放电。MR 分接开关外形如图 2-3-30 所示。

（三）备品备件、工器具

MR 分接开关备品备件、工器具参见表 2-3-38。

图 2-3-30　MR 分接开关外形图

表 2-3-38　　　　　　　MR 分接开关备品备件、专用工器具

序号	类别	名称	规格	数量
1	车辆	吊车	25t	1 台
2	机具	真空滤油机	12 000L/h，需带精滤	2 台
3	机具	手动葫芦	3t	1 台
4	器具	储油柜	10t	1 个
5	仪器仪表	开关特性测试仪	—	1 台
6	仪器仪表	红外测温仪	T660	1 台
7	备品备件	密封垫	氟硅	1 套
8	工器具	专用工具		1 套

（四）作业流程

MR分接开关检修作业流程如图2-3-31所示。

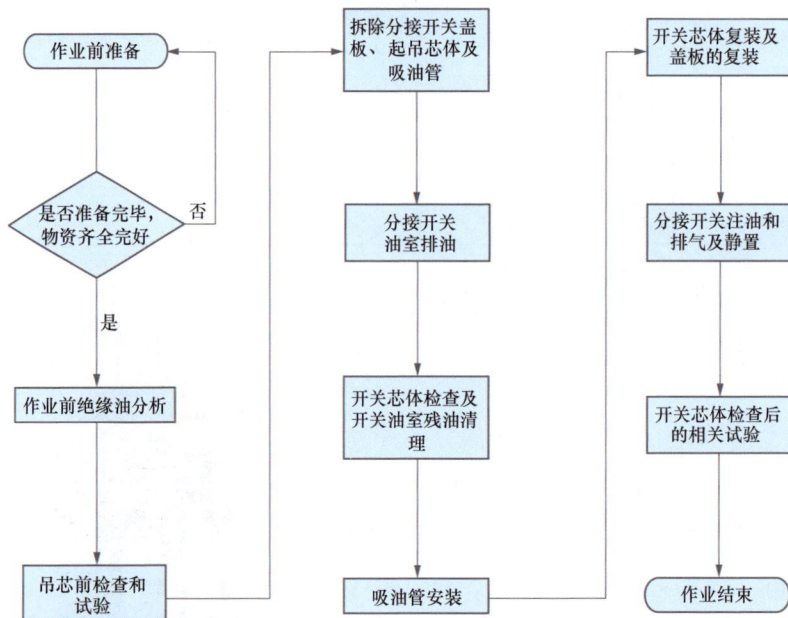

图2-3-31　MR分接开关检修作业流程图

（五）标准化作业

1. 检修现场布置

MR分接开关检修作业现场布置如图2-3-32所示。

2. 作业前准备

（1）换流变压器处于检修状态，安全措施已完成；

（2）记录有载分接开关位置；

（3）在有载分接开关开始任何工作之前，电动机构的电机保护开关及"本地/远控"（LOCAL/REMOTE）开关都必须打到位置0；

（4）在有载分接开关进行任何工作之前，确保变压器已断开电源，并且已可靠接地，必须获得主管工程师签发的凭证。

3. 作业前绝缘油分析

（1）取分接开关油室的油样，进行分析，微水，色谱，击穿电压，颗

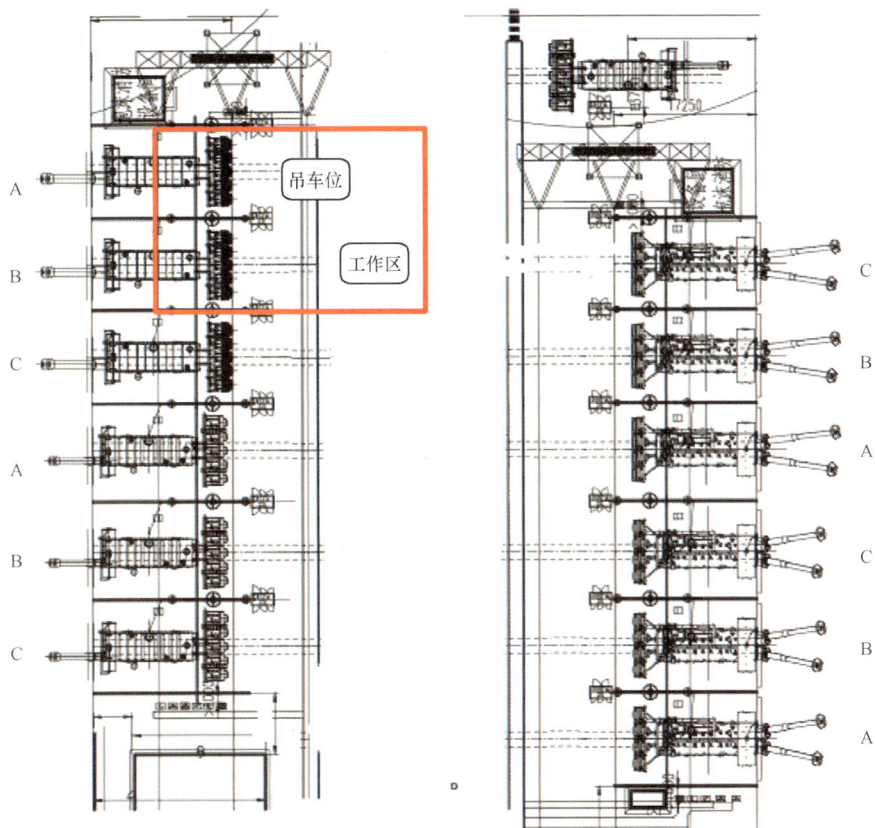

图 2-3-32　MR 分接开关检修作业现场布置图

粒度；

（2）若乙炔含量大于 $50\mu L/L$，需要对分接开关在现场进行检查；

（3）若乙炔含量大于 $10\mu L/L$，小于 $50\mu L/L$，可以用内窥镜对分接开关在现场进行检查，之后返回瑞典进行更进一步检查；

（4）需要准备一定数量的干净空桶用于收集并过滤有载分接开关油室内的油；

（5）取新油的油样验证微水、击穿电压、颗粒度及各气体指标是否合格，目的是确保油的质量没有问题。新油等同于变压器内变压器油标准；

（6）拆除开关油室上方的起吊阻挡物。

4. 吊芯前检查和试验

吊芯前检查和试验项目见表 2-3-39。

表 2-3-39 吊芯前检查和试验项目

项目	工 作 内 容
有载分接开关操作检查	仪器接线后手动/电动变更有载开关挡位，记录开关挡位切换时间并检查波形；电动操作应无卡涩，并且没有联动现象电气和机械限位动作正常，接触器、电动机、辅助触点、位置指示器、计数器等动作正确
电压比测量	变比测试仪上的 A、O 端接到换流变压器网侧高压、中性点套管上，将测试仪的 a、o 端接至换流变压器阀侧首、尾套管上，每个挡位测一次变比满足精度要求
绕组连同套管直流电阻测量	直阻仪的两条专用测试线分别钳在网侧高压套管和网侧中性点套管的导电杆上，同一温度下各相绕组电阻的相互差异应在 2% 之内，同一温度下各分接位置电阻的初值差不超过 ±2%
分接开关排油	油前打开开关储油柜的呼吸器，再使用开关滤油机将开关储油柜和开关油室内及在线滤油机内变压器油排除
分接开关油路管道设备检查	检查有载分接开关油路的所有零部件和接头是否正确接地；检查有载分接开关油路的所有管路接头是否均为金属材料

5. 分接开关吊芯

（1）将有载分接开关移动到校准位置。

（2）拆除有载分接开关头盖。卸下有载分接开关头盖。在拆卸和其他所有作业过程中，保证有载分接开关头盖和有载分接开关头上的密封垫表面状况良好。同样确保 O 形圈状况良好。密封垫表面破损可能导致漏油从而损坏有载分接开关和变压器。

（3）拆除位置指示器，拔出轴端上的开口挡圈，拆除位置指示器刻度盘。

（4）拆除吸油管。拆除吸油管上的束线带；从有载分接开关头拔出吸油管；从有载分接开关头中，按箭头所指示方向旋出切换开关动作监控装置的连通管，直到当拔出切换开关芯子时，接线不会再受到损坏为止。

（5）拆除切换开关芯子。

1）转动上部均压环的绝缘传动轴，使有载分接开关上的三角形标记与绝缘传动轴上的对准。

2）在绝缘传动轴的吊板中装上起吊装置，并垂直放置于切换开关芯子上方。

3）缓慢、垂直地将切换开关芯子从油室中吊起。

（6）转移切换开关芯子至专用检查平台。用叉车将切换开关芯子转移至事先准备好的专用检查平台上，并将其固定以防止其倾倒。切换开关芯子安装不牢固可能倾倒，导致伤害和损坏；既不要在拆除时操作切换开关芯子，也不要改变分接选择器耦合的位置。否则，重新安装时切换开关芯子可能会遭到损坏。

6. 开关油室和开关芯检查

开关油室和开关芯检查项目见表2-3-40。

表 2-3-40　　　　　　　　　　　开关油室和开关芯检查项目

项目	工 作 内 容
OLTC 油路部分异物检查	在排放 OLTC 油室时，仔细检查排出的油中是否有异物（例如，在将油加注到容器中之前，使用抹布过滤油）
	检查滤油机油室和 OLTC 油冷却单元的复合滤芯是否有异物
	检查切换开关芯子是否有异物
	检查 OLTC 油是否有异物
机械检查	对切换开关油室和切换开关芯子的零部件和装配组成进行外观检查，如表面检查（污染痕迹、金属磨损、刨花）；触头板和螺栓（紧密配合，无断裂）；弹簧（就位，无损坏）；储能机构无异常等
切换开关油室检查	整个油室表面检查（无金属磨损）
	切换开关油室触头：①油室定触头和"按钮"触头（连接紧密配合，弹簧到位且无损坏，无裂纹，无断裂）；②中性点触头导线（连接紧密配合，弹簧就位，无损坏，无裂纹，无断裂）

7. 开关芯回装

（1）检查储能机构中的六个绝缘垫片是否齐全。

（2）确认分接选择器耦合位于校准位置。

（3）确认切换开关芯子的储能机构处于锁止位置（储能机构的偏心轮位于最高点）。

（4）将切换开关芯子挂到起吊装置上，吊到油室的上方。

（5）调整切换开关芯子，使储能机构和分接开关头上的红色标记互相对正。

（6）慢慢落下切换开关芯子，直到触到油室底部。

（7）轻轻加点压力，使储能机构支架固定到位。分接选择器耦合的形状确保只有位置正确才能进行耦合。

（8）检测切换开关芯子绝缘传动轴上沿和有载分接开关头法兰之间的距

离。距离应为（10±2)mm（箱盖油箱和钟罩式油箱）。

8. 安装吸油管

（1）将吸油管插入有载分接开关头。用束线带将吸油管固定到支撑脚架上；安装不带多抽头粗级转换选择器的位置指示器。只有利用耦合销子才能使位置指示器刻度盘安装到正确位置，将位置指示器刻度盘放到指示器轴上，在轴端安装开口挡圈。

（2）安装带有超过 35 个分接位置的多抽头粗级转换选择器位置指示器。将底板和托架放到指示器轴上，用六角螺栓将其与关联锁片固定；在底板和托架间水平插入数字盘，并安装盖片。调整位置指示器的数字盘和盖片，使其连成一条连续的红线；用沉头螺栓固定盖片。沉头螺栓必须适用于中心冲孔。

9. 固定有载分接开关头盖

（1）将有载分接开关头盖安装到有载分接开关头上。注意不要损坏有载分接开关盖中安装的 O 形圈。O 形圈破损会导致切换开关油室漏油，从而损坏有载分接开关。同时保证有载分接开关头上的红色三角形标记与有载分接开关头盖上的相同。

（2）用螺栓和锁垫将有载分接开关头盖固定。

10. 开关注油和排气

在常压下，由滤油机注油，注油后静置 24h 后进行排气。

11. 开关芯子检查后的相关试验

（1）分接开关操作试验。有载分接开关操作检查和试验；仪器接线后手动/电动变更有载开关挡位，记录开关挡位切换时间并检查波形。电动操作应无卡涩，并且没有联动现象；电气和机械限位动作正常，接触器、电动机、辅助触点、位置指示器、计数器等动作正确。

（2）静置 24h 后油化试验。开关注油结束，静置 24h 后再取油样，进行 DGA 测试、微水、击穿电压试验，试验项目见表 2-3-41。

表 2-3-41　　　　静置 24h 后油化试验项目

序号	项目	内　　容
1	击穿电压	大于 50kV
2	微水	小于 15μL/L
3	色谱	无乙炔
4	颗粒度	小于 1000

（3）分接开关带电后油化试验、电气试验。开关带电静置 24h 后再取油样，进行 DGA 测试、微水、击穿电压试验。

按照作业卡内容负责分接开关检查前、后的直流电阻测试、油试验和整改后的动作特性试验、消磁试验，并提供试验报告。带电后油化与电气试验见表 2-3-42 和表 2-3-43。

表 2-3-42　　　　　　　　　带电后油化试验项目表

序号	项目	内　　　容
1	击穿电压	大于 50kV
2	微水	小于 15μL/L
3	色谱	无乙炔
4	颗粒度	小于 1000

表 2-3-43　　　　　　　　　带电后电气试验项目表

序号	项目	内　　　容
1	动作特性试验	（1）阀侧短接接地，网侧解引进行试验。 （2）过渡电阻的实测值与铭牌值相差不大于 10%。正方切换时间符合产品的技术要求。升降 1 挡动作侧特性试验
2	网侧各挡位直流电阻	阀侧接地开关需断开，网侧套管解引，与出厂值比较，数值不大于 2%
3	消磁试验	剩磁小于 2%

换流变压器整体试验进行的项目有：①换流变压器有载分接开关动作特性试验；②换流变压器网侧各挡位直流电阻测量；③网侧绝缘电阻、吸收比测试；④介质损耗测量。消磁试验是换流变压器交接试验中最后一个试验，目的是消除换流变压器剩磁危害，保护换流变压器免受励磁涌流冲击，每台换流变压器至少需消磁 5 次，剩磁量应低于 2%。

七、低温环境下换流变压器安装标准化作业

（一）作业背景

特高压换流站双极高低端有 24 台运行换流变压器，共计 4 种型号，每种型号配置 1 台换流变压器，一旦同种型号换流变压器同时故障 2 台，需在现场尽快完成新换流变压器的安装工作。蒙东锡盟地区每年有长达 7 个月的低温期，冬季最冷地区甚至达到−42℃，低温时期安装的概率极高。

（二）设备基本情况

主压变压器型号及套管基本参数见表 2-3-44 所示。

表 2-3-44 主变压器及套管基本参数

设备型号	ZZDFPZ-509400/500	额定电压	$530/\sqrt{3}$
额定电流（A）	1664.73	冷却方式	强迫油循环风冷（ODAF）
容量（MVA）	509.4	连接组别	Ii0
绝缘油型号	克拉玛依 KI50X	调压方式	有载调压
油质量（t）	138	器身质量（t）	293
总质量（t）	539	尺寸（mm）	29 802×7624×13 929

（三）作业准备

1. 场地布置

现场设置油罐区，并对油罐区域用围栏进行封闭，工作的变压器、附件存放、吊车、滤油机、真空机组、干燥空气发生器、工器具的布置。

2. 工器具、材料及安全用具准备

安装前，应备齐安装换流变压器用的所有工器具、材料和安全用具。另外，要备好必要的油处理接头加工件、换流变压器移位牵引加工件等。安装工器具及材料见表 2-3-45。

表 2-3-45 安装工器具及材料表

序号	类别	名　称	规格	数量
1	工器具	吊车	8t/25t	1 台
2	工器具	升降车	—	1 台
3	工器具	真空滤油机	12 000L/h	2 台
4	工器具	精滤装置	NBL-TY12-4F	1 套
5	工器具	干燥空气发生器	—	1 台
6	工器具	油罐	20t	6 个
7	工器具	真空泵	—	1 套
8	工器具	露点测量仪	—	1 套
9	工器具	耐压真空管	ϕ25，12m/根	2 根
10	工器具	干湿温度计	—	2 只
11	工器具	压力真空表	—	2 只
12	工器具	链条葫芦	5t/3t	各 2 根

序号	类别	名　　称	规格	数量
13	工器具	尼龙吊带	5t/3t/1t	各4根
14	工器具	钢丝绳	ϕ18.5	4根
15	工器具	含氧量测试仪	—	1只
低温专用				
1	工器具	低频加热装置	—	1套
2	工器具	滤油机保温帐篷	2m×2m×2m	1套
3	工器具	滤油机管路保温棉	50mm 内径	100m
4	工器具	变压器保温被	30mm 厚，阻燃	200m²
5	工器具	柴油暖风机	50kW	10台
6	工器具	热风枪	1kW	2台
7	工器具	保温试验舱	2m×4m×2m	1个

（四）作业流程

换流变压器低温安装作业流程图如图 2-3-33 所示。

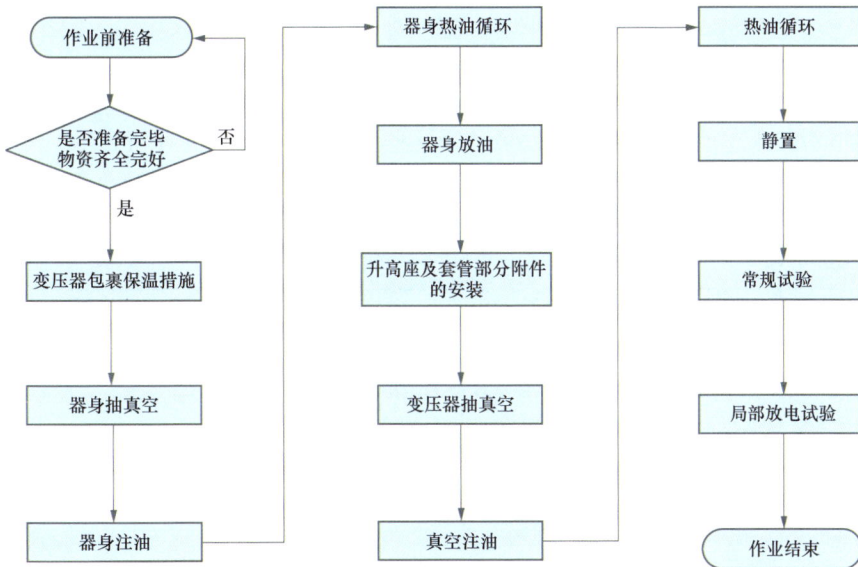

图 2-3-33　换流变压器低温安装作业流程图

（五）工期安排

根据工作项目制定标准化作业时间节点安排，如表 2-3-46 所示。

表 2-3-46　　　　　　　　　换流变压器低温安装作业工期计划表

主要工序	变压器包裹保温措施	器身抽真空	器身注油	器身热油循环	部分附件安装	器身放油	升高座及套管的安装	变压器抽真空	真空注油	热油循环	静置	常规试验	局部放电试验
第1天	Ⅱ	Ⅱ											
第2天			Ⅱ										
第3天				Ⅱ	Ⅱ								
第4天				Ⅱ	Ⅱ								
第5天						Ⅱ	Ⅱ						
第6天								Ⅱ					
第7天								Ⅱ					
第8天								Ⅱ					
第9天									Ⅱ				
第10天										Ⅱ			
第11天										Ⅱ			
第12天										Ⅱ			
第13天										Ⅱ			
第14天										Ⅱ			
第15天											Ⅱ		
第16天											Ⅱ		
第17天											Ⅱ	Ⅱ	
第18天											Ⅱ	Ⅱ	Ⅱ
第19天													Ⅱ

（六）作业风险管控措施

换流变压器低温安装作业风险管控措施见表 2-3-47。

表 2-3-47　　　　　　　　换流变压器低温安装作业风险管控措施

序号	工序	风险可能导致的后果	工序风险库等级	风险防范措施
1	变压器整装转运	机械伤害、物体打击；主变压器冲撞损坏、套管断裂	高	（1）施工前确认顶升及顶推位置地面承受力。 （2）主变压器本体升降时，单边顶升、下降，每次不得超过 5cm，严禁在四点同时顶空或越层升降，顶升时同侧千斤顶应保持同步，并及时垫入枕木，人员禁止探入主变压器正下方，防止倾倒伤人。

序号	工序	风险可能导致的后果	工序风险库等级	风险防范措施
1	变压器整装转运	机械伤害、物体打击；主变压器冲撞损坏、套管断裂	高	（3）转运前，检查油管路接头卡扣固定牢固，油管路路径应避开机械设备，如需机械设备跨越应采用防护措施
2	变压器常规转运	机械伤害、物体打击、触电；主变压器冲撞损坏	高	（1）施工前确认顶升及顶推位置地面承受力。 （2）转运前，检查油管路接头卡扣固定牢固，油管路路径应避开机械设备，如需机械设备跨越应采用防护措施
3	油务系统布置	中毒窒息、机械伤害、物体打击、环境污染、触电、火灾；本体油污染	中	（1）储油柜及大型真空滤油机的吊装涉及起重作业，起重机具应接地良好；吊车司机和起重人员必须持证上岗，作业全过程应设专人指挥，指挥人员应站在能全面观察到整个作业范围及吊车司机和司索人员的位置；任何工作人员发出紧急信号，必须停止吊装作业。 （2）储油柜可露天放置，但要检查阀门、人孔盖等密封良好，应做好接地措施，并做好防雨、防潮措施，更换呼吸器硅。滤油场地附近应无易燃易爆物，并设置安全防护围栏、安全标志牌和消防器材。变压器、滤油机、油罐周边 10m 内严禁烟火，不得有动火作业。 （3）施工用电的设施应按已批准的施工组织措施设计进行，并符合运行单位的规定，在运行单位指定的电源箱接入电源，严禁私拉乱接。施工用电设施安装完毕后，应由专业人员负责管理运行及接线，严禁非专业人员拆、装施工用电设备；施工用电电缆及设备的绝缘必须良好，布线整齐，接地牢固可靠，并挂牌使用；施工用电、照明用电、熔丝熔断后，必须查明原因，排除故障后方可投入运行，施工电源用完后，应立即拆除，确保用电安全；电源箱处必须配备足够的合格灭火器。 （4）储油柜清洗作业人员进入储油柜内前必须充分通风，并测试含氧量，不低于 18% 方可进入，入罐清理工作至少 2 人，1 人入油罐内进行

序号	工序	风险可能导致的后果	工序风险库等级	风险防范措施
3	油务系统布置	中毒窒息、机械伤害、物体打击、环境污染、触电、火灾；本体油污染	中	清理工作，1人在外专职进行监护。作业现场禁止吸烟及明火。如需动火作业必须按照一级动火工作票执行。 （5）合理安排油罐、油桶、管路、滤油机、油泵等工器具放置位置并与带电设备保持足够的安全距离
4	套管及升高座安装及拆除	机械伤害、高处坠落；设备损坏	高	（1）套管拆除前，仔细清理套管法兰、升高座及周边尘土、积污，防止杂质等落入油箱。 （2）使用套管安装专用吊具，起吊前再次检查吊具和吊带的安装情况。主吊车吊绳轻微受力，拆除套管法兰与升高座法兰的连接螺栓。拆卸过程中采取防护措施，防止螺栓落入油箱内部或坠落伤人。 （3）拆装套管底座与引线的连接螺栓时，应采用洁净塑料布或白布对均压球底部及外部绝缘层间缝隙进行防护，拆装后均压球内部应清理干净。内部连接引线拆除后，需对拆除的紧固件清点确认，防止遗漏在器身内。 （4）套管拆除后，立即用洁净塑料布对法兰面进行临时遮挡，防止异物侵入。套管尾部用拉伸膜包覆防护，地面枕木上铺放干净的塑料布，将套管水平放置。 （5）套管拆除全过程，持续向本体充入干燥空气（露点不高于−55℃），出气口采用塑料布包扎防护，防止局部气流导致潮气侵入本体。 （6）严禁人员攀爬套管，安全带应高挂低用，人员穿着防滑鞋
5	胶囊式储油柜安装及拆除	机械伤害、物体打击、高处坠落；设备损坏、漏油	中	（1）吊装过程中应设专人指挥，指挥人员应站在能全面观察到整个作业范围及吊车司机和司索人员的位置，对于任何工作人员发出紧急信号，必须停止吊装作业，吊机下方不允许人员穿行。 （2）起吊应缓慢进行，离地100mm左右，应停止起吊，使吊件稳定后，指挥人员检查起吊系统的受力情况，确认无问题后，方可继续吊起。

序号	工序	风险可能导致的后果	工序风险库等级	风险防范措施
5	胶囊式储油柜安装及拆除	机械伤害、物体打击、高处坠落；设备损坏、漏油	中	（3）确认所有绳索从吊钩上卸下后再起钩，不允许吊车抖绳摘索，更不允许借助吊车臂的升降摘索。 （4）设置缆风绳控制方向，起吊过程，被吊设备在其他设备附近时，控制起吊速度和角度，应避免设备磕碰损坏。 （5）作业人员在斗臂车或脚手架搭设的平台上作业时正确佩戴安全带，脚手架做好防倾倒措施。 （6）储油柜拆除前，应排尽储油柜内绝缘油，拆除呼吸器等元件。 （7）起重车辆应可靠接地，并与带电设备保持足够的安全距离
6	冷却器安装及拆除	机械伤害、物体打击、高处坠落、触电；冷却器损坏、漏油	中	（1）吊装过程中应设专人指挥，指挥人员应站在能全面观察到整个作业范围及吊车司机的位置，任何工作人员发出紧急信号，必须停止吊装作业，吊机下方不允许人员穿行。 （2）起吊应缓慢进行，离地 100mm 左右，应停止起吊，使吊件稳定后，指挥人员检查起吊系统的受力情况，确认无问题后，方可继续起吊。 （3）确认所有绳索从吊钩上卸下后再起钩，不允许吊车抖绳摘索，更不允许借助吊车臂的升降摘索。 （4）设置缆风绳控制方向，起吊过程，被吊设备在其他设备附近时，控制起吊速度和角度，应避免设备磕碰损坏。 （5）作业人员在斗臂车或脚手架搭设的平台上作业时正确佩戴安全带。 （6）拆接冷却器二次回路时，认清元器件的编号，做好防误碰、误动措施，必须切断动力电源，冷却控制柜必须悬挂"禁止合闸，有人工作"标识牌。 （7）冷却器拆除前，应检查上下阀门的关断状态，并采取微松螺钉检查，防止绝缘油大量渗出
7	真空注油	环境污染、低压触电；变压器损坏、渗漏油	低	（1）合理安排油罐、油桶、管路、滤油机、油泵等工器具放置位置并与带电设备保持足够的安全距离。 （2）抽真空及真空注油过程应专人负责。抽真空设备应有电磁式逆止阀，防止液压油倒灌进入变压器本体。禁止使用麦氏真空计。

序号	工序	风险可能导致的后果	工序风险库等级	风险防范措施
7	真空注油	环境污染、低压触电；变压器损坏、渗漏油	低	（3）在注油过程中，变压器本体应可靠接地，防止产生静电。 （4）注油和补油时，作业人员应打开变压器各处放气塞放气，气塞出油后应及时关闭，并确认通往储油柜管路阀门已经开启
8	热油循环	机械伤害、环境污染、低压触电；本体油污染	低	（1）滤油机必须接地，滤油机管路与变压器接口可靠连接。 （2）油罐与油管的连接处及油管与其他设备之间的各个连接处必须绑扎牢固，严防发生跑油事故。 （3）热油循环过程中应时刻观察滤油机各个压力表及温度表，防止出现过热导致油质老化甚至发生火灾，各个滤油机旁都应放有灭火装置。 （4）滤油机所接电源应与滤油机功率相匹配，应定期检测滤油机电缆及电缆接头温度，防止电缆发热烧熔造成火灾。 （5）滤油机加热器应根据电源容量进行投切，防止负荷过大造成电源跳闸
9	交接试验	高空坠落、机械伤害、低压触电、高压触电；绝缘击穿、剩磁导致保护误动	高	（1）一次设备试验工作不得少于2人；试验作业前，必须规范设置安全隔离区域，向外悬挂"止步，高压危险！"的警示牌。设专人监护，严禁非作业人员进入。设备试验时，应将所要试验的设备与其他相邻设备做好物理隔离措施。 （2）调试过程试验电源应从试验电源屏或检修电源箱取得，严禁使用绝缘破损的电源线，用电设备与电源点距离超过3m的，必须使用带漏电保护器的移动式电源盘，试验设备和被试设备应可靠接地。 （3）装、拆试验接线应在接地保护范围内，穿绝缘鞋。在绝缘垫上加压操作，与加压设备保持足够的安全距离。 （4）更换试验接线前，应对测试设备充分放电。 （5）高处作业应正确使用安全带，作业人员在转移作业位置时不准失去安全保护。

续表

序号	工序	风险可能导致的后果	工序风险库等级	风险防范措施
9	交接试验	高空坠落、机械伤害、低压触电、高压触电；绝缘击穿、剩磁导致保护误动	高	（6）高压试验的安全措施已完善，试验设备和被试验设备外壳和铁芯及非试绕组已可靠接地（电抗器除外），升高座电流互感器二次绕组应短接并可靠接地，试验区域装设临时围栏和警告牌，并有专人警戒。 （7）耐压、局部放电试验时必须有监护人监视操作，操作人员应穿绝缘鞋，升压前后必须使调压器可靠回零并告知有关人员密切注意被试品。升压过程中，升压速度应平稳并密切注意有关仪表和设备情况，发现异常应立即降压或断开电源，进行放电，停止试验，待查明原因后，方可继续试验
10	例行试验	高空坠落、机械伤害、低压触电、高压触电；绝缘击穿、剩磁导致保护误动	中	（1）一次设备试验工作不得少于2人；试验作业前，必须规范设置安全隔离区域，向外悬挂"止步，高压危险！"的警示牌。设专人监护，严禁非作业人员进入。高处作业应正确使用安全带，作业人员在转移作业位置时不准失去安全保护。 （2）调试过程试验电源应从试验电源屏或检修电源箱取得，严禁使用绝缘破损的电源线，用电设备与电源点距离超过3m的，必须使用带漏电保护器的移动式电源盘，试验设备和被试设备应可靠接地，设备通电过程中，试验人员不得中途离开。工作结束后应及时将试验电源断开。 （3）装、拆试验接线应在接地保护范围内，戴绝缘手套，穿绝缘鞋。在绝缘垫上加压操作，与加压设备保持足够的安全距离。更换试验接线前，应对测试设备充分放电。 （4）试验过程中，应有监护且不得少于2人；登高取样时应使用梯子并有专人扶梯；带电取样时，应与带电体保持安全距离；变压器外壳应可靠、独立接地；绝缘强度测试项目时应使用绝缘垫并设置安全围栏，测试过程中禁止触动仪器高压罩，以防高电压伤人；装样操作时不许用手触及电源及电极、油杯内部和试油

序号	工序	风险可能导致的后果	工序风险库等级	风险防范措施
11	一次引线拆搭接	高空坠落、触电、物体打击;搭接面发热	中	(1) 作业人员与相应电压等级带电设备保持安规规定的安全距离;使用升高车、吊机进行作业时,吊臂注意保持与相应电压等级带电设备足够安全距离,登高机具做好接地措施。 (2) 作业人员在主变压器本体上作业时正确佩戴安全带,在转移作业位置时不准失去安全保护。 (3) 确认接地线已挂设牢固,必要时用绑扎带等对接地线线夹进行加固。 (4) 引线拆除前,引线需用缆风绳绑扎至牢固构架上,以免引线摆动至带电部位,回装时,待螺栓紧固后再拆除缆风绳。 (5) 高空作业人员使用的工具及安装用的零部件,应放在随身佩带的工具袋内,不可随便向下丢掷,工具等用布带系好

(七) 标准化作业

1. 变压器包裹保温措施 (第 1 天)

为了减少变压器的散热量,增加保温效果,可以采用在变压器外壳包裹棉被的方式,需要注意的是,包裹的棉被需要采用阻燃材料,以防发生火灾。

2. 器身抽真空 (第 1 天)

本项为换流变压器低温安装时的特殊需求,对换流变压器进行抽真空排氮,单独对器身进行抽真空至残压 133Pa 开始计时,维持时间不少于 24h。

3. 器身注油 (第 2 天)

在变压器取油口处安装透明的真空管,真空管的另外一侧进行封堵,用以观察注油的油位,通过滤油机对器身进行注油,注油至油箱盖顶部以下 150mm 处停止注油。

4. 器身渗油循环 (第 3、4 天)

开启滤油机,对角循环,对器身单独进行热油循环,热油循环至器身出口温度为 65℃±5℃,并保持至变压器套管升高及套管等附件安装前结束。

5. 部分附件的安装 (第 3、4 天)

热油循环过程中可进行储油柜、冷却器及其他部分附件的安装工作。

（1）储油柜安装。储油柜拟采用 25t 吊车进行吊装，吊装时利用储油柜上的专用吊点进行吊装。安装程序一般为：支架安装、柜体吊装就位、连接支架螺栓（暂不紧固，在装上气体继电器及其联管，调整好位置后一齐紧固）。

（2）换流变压器冷却器安装。安装前需将支架连管上盖板和冷却器连管上相应的盖板拆下，将端口的污物用洁净的抹布擦拭干净。

将冷却器放在垫有木板的地面上，在冷却器端部（有放油塞的一端）应垫橡胶垫或其他隔离层，防止冷却器在起立时与地面磕碰而损伤。

按照厂家规定的编号顺序起吊，对于直立式冷却器从专用吊孔处采用两点起吊的方法起吊。打开冷却器下部放油塞，放掉内部残油后再拧紧。

拆除冷却器临时盖板，将冷却器安装到支架上，紧固螺栓后再拆除吊绳（注：有序地紧固冷却器上、下法兰连接，确保密封良好）。

将油泵安装在冷却器油路管上。

（3）其他附件安装。气体继电器安装在储油柜与油箱的水平连接管路上，安装前应经过校验合格，安装时应拆去运输防振用的临时绑扎绳。气体继电器箭头应指向储油柜，其与连通管的连接应密封良好。先用绝缘油冲洗连管，进行抽真空管道的安装。并在储油柜的集气室上安装排油管路、注油管路和排气管路。

压力释放阀安装在油箱顶盖上。安装前应检查阀盖和升高座内部是否清洁，密封是否良好，微动开关动作和复位情况是否正常。安装时注意喷油方向与厂家图纸相符。

安装吸湿器及其联管。吸湿器内硅胶应干燥，运输密封垫应拆除，底部罩内应注入清洁的换流变压器油至规定的油面线，以阻止空气直接进入吸湿器，同时去除空气中的机械杂质。

温控器在安装前应经过校验合格，并检查表计外观有无损坏，毛细管有无压扁和急剧扭曲，其弯曲半径不得小于 50mm。温包要垂直安装在注有换流变压器油的箱盖温度计座内，密封应良好。闲置的温度计座也应密封，不得进水。

本体端子箱及有载调压箱安装时注意对端子箱表面漆层的保护，吊装时必须采取防倾倒措施，移动过程中吊点应低，并应有人扶持防止碰撞。由现场厂家人员负责对换流变压器有载调压开关，包括带抽头的切换开关油室及切换开关单元、分接开关、调压驱动装置、带联轴部分的驱动轴和锥齿轮、瓦斯组成，根据厂家说明书进行检查、调整。

6. 器身放油（第 5 天）

提前查看天气情况，选择天气晴朗，无风雪天气进行放油。

7. 升高座及套管的安装（第 5 天）

（1）升高座安装。升高座吊装时选用 25t 吊车进行安装。根据厂家说明书位置进行吊装，网侧及中性点升高座吊装利用顶端吊点按照常规方法进行。阀侧升高座有一定的倾角，在安装时，用钢丝绳和吊带拴在升高座顶部的两个吊孔上，在升高座中部的吊孔上拴一个手拉链条葫芦，另一端都挂在吊钩上，为防止手拉葫芦断裂在吊点两端加一根 3t 吊带作为二道保护。手拉链条葫芦可以任意调整升高座的倾斜角度，如图 2-3-34 所示，以方便安装。吊装倾斜角度应严格按照厂家要求，防止在对接过程中发生碰撞造成损坏。

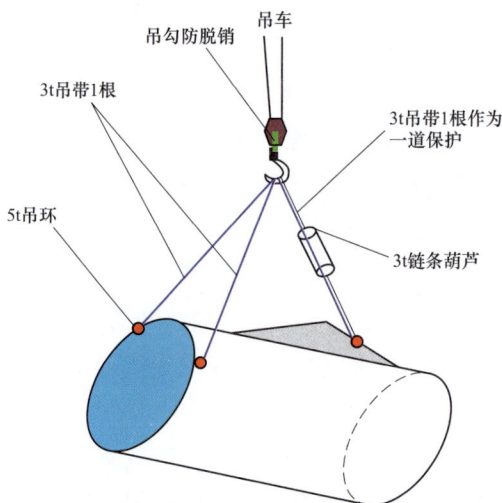

图 2-3-34　升高座的安装

升高座安装时按相序对号入座。放气孔位置在最高处；电流互感器中心线与升高座中心线位置一致；密封圈放入槽内。

（2）套管安装。高压电容式套管吊装前各处应擦净，特别是套管的法兰及下瓷套，应用洁净的抹布擦拭干净。

套管的吊装固定方式和竖立方法应符合厂家说明书的要求。拟采用一台 25t 吊车进行安装。吊带选用两根承重 5t 的吊带，单根长度为 10m。套管从包装箱中水平取出方法示意如图 2-3-35 所示。

网侧套管及中性点套管吊装方法参考图进行施工，利用套管顶部的专用吊

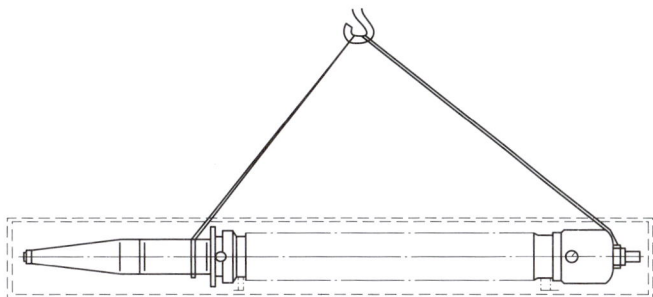

图 2-3-35　套管从包装箱中水平取出方法示意图

板，将吊环及吊带固定好后慢慢将套管扳正，扳正过程中应逐步调整吊点重心，始终保持吊车吊绳基本垂直，防止套管突然受力碰及其他设备或人员。待套管直立并悬空后再去除套管底部的防护筒。在套管顶端拴一根绳索，用于调节就位过程中的角度。然后将套管移动到对正安装孔位置缓缓下降。

阀侧套管吊装，拆除升高座顶部上盖板，吊装时将厂家的标志对准，用角度尺测量吊装中用链条葫芦随时根据需要调整套管的倾角，吊装完毕后从升高座侧面的人孔处连接引线。注意，在起重机吊点与套管吊点之间应增加一根载重为 5t 的吊带，以防止链条葫芦断裂而对套管进行二次保护，安装时采用移动式脚手架配合，脚手架搭设 2 层，移动式操作平台的轮子与平台的结合部位要焊接牢固和绑扎可靠，两根四轮中间立柱的底端应离地面有一点距离，这样使操作平台推移方便，但立柱的底端与地面的距离不能超过 80mm，以便使用时可将立柱底下垫实固定，移动架轮子直接在混凝土面层上移动，移动好位置下面垫实固定，连接相关扣件，在脚手架上工作时绑扎好安全带，并在地面设置安全员监护。

（3）阀侧套管内部引线的连接。吊装套管的过程中，待套管进入升高座内适当的位置时，由厂家专业人员负责完成内引线的连接，再落位和穿杆的紧固。此过程需采取措施防止异物掉入油箱内，螺栓应按照规定的力矩紧固。

8. 变压器抽真空（第 6～8 天）

参见第二章第三节中"换流变压器排油内检标准化作业"部分。

9. 真空注油（第 9 天）

参见第二章第三节中"换流变压器排油内检标准化作业"部分。

10. 热油循环（第 10～14 天）

参见第二章第三节中"换流变压器排油内检标准化作业"部分。针对低温

图 2-3-36　热风枪

环境下的热油循环，补充如下措施。

（1）滤油机的启动与保温。一般情况下，滤油机－20℃以上可以正常启动，当温度过低时，机组启动困难，主要原因为低温环境下引起的真空泵油黏稠，启动阻力过大，此时可以用热风枪或暖风机等加热设备对机组备泵体进行升温，以提高真空泵油的温度，从而顺利启动机组。另外，一旦机组启动，－20℃以下，不再停

机，使机组一直处于运行状态。滤油机的保温，可以搭建移动式保温帐篷，增加保温效果，滤油机的管路采用保温棉进行包裹，如图 2-3-36～图 2-3-38 所示。

图 2-3-37　滤油机保温帐篷

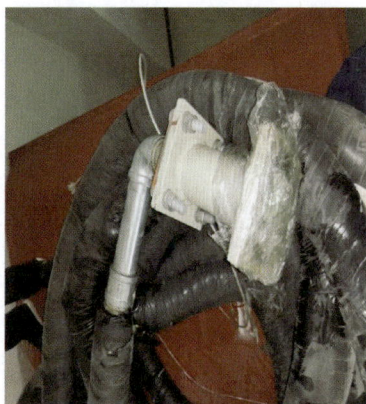

图 2-3-38　油管保温棉

（2）box-in 内增加升温措施。换流变压器器身的保温及外部加热过程中，在 box-in 内采用柴油暖风机、电力暖风机等加热措施，如图 2-3-39 和图 2-3-40 所示，如一台柴油暖风机的热功率可到达 100kW，该措施不能和变压器保温被共用，且使用该措施时需清除变压器周围的所有易燃物，以防发生火灾。

（3）低频加热装置。

1）低频加热的原理。低频电流加热是通过降低电源输出频率，可以减小变压器绕组的感抗，利用绕组中流通的低频电流在变压器绕组电阻上的损耗产生热量，是一种自内而外的加热方式。这种加热方式输出频率低，显著降低被

加热变压器的阻抗，从而大幅度降低施加的加热电压，同样的加热电流，所需要的加热电源的输出容量大幅降低。使现场进行大型电力变压器的除湿加热成为现实。不需要复杂的无功补偿装置，发热均匀、绝缘干燥效果好、效率高，结合真空热油循环法共同使用，可显著加快大型变压器的绝缘干燥处理过程。

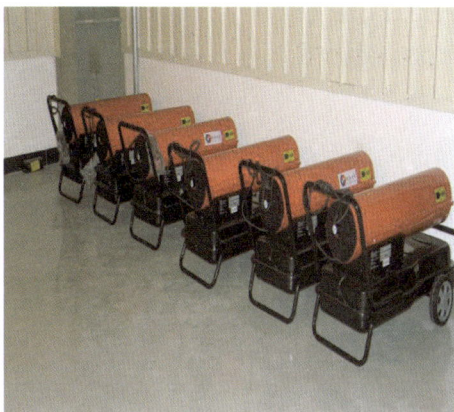

图 2-3-39 柴油暖风机

图 2-3-40 电力暖风机

2）低频加热的接线。阀侧通过短接线进行短接，网侧接低频电源，单、三相低频加热电源系统使用三相 10kV 供电电源，使用 400V 电源供电时，使用 10kV/400V 配电变压器，取 400V 供电电源进行电压变换后供加热电源使用，低频加热装置接线示意如图 2-3-41 所示。

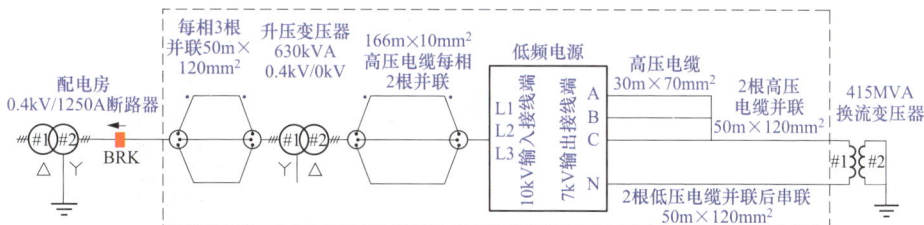

图 2-3-41 低频加热装置接线图

3）加热电流、频率和加热电压的确定。低频加热电流选取是以被加热换流变压器网侧额定电流作为参考依据，兼顾效率与安全的原则进行选取，依据变压器厂家及现场加热经验，目前，普遍选择网侧额定电流的 70%～90% 作为加热电流，最大不超过额定电流。

低频电源输出加热频率理想状态应完全能够耦合到短路绕组，这样才能充分利用加压绕组和短路绕组的电阻产生的热量来提升加热功率。其设定频率下限不应超出对应到工频状态变压器加压绕组的空载额定电压，低于等效额定电压余量越大，励磁支路分流的加热电流越小，电源输出电流的利用率越高。一般大型变压器的额定电压励磁电流都小于 1%，用于绕组加热的电源输出电流达到 99% 以上。同时低频频率的选取还需要依据现场的供电断路器的保护特性做适当优化。

依据选取的加热频率计算出加热回路的阻抗，阻抗与加热电流的乘积可以计算出产生加热电流需要的电源输出电压，当计算加热电压不超出电源设计最高输出电压时，即可将选定的加热频率作为电源输出频率。

4）低频加热和滤油机的配合使用。低频负载加热同时启动滤油机进行循环处理，如图 2-3-42 所示，主体采用对角循环，主体下部进油，主体上部出油，滤油机流量控制在 10～12m³/h。循环过程中滤油机根据顶层面升温情况适时开启净油机加热器，开启加热、脱水脱气功能，如低频加热油顶层温度升温能满足要求，不启动净油机加热器。启动低频加热设备开始加热时，加热升温时要监测油顶层油温，控制升温速度小于 15℃/h，从启动低频负载加热开始，始终保持开启一组冷却器（冷却器只开启潜油泵，风扇不启动，开启冷却器油泵是防止负载加热时，线圈内部局部过热），并每隔 2h 切换至另一组冷却器，整个负载加热过程中交替启动冷却器，控制油顶层油温为 70～75℃，当顶

图 2-3-42　低频加热装置

层油温达到 70℃后，可以根据油温升高情况适当降低负载电流或关闭滤油机的加热功能，使油顶层温度稳定在 70～75℃。当主体出口油温控制达到 70℃时开始计时，持续负载电流循环时间不小于 12h。低频负载加热满足时间要求后，继续用高真空净油机进行热油循环，循环路径调整为主体自上而下热油循环，同时净油机开启加热功能，并做好主体保温工作。循环方向为上部进油，下部出油，不加负载电流的热油循环主体出口油温控制在 55℃±5℃，循环处理时间不小于 72h，满足上述要求后检测油指标，油指标满足现场安装说明书中的循环油指标要求后停止循环。否则继续循环，直至油指标满足要求。

11. 静置（第 15～18 天）

静放 96h，静置过程中，每隔 24h 对气体继电器、升高座、冷却器及其联管等部位进行放气。

12. 常规试验（第 17、18 天）

静放 24h 后可开展常规试验，包括网侧套管带绕组的直阻、绝缘、介质损耗、电容量试验，10kV 电压套管介质损耗及电容量测试、末屏绝缘，铁芯夹件绝缘测试。

局部放电前需从换流变压器本体（上、中、下）及网侧升高座取油样，做色谱、耐压、微水、介质损耗、含气量，套管做色谱试验。常规试验合格后方可进行特殊试验。

13. 局部放电试验（第 18、19 天）

局部放电试验的项目和内容参见第五章试验部分。

第三章 特高压大型充油设备整体移位

第一节 特高压电抗器整体移位

一、理论计算

（一）施工工艺选择

目前特高压大型充油设备移位工艺大致可分为卷扬滚排法、液压顶推法、轨道小车牵引法及千斤顶顶升法 4 种基本移位方法，设备制造厂内常采用轨道小车牵引法进行特高压大型充油设备整体移位。由于目前在运特高压变电站设计之初未预留移位轨道，因此，在特高压变电站现场开展高压并联电抗器的整体移位需采用液压顶推法。以西电西变 BKDF-320000/1000 型高压电抗器为例，对高压电抗器现场采用液压顶推法移位的工器具参数及受力情况等进行理论计算。

（二）工器具参数选择

工器具参数选择见表 3-1-1～表 3-1-3。

表 3-1-1 超高压油泵

型号	形式	工作压力（MPa）	额定流量（L/mim）		功率（kW）	电压（V）
			高压	低压		
BZ63-6	双项	63	6	15	7.5	380

表 3-1-2 液压顶推器

型号	尺寸（mm）	行程（mm）	推力（kN）
QT-30-100	1400×120	1000	294

表 3-1-3 千斤顶选择

型号	工作压力（MPa）	起重重量（t）	最低高度（mm）	最高高度（mm）	自重（kg）
QF200-20	62.4	200	200	396	126

（三）整体移位计算

（1）西电西变 BKDF320000/1000 型高压电抗器充油后不带散热器重 290t，外观尺寸为 8420mm（长）×5960mm（宽）×18 620mm（高）。在现场进行整装换相时，需安装三维冲撞记录仪，1000kV ABB GOE 型高压套管要求在其运输过程中不得超过 $1g$ 的运输冲击，同时根据 ABB GOE 型套管振动试验中其套管端部仿真振动为套管根部的 2 倍冲击放大系数，故在模拟计算过程中采用 $0.5g$ 的冲击限值进行计算，整体移位过程中运输加速度不超过 $0.5g$。

（2）根据高压电抗器的外形结构采取 4 点同步顶升方法，4 点位置基本对称，假设 D 为升降力（kN），M 为高压电抗器总质量（t），K_1 为材料增重系数，为 1.05，K_2 为结构不均衡系数，为 1.15，K_3 为工具安全系数，为 1.25，每处千斤顶受力计算公式为

$$D = (M/4)K_1 K_2 K_3 = 0.38M = 1080\text{kN}$$

即单个千斤顶顶升力大于 1080kN 可满足高压电抗器升降要求，为预留足够安全工作裕度，选用顶升力为 1960kN 的 QF200-20 千斤顶，高压油泵输油压力与千斤顶油压力匹配，供油量的顶升速度为 5～6cm/min。

（3）按照机械设计手册查阅相关金属间摩擦系数 $\mu = 0.15$，则按照摩擦力计算公式可核算出 290t 的电抗器在平移过程中所受到的摩擦力 f 为：

$$f = mg\mu = 290 \times 9.8 \times 0.15 \times 1000 = 4.26 \times 10^5 \text{N}$$

按照 30t 液压缸额定压力下推力核算为：

$$F_1 = 30 \times 9.8 \times 1000 = 2.94 \times 10^5 \text{N}$$

按照实际核定方式计算，4 台液压顶推器实际推力 F 合为：

$$F_合 = 4F_1 = 1.176 \times 10^6 \text{N} > 4.26 \times 10^5 \text{N}$$

总推力满足要求。

按水平受力方式对高压电抗器进行受力分析，则有：

$$\sum F = 4F_1 - f = 7.5 \times 10^5 \text{N}$$

移位过程中高压电抗器加速度为：

$$a = \sum F/m = 1.534 \times 10^6 / (2.9 \times 10^5) = 2.586\text{m/s}^2 < 0.5g = 4.9\text{m/s}^2$$

采用此种 4 台顶推方式满足移位安全要求。

（4）由 $F = PS$，其中 $S = \pi \times A^2/4$，顶推器缸内直径 $A = \sqrt{\dfrac{4F}{P\pi}} = 77.89\text{mm}$，油缸推力为 294kN，顶推器启动压强 $P_1 = 4f/\pi A^2 = 89.46\text{MPa}$，

平均每台顶推器启动压力为 $P_1/4 = 22.37\text{MPa}$，顶推器液压压力最大为 63MPa，因此，顶推器启动压力和工作压力满足要求。

二、前期工作准备

（1）查阅设备技术规范书及应答文件，确定高压电抗器是否具备整体运输条件。通过核对设备采购合同及支撑性文件中整体运输外形尺寸、高压套管及出线装置等运输保证措施、产品厂内整体运输方案部分内容，确定高压电抗器具备整体运输条件，并已开展厂内模拟运输试验。查阅相关图纸确定散热器整体框架具备单独注油条件。

（2）根据仿真计算结果，确定电抗器整装运输过程中，高压套管顶端的最大变形值为 84.1mm，整体结构最大应力为 226MPa，此应力值小于材料的屈服极限。陶瓷材料的最大应力值为 24MPa，根据 ABB 公司提供的材料破坏应力为 45MPa，其安全系数约为 1.88，大于 1.67，因此可以开展整体移位工作。

（3）作业现场开展地面载荷试验，并确定运输道路满足载荷要求。由设计院组织对高压电抗器换相移位区域进行电子雷达测试、动力触探试验及载荷试验。试验结果显示高压电抗器移位途经区域混凝土下部土层无空洞。下部土层－1.4～0m 层载荷压力为 120kPa，每平方米承重 12t；－3.2～－1.4m 层载荷压力为 60kPa，每平方米承重为 6t；－3.2m 层以下为历史原土层，可满足整体移位每平方米 10t 的运输要求。

三、整体移位标准化作业

（一）作业背景

特高压电抗器一旦发生故障，需将线路停电对其进行处理，如采取常规模式进行检修、换相工作时，作业用时较长（约 21 天）。为提高作业效率，缩短停电时间，尽快恢复电网运行，现场可采用整体移位方式开展高压电抗器换相，下面以 BKDF-320000/1000 特高压电抗器为例，对整体移位标准化作业进行介绍。

（二）设备基本情况

以型号为 BKDF-320000/1000 的特高压电抗器为例，见表 3-1-4。

表 3-1-4 特高压整体移位基本参数表

参数	指标	参数	指标
额定电压	$1000/\sqrt{3}\,kV$	冷却方式	自然油循环风冷（ONAF）
绝缘油质量（t）	92	总质量（t）	324

整体结构由电抗器本体和散热器两部分组成（见图 3-1-1），电抗器本体外包隔声罩。散热器支撑架底板同现场预埋钢板通过螺栓连接，电抗器本体与散

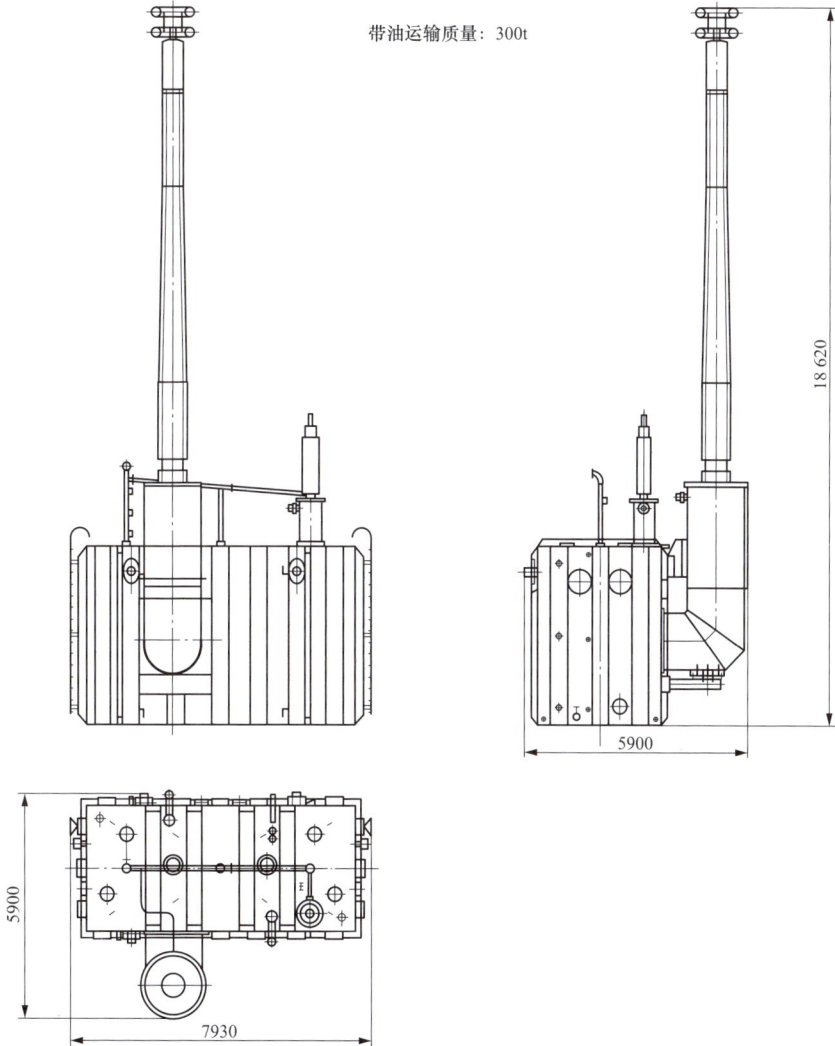

带油运输质量：300t

18 620

5900

5900

7930

图 3-1-1 并联电抗器外形示意图

热器框架通过管路连接，管路之间有波纹联管。现场移位时，电抗器本体与散热器框架不能整体移动，需要将本体与散热器从波纹联管处断开，才能将本体移走。

（三）作业准备

整体移位前，应组织开展检修前勘察，落实人员、机具和物资，提前完成现场勘察记录、作业方案、作业卡、工作票等文本资料编审，详见第二章第一节特高压变压器标准化检修作业部分内容。

（四）备品备件、工器具准备

特高压电抗器整体移位备品备件、工器具见表 3-1-5。

表 3-1-5 　　　　　特高压电抗器整体移位备品备件、专用工器具表

序号	名称	规格	数量
1	吊车	50t	2 台
2	BZ63-6 型液压油泵站	额定流量：高压 6L/min	4 套
3	液压千斤顶（t）	100t 级	4 只
4	液压千斤顶（t）	150t 级	4 只
5	硬道木长	1.2m	150 根
6	硬道木长	2m	100 根
7	钢板	6m×2.2m×0.016m	10 块
8	重型钢轨	12.5m	8 根
9	专用钢梁	6m×0.9m×0.4m	4 块
10	专用钢梁	12.5m×0.9m×0.4m	4 根
11	真空滤油机	12 000L/h	2 台
12	真空泵	4200L/min	1 台
13	储油柜	15t	6 个
14	干燥空气发生器	≤−60℃	1 台
15	真空计	电子式	1 台
16	红外测温仪	—	1 台
17	氧气切割机	—	1 台
18	电焊机	—	2 台
19	清理打磨设备	—	1 套
20	三维冲撞记录仪	—	2 台

（五）作业流程

高压电抗器整体移位标准化作业流程，如图 3-1-2 所示。

作业前准备 → 整体移位 → 静置、排气

是否准备完毕，物资齐全完好（否 / 是）

停电、本体排油 → 拆除附件 → 附件复装 → 作业结束

散热器、本体补油

常规试验、特殊试验

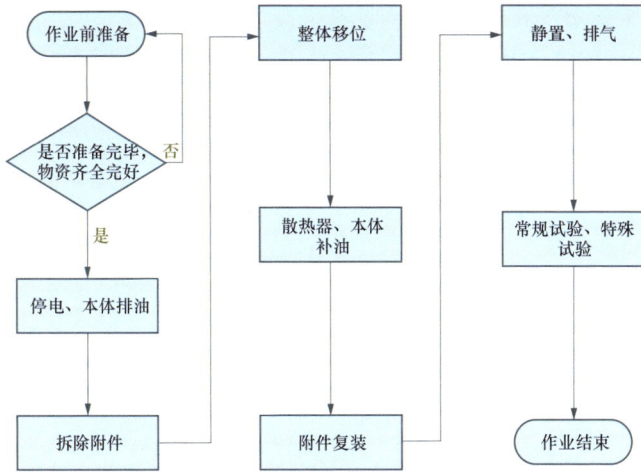

图 3-1-2　高压电抗器整体移位作业流程图

（六）工期安排

根据工作项目制订标准化作业时间节点安排，见表 3-1-6。

表 3-1-6　特高压电抗器整体移位工期安排表

相别	备用相			故障相										
工序	办理工作票	道路清理、轨道铺设	散热器拆除	机具进场、准备	储油柜、本体排油、附件拆除	储油柜、散热器、隔音罩拆除	故障相本体下台、移位	备用相上台、就位	散热器、本体注油	隔声罩恢复、二次恢复	静放	常规试验	特殊试验	引线复装、验收
第 1 天	V													
第 2 天		III												
第 3 天			III											
第 4 天			III											
第 5 天				III										
第 6 天					III	III								
第 7 天						III								
第 8 天							II							
第 9 天							II							
第 10 天								IV	III					
第 11 天										V				
第 12 天											V	III		
第 13 天													II	III

（七）作业风险管控措施

特高压电抗器整体移位作业风险管控措施见表 3-1-7。

表 3-1-7　　　　　　特高压电抗器整体移位作业风险管控措施

序号	工序	风险可能导致的后果	工序风险库等级	风险防范措施
1	油罐布置	中毒窒息、机械伤害、物体打击、环境污染、触电、火灾；本体油污染	中	（1）储油柜及大型真空滤油机的吊装涉及起重作业，起重机具应接地良好；吊车司机和起重人员必须持证上岗，作业全过程应设专人指挥，指挥人员应站在能全面观察到整个作业范围及吊车司机和司索人员的位置，任何工作人员发出紧急信号，必须停止吊装作业。 （2）储油柜可露天放置，但要检查阀门、人孔盖等密封良好，应做好接地措施，并做好防雨、防潮措施，更换呼吸器硅胶。滤油场地附近应无易燃易爆物，并设置安全防护围栏、安全标志牌和消防器材。变压器、滤油机、油罐周边 10m 内严禁烟火，不得有动火作业。 （3）施工用电的设施应按已批准的施工组织措施设计进行，并符合运行单位的规定，在运行单位指定的电源箱接入电源，严禁私拉乱接。施工用电设施安装完毕后，应由专业人员负责管理运行及接线，严禁非专业人员拆、装施工用电设备；施工用电电缆及设备的绝缘必须良好，布线整齐，接地牢固可靠，并挂牌使用；施工用电、照明用电、熔丝熔断后，必须查明原因，排除故障后方可投入运行，施工电源用完后，应立即拆除，确保用电安全；电源箱处必须配备足够的合格灭火器。 （4）储油柜清洗作业人员进入储油柜内前必须充分通风，并测试含氧量，不低于 18% 方可进入，入罐清理工作至少 2 人在一起工作，1 人入油罐内进行清理工作，1 人在外专职进行监护。作业现场禁止吸烟及明火。如需动火作业必须按照一级动火工作票执行。 （5）合理安排油罐、油桶、管路、滤油机、油泵等工器具放置位置并与带电设备保持足够的安全距离

序号	工序	风险可能导致的后果	工序风险库等级	风险防范措施
2	一次引线拆、接	高空坠落、触电、物体打击；搭接面发热	中	（1）作业人员与相应电压等级带电设备保持安规规定的安全距离；使用升高车、吊机进行作业时，吊臂注意保持与相应电压等级带电设备足够安全距离，登高机具做好接地措施。 （2）作业人员在主变压器本体上作业时正确佩戴安全带，在转移作业位置时不准失去安全保护。 （3）确认接地线已挂设牢固，必要时用绑扎带等对接地线线夹进行加固。 （4）引线拆除前，引线需用缆风绳绑扎至牢固构架上，以免引线摆动至带电部位，回装时，待螺栓紧固后再拆除缆风绳。 （5）高空作业人员使用的工具及安装用的零部件，应放在随身佩带的工具袋内，不可随便向下丢掷，工具等用布带系好
3	主变压器本体排油	环境污染、触电、火灾；本体油污染、气体继电器误动	低	（1）残油集中回收，不得污染环境。 （2）排油速度不宜过快，以免大量跑油。 （3）合理安排油罐、油桶、管路、滤油机、油泵等工器具放置位置并与带电设备保持足够的安全距离
4	进箱开展引线拆接	中毒窒息、物体打击、高处坠落；遗落异物、多点接地、渗漏油	高	（1）进入主变压器前必须充分通风，并测试含氧量，不低于18％方可进入，内检为2个人，1个人在外部，要不断与内部人员沟通，保证安全。 （2）进箱内检人员需穿防滑绝缘靴，移动过程需缓慢进行，落脚前先试探落脚点是否稳固不滑；内检人员必须全程正确佩戴安全帽，时刻注意周围环境，预防物体打击

序号	工序	风险可能导致的后果	工序风险库等级	风险防范措施
5	套管拆除	机械伤害、高处坠落；设备损坏	高	（1）套管拆除前，仔细清理套管法兰、升高座及周边尘土、积污，防止杂质等落入油箱。 （2）使用套管安装专用吊具，起吊前再次检查吊具和吊带的安装情况。主吊车吊绳轻微受力，拆除套管法兰与升高座法兰的连接螺栓。拆卸过程中采取防护措施，防止螺栓落入油箱内部或坠落伤人。 （3）拆装套管底座与引线的连接螺栓时，应采用洁净塑料布或白布对均压球底部及外部绝缘层间缝隙进行防护，拆装后均压球内部应清理干净。内部连接引线拆除后，需对拆除的紧固件清点确认，防止遗漏在器身内。 （4）套管拆除后，立即用洁净塑料布对法兰面进行临时遮挡，防止异物侵入。套管尾部用拉伸膜包覆防护，地面枕木上铺放干净的塑料布，将套管水平放置。 （5）套管拆除全过程，持续向本体充入干燥空气（露点不高于−55℃），出气口采用塑料布包扎防护，防止局部气流导致潮气侵入本体。 （6）严禁人员攀爬套管，安全带应高挂低用，人员穿着防滑鞋
6	真空注油	环境污染、低压触电；变压器损坏、渗漏油	低	（1）合理安排油罐、油桶、管路、滤油机、油泵等工器具放置位置并与带电设备保持足够的安全距离。 （2）抽真空及真空注油过程应专人负责。抽真空设备应有电磁式逆止阀，防止液压油倒灌进入变压器本体。禁止使用麦氏真空计。 （3）在注油过程中，变压器本体应可靠接地，防止产生静电。 （4）注油和补油时，作业人员应打开变压器各处放气塞放气，气塞出油后应及时关闭，并确认通往储油柜管路阀门已经开启

序号	工序	风险可能导致的后果	工序风险库等级	风险防范措施
7	热油循环	机械伤害、环境污染、低压触电；本体油污染	低	（1）滤油机必须接地，滤油机管路与变压器接口可靠连接。 （2）油罐与油管的连接处及油管与其他设备之间的各个连接处必须绑扎牢固，严防发生跑油事故。 （3）热油循环过程中应时刻观察滤油机各个压力表及温度表，防止出现过热导致油质老化甚至发生火灾，各个滤油机旁都应放有灭火器。 （4）滤油机所接电源应与滤油机功率相匹配，应定期检测滤油机电缆及电缆接头温度，防止电缆发热烧熔造成火灾。 （5）滤油机加热器应根据电源容量进行投切，防止负荷过大造成电源跳闸
8	低频加热	低压触电、高空坠落、变压器局部过热、电缆起火	中	（1）变压器低频加热工作过程中，需 24h 值守，现场操作、值守人员不少于 2 人。 （2）低频加热前，应全面检查现场安全措施和被加热变压器本体状态（包括检查套管电流互感器二次绕组可靠短接接地、油路阀门状态、铁芯和外壳接地、套管末屏可靠短接等措施）应满足加热条件。 （3）变压器低频加热装置集装箱及独立的输入开关柜金属外壳均应可靠接地，采用截面积不低于 $25mm^2$ 专用接地线与现场主地网可靠连接。 （4）低频加热所需供电容量大，线缆截面积完全满足加热供电容量要求，敷设的电源电缆，应尽量使电缆散开利于散热，避免各电缆间紧密接触或集中穿管，防止电缆局部过热起火。 （5）低频加热装置所需最大负荷电流为 630A，现场开关柜额定电流 800A 满足要求，检修人员操作低频加热装置，输出电流应缓慢增加，密切关注电流表指针变化，防止低频加热装置影响站用交流系统运行。 （6）低频加热装置输出端禁止接地和短路。 （7）低频加热区域应按规定放置检验合格的灭火器

续表

序号	工序	风险可能导致的后果	工序风险库等级	风险防范措施
9	例行试验	高空坠落、机械伤害、低压触电、高压触电；绝缘击穿、剩磁导致保护误动	中	（1）一次设备试验工作不得少于 2 人；试验作业前，必须规范设置安全隔离区域，向外悬挂"止步，高压危险！"的警示牌。设专人监护，严禁非作业人员进入。高处作业应正确使用安全带，作业人员在转移作业位置时不准失去安全保护。 （2）调试过程试验电源应从试验电源屏或检修电源箱取得，严禁使用绝缘破损的电源线，用电设备与电源点距离超过 3m 的，必须使用带漏电保护器的移动式电源盘，试验设备和被试设备应可靠接地，设备通电过程中，试验人员不得中途离开。工作结束后应及时将试验电源断开。 （3）装、拆试验接线应在接地保护范围内，戴绝缘手套，穿绝缘鞋。在绝缘垫上加压操作，与加压设备保持足够的安全距离。更换试验接线前，应对测试设备充分放电。 （4）试验过程中，应有监护且不得少于 2 人；登高取样时应使用梯子并有专人扶梯；带电取样时，应与带电体保持安全距离；变压器外壳应可靠、独立接地；绝缘强度测试项目时应使用绝缘垫并设置安全围栏，测试过程中禁止触动仪器高压罩，以防高电压伤人；装样操作时不许用手触及电源及电极、油杯内部和试油

续表

序号	工序	风险可能导致的后果	工序风险库等级	风险防范措施
10	特殊试验	高空坠落、机械伤害、低压触电、高压触电;绝缘击穿、剩磁导致保护误动	高	(1) 一次设备试验工作不得少于 2 人;试验作业前,必须规范设置安全隔离区域,向外悬挂"止步,高压危险!"的警示牌。设专人监护,严禁非作业人员进入。设备试验时,应将所要试验的设备与其他相邻设备做好物理隔离措施。 (2) 调试过程试验电源应从试验电源屏或检修电源箱取得,严禁使用绝缘破损的电源线,用电设备与电源点距离超过 3m 的,必须使用带漏电保护器的移动式电源盘,试验设备和被试设备应可靠接地。 (3) 装、拆试验接线应在接地保护范围内,穿绝缘鞋。在绝缘垫上加压操作,与加压设备保持足够的安全距离。 (4) 更换试验接线前,应对测试设备充分放电。 (5) 高处作业应正确使用安全带,作业人员在转移作业位置时不准失去安全保护。 (6) 高压试验的安全措施已完善,试验设备和被试验设备外壳和铁芯及非试线圈已可靠接地(电抗器除外),升高座电流互感器二次绕组应短接并可靠接地,试验区域装设临时围栏和警告牌,并有专人警戒。 (7) 耐压、局部放电试验时必须有监护人监视操作,操作人员应穿绝缘鞋,升压前后必须使调压器可靠回零并告知有关人员密切注意被试品。升压过程中,升压速度应平稳并密切注意有关仪表和设备情况,发现异常应立即降压或断开电源,进行放电,停止试验,待查明原因后,方可继续试验

续表

序号	工序	风险可能导致的后果	工序风险库等级	风险防范措施
11	变压器整装转运	机械伤害、物体打击；主变压器冲撞损坏、套管断裂	高	（1）施工前确认顶升及顶推位置地面承受力。 （2）主变本体升降时，单边顶升、下降，每次不得超过5cm，严禁在四点同时顶空或越层升降，顶升时同侧千斤顶应保持同步，并及时垫入枕木，人员禁止探入主变压器正下方，防止倾倒伤人。 （3）转运前，检查油管路接头卡扣固定牢固，油管路路径应避开机械设备，如需机械设备跨越应采用防护措施

（八）标准化作业

1. 工作准备

开工前，开展检修前勘察，落实人员、机具和物资，提前完成现场勘察记录、作业方案、作业卡、工作票等文本资料编审。详见第二章第一节中"特高压变压器标准化检修作业"部分内容。

2. 道路清理、轨道铺设

基础前方路面平整，满足地面承载力要求，防止地面下陷。在现场地面用钢板铺设24块，上部铺钢梁6块、枕木120块，将基础前的地面铺垫平整，确保在平移过程中安全和稳定。轨道辅设路线布置如图3-1-3所示。

3. 备用相散热器拆除

关闭散热器管路250蝶阀，将散热器至本体的管路从波纹联管处断开。所有拆除的管路应进行可靠密封，防止受污染和受潮。拆除过程中，应采取防止框架内部的变压器油污染基础的措施。

4. 机具进场、准备

吊车、滤油机、干燥空气发生器、真空机组、储油柜等机具按工器具布置图进行摆放，如图3-1-3所示。

5. 储油柜、本体排油，附件拆除

（1）排油前，确认排油管路各连接部位密封良好，将干燥空气发生器管路各法兰面清理干净，确保变压器本体不会进入杂质。

（2）本体和储油柜应分开排油，经过长时间运行，为了防止排油过程中储

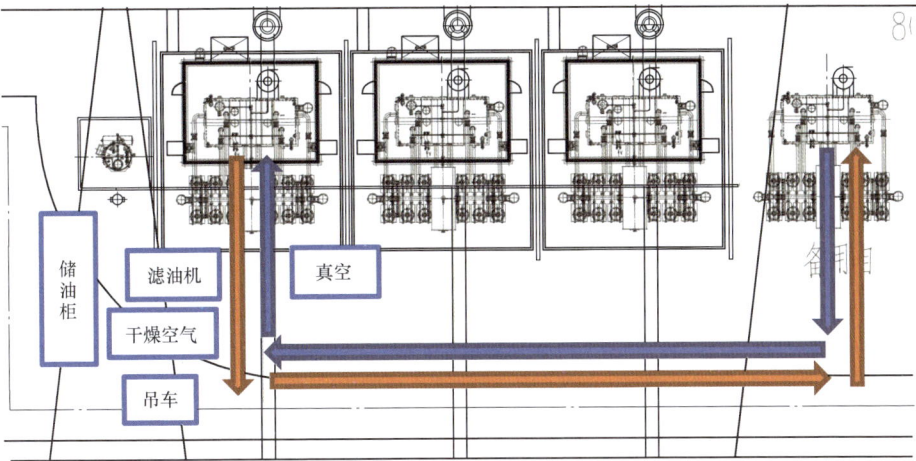

图 3-1-3　轨道铺设路线布置图

油柜底部可能存在的杂质进入本体，将储油柜内部绝缘油单独排至干净的空储油柜内。排油启动开始同步打开储油柜呼吸管阀门，油位排至储油柜一半时，打开排气口阀门，用桶接流出的绝缘油。待排气管无油流出时打开储油柜顶部呼吸管和排气管之间的连通阀，平衡胶囊内外压力。

（3）关闭本体与储油柜连接蝶阀，使本体与储油柜相互独立，对本体开展排油。油面至主瓦斯以下后，打开变压器本体上部联管端部盖板（作为变压器本体内部干燥空气的排气口）。排油至本体箱盖以下后，连接干燥空气发生器前，预吹 10min 以上，检查干燥空气露点不大于−55℃后，连接管路。将干燥空气发生器管路连接至本体箱盖蝶阀位置，连接前将管路和蝶阀法兰面清理干净。

（4）排油过程中注意油管路不要受外力破坏，防止出现跑油情况。

（5）散热器排油。关闭散热器管路与本体连接阀门。连接干燥空气管路及排油管路。采用边充干燥空气边排油的方式对散热器及框架进行排油（干燥空气露点不大于−55℃）。排油结束后，散热器在作业期间保存，应充干燥空气至 0.02MPa，微正压保存并监测压力。

（6）关闭储油柜管路 80 蝶阀，排完油后从 80 蝶阀断开储油柜与本体的连接，拆除注油、排污、排气联管，气体继电器，油位表等附件，将储油柜连同支架一起吊离散热器框架。

（7）将散热器至本体的管路从波纹联管处断开，拆除散热器导油管、支架等。将两组散热器和支架整体吊出，转运至不影响本体移出的位置。所有拆除的管路应进行可靠密封，防止受污染和受潮。

（8）拆除备用相高压电抗器气体继电器、油位表的控制电缆，拆除感温电缆、油位计连接线、气体继电器、电流互感器二次电缆、集气盒铜管。

（9）联管、继电器、油表等组件拆除后，用干净的塑料布包裹，防止受到污染。

（10）备用相储油柜拆除后，应测试其胶囊是否完好。

（11）拆除注油、排污、排气联管，气体继电器，油位表等附件。拆除的气体继电器（含金属管、集气盒）、波纹管应密封包装好，妥善保存。

（12）拆除油箱固定板、接地系统连接，油箱箱底固定板需要使用切割机，在切割过程中做好防火措施。

（13）拆除高压出线装置与支撑支架连接，拆除支撑支架与基础预埋钢板之间的连接螺栓，保证高压出线装置与基础完全脱开并安装临时支撑用支架，如图 3-1-4 所示。

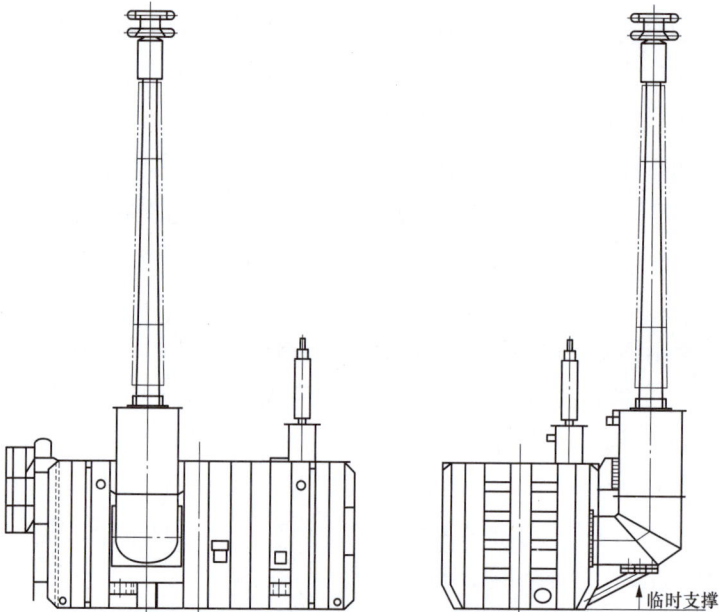

图 3-1-4　出线装置临时支撑示意图

6. 故障相下台、备用相上台

（1）在进行整体移位时，由于运输时速度、加速度、轨道接缝、升降起落

166

等因素可能对套管造成晃动而使套管损伤。因此，在进行整体移位前，需在高压套管升高座顶部法兰及本体运输方向位置增设三维冲撞记录仪，移位过程中控制运输加速度不超过 1g。

（2）用 150t 千斤顶在高压并联电抗器专用的 4 个顶升点上纵向多次交替顶升，确保各部位附件在顶升过程中产生的震动值在最小范围内。每次单个千斤顶的顶起高度不超过 30mm，同时在本体和基础之间垫硬木板，避免一侧倾斜度过大对高压并联电抗器带来不良后果。备用相、故障相运输线路如图 3-1-5 所示。

图 3-1-5　备用相、故障相运输路线

（3）当本体顶升至距基础高度 300mm 时，在底部一侧铺设枕木，将本体一侧落于枕木之上，另一侧将双钢轨插入本体与基础平台之间，将千斤顶落于钢轨之上，然后再将另一侧顶起，并将原先垫在本体底部的枕木抽出换双钢轨进入，同时将两侧钢轨装上推进器，准备平移。

（4）在备用相基础旁搭建与基础同高度的钢板，用千斤顶交叉提升退运相本体，穿入钢轨，用钢板、钢梁、枕木等将基础前的地面铺垫平整，利用液压装工具和钢轨将本体缓慢平移。

（5）备用相平移到基础重心位置时，用千斤顶顶起本体，抽出钢轨，两边纵向交替落位，每次落下高度不能超过 30mm，直至落在基础上。

（6）备用相上台后，仔细核对电抗器本体的安装位置，保证电抗器本体中心线与基础中心线相一致。本体就位后，应对本体的外观、压力表及三维冲撞记录仪进行检查。

7. 附件安装

（1）安装备用相散热器主联管、支架、散热片等。散热器框架中心线与电抗器本体短轴中心线在同一直线上，左右偏差不能超过 ±2mm，同时保证本体长轴的中心线与散热器方管中心线的间距与设计要求尺寸一致，偏差不超过 ±2mm。联管安装时应避免产生安装应力，对安装过程进行录像。

（2）安装备用相储油柜及其管路、支架、气体继电器、在线监测设备附

167

件、接地线、二次电缆等。附件安装应严格按照安装使用说明书进行，保证法兰连接面平整、清洁，密封垫圈密封垫应擦拭干净，低温地区法兰连接面应使用氟硅橡胶垫，安装位置正确。紧固法兰时，应取对角线方向，交替、逐步拧紧各个螺栓，以保证压紧度一致。

（3）散热器抽真空、注油时，在散热器上部抽真空管路上安装电子真空计，打开储油柜顶部旁通阀，拆除联管下部呼吸器，在呼吸器处连接抽真空机组。打开散热器与本体阀门，关闭排气口阀门，打开气体继电器两端的 DN80 蝶阀，从储油柜呼吸口抽真空。

（4）当真空度小于 133Pa 时，将合格的储油柜中的油通过油箱下部的 DN80 阀注入油箱内，滤油机出口油温控制在 65℃±5℃，注油速度为 4～8t/h，直到油面达到储油柜中要求位置，注油过程保持抽真空状态。

（5）继续抽真空 2h，停止抽真空。关闭储油柜上端旁通阀，通过呼吸口向胶囊内缓慢充入干燥空气至标准大气压，在呼吸口安装真空压力表进行监视。

（6）注油完成后，检查储油柜呼吸口阀门处于开启状态，储油柜注放油阀门处于关闭状态，旁通阀处于关闭状态。

8. 静置

（1）关闭所有注放油阀门，开始静置，静置时间不小于 48h。静置期间，每 24h 进行 1 次高点排气，并做好记录。每次排气有油溢出时，应立即拧紧放气塞，并擦拭干净。排气塞的胶垫一般较小，要适用力度，避免损坏胶垫。

（2）静放期间，应开展本体正压渗漏检测工作。在本体储油柜呼吸口上连接干燥空气发生器，打开呼吸口阀门，充入干燥空气，向储油柜内充入不大于 25kPa 的气压，维持 24h，检查油箱各密封处不应有渗油。密封试验合格后泄压，安装呼吸器。

9. 常规试验

静置 24h 后开展常规试验，试验项目包括绕组直流电阻、绕组连同套管的绝缘电阻、吸收比和极化指数、绕组连同套管的电容量和介质损耗、套管的电容量和介质损耗、铁芯及夹件绝缘电阻和绝缘油试验（油中溶解气体分析、微水、耐压、介质损耗、含气量、颗粒度）。低电压绝缘试验宜在热油循环后，绝缘油自然降温至 20℃ 左右进行。如油温低于 5℃，则不应开展上述绝缘试验。

10. 特殊试验

静置结束后，且常规试验、绝缘油试验结果全部合格，方可开展耐压试验。试验后，应在 24h 后取油样（本体上、中、下取样口）进行油中溶解气体分析，试验前后的油中溶解气体分析结果应无明显变化。

11. 验收、送电

严格按照施工、监理、业主三级验收机制开展验收工作，履行签字、确认手续，验收合格后方可恢复送电。

第二节　换流变压器整体移位

一、作业背景

特高压换流变压器一旦发生故障需将在运相退出运行，备用相投入；如采取常规模式进行检修、换相工作时，作业用时较长（约 7 天），为提高作业效率，缩短停电时间，尽快恢复电网运行，现场可采用整体移位方式开展高压电抗器换相，下面以 ZZDFPZ-509300/500-600 换流变压器为例，对整体移位标准化作业进行介绍。

二、设备基本情况

以高端换流变压器 ZZDFPZ-509300/500-600 型号为例，额定容量为509.3MVA，详细参数见表 3-2-1 所示。

表 3-2-1　　　　　　　　　高端换流变压器技术参数

型号	ZZDFPZ-509300/500-800 ZZDFPZ-509300/500-600	冷却方式	OFAF
额定电压	网侧绕组 306.0kV	套管型式	网侧绕组
	阀侧绕组 99.8kV（YY）/ 172.8kV（YD）		阀侧绕组
额定容量	509.3MVA	网侧中性点接地方式	直接接地
有载调压分接范围	（+23，−5）×1.25％	额定频率	50Hz
型式	单相，双绕组， 有载调压，油浸式	生产厂家	西安西电变压器有限责任公司、 瑞典 ABB 公司、重庆 ABB 公司

换流变压器主要由储油柜、呼吸器、有载调压、冷却器、压力继电器、压

力释放阀、气体继电器、在线滤油机、温度监视装置、油流指示器、油流继电器。在备用变压器移位过程中应在换流变压器设备对应支顶点位置搭设支点，注意千斤顶下部尽量扩大受力面积，同时给下部小车预留进出通道；将小车沿轨道推入设备下部，注意位置需对称；同步下落该端千斤顶，将换流变压器设备逐步落实至传入的小车上，确认落实平稳；将预设的滑轮组与小车上的牵引孔进行连接，检查无误后，以绞磨为动力源，开始设备的牵引平移作业，并根据就位位置的不同选择调整滑轮组固定地锚。

换流变压器外形示意图如图 3-2-1 所示。

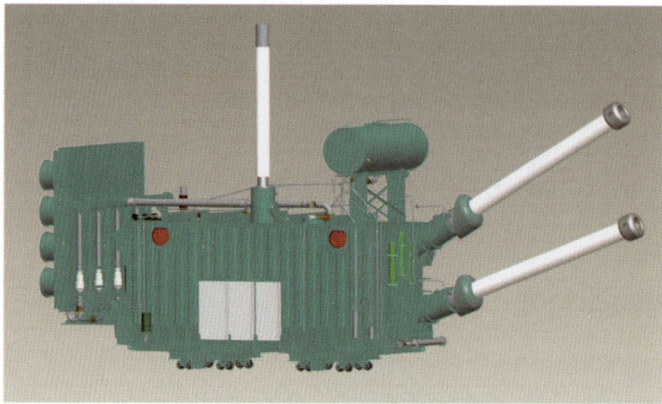

图 3-2-1　换流变压器外形示意图

三、作业准备

运维单位应在整体移位前组织开展检修前勘察，落实人员、机具和物资，提前完成现场勘察记录、作业方案、作业卡、工作票等文本资料编审。详见第二章第一节。

换流变压器移位备品备件、工器具见表 3-2-2。

表 3-2-2　　　　　　　　换流变压器移位主要设备和工具

类别	名称	数量	规格及其说明
起重设备	吊车	1 台	25t
登高设备	移动式绝缘脚手架	4 副	
	安全带	10 副	

续表

类别	名称	数量	规格及其说明
拆除恢复设备	电动链条葫芦	2个	
	手枪钻	2个	
	移动式电源盘	2个	
	电源线	50	
	电焊设备		
	枕木	若干	
	吊绳	10根	5t 4根，3t、2t、1t各2根
	麻绳	40m	
	消防器材	若干	
测试设备	万用表	1块	
	绝缘电阻表	1块	2500V/2500MΩ
常用工器具	活扳手	1套	8～18寸各2把
	叉子扳手	1套	8～36寸各2把
	梅花扳手	1套	8～36寸各2把
	内六角扳手	1套	
	套筒扳手	4套	31件
	力矩扳手	5把	
	管钳	各1把	长800、350
	螺丝刀	共4把	大、小、十字头
	克丝钳	2把	
	手用钢锯及锯条	1套	
	什锦锉	1套	
	手锤	1把	2磅
	撬棍	4把	600mm长
	钢卷尺	1把	3m
	布剪刀	1把	
	油布、彩条布、塑胶地毯	20m²，40块	地面保护
	定制围栏	200m	定制划分区

四、作业流程

备用变压移位换相作业流程如图 3-2-2 所示。

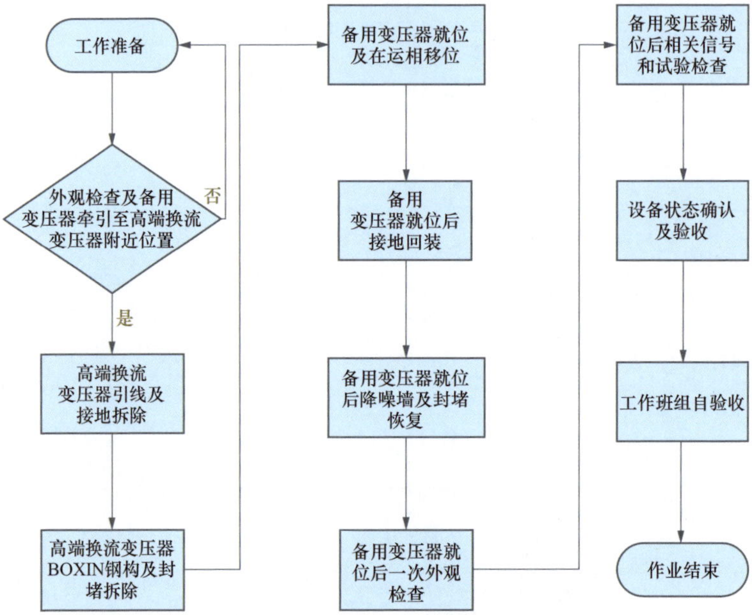

图 3-2-2 备用变压器移位换相作业流程图

（流程图内容）

- 工作准备
- 外观检查及备用变压器牵引至高端换流变压器附近位置（否→工作准备；是↓）
- 高端换流变压器引线及接地拆除
- 高端换流变压器 BOXIN 钢构及封堵拆除
- 备用变压器就位及在运相移位
- 备用变压器就位后接地回装
- 备用变压器就位后降噪墙及封堵恢复
- 备用变压器就位后一次外观检查
- 备用变压器就位后相关信号和试验检查
- 设备状态确认及验收
- 工作班组自验收
- 作业结束

五、工期安排

备用变压器移位换相作业工期计划见表 3-2-3。

表 3-2-3　　　　　备用变压器移位换相作业工期计划表

工序	备用变压器一次外观检查	备用变压器二回路检查	备用变压器操作检查	备用变压器牵引	在运引线及接地拆除	备用变压器引线、接地连接及其他拆除	在运相降噪墙及封堵拆除	备用变压器就位及运相移位	备用变压器就位后接地连接	备用变压器就位后引线连接	备用变压器就位后降噪墙及其他恢复	备用变压器就位后降噪封堵恢复	备用变压器就位后一次外观检查	备用变压器就位后二回路检查	备用变压器就位后操作检查	遥信、遥测量检查	换流变压器充电前相关检查	换流变压器充电试验	换流变压器直流低负荷试验	设备状态确认及验收	工作班组自验收
第1天	Ⅲ	Ⅲ	Ⅲ	Ⅰ																	
第2天					Ⅱ	Ⅱ															

续表

工序	备用压变器一次外观检查	备用压变器二次回路检查	备用压变器操作检查	备用压变器牵引	在运引线及接地拆除	备用压变器引线、接地连接及其他拆除	运降墙封及拆除	备用压变器就位在相移位	备用压变器就位及运位	备用压变器就位后接地连接	备用压变器就位后引线及其他恢复	备用压变器就位降噪墙及封堵恢复	备用压变器就位后一次外观检查	备用压变器就位后二次回路检查	备用压变器就位后操作检查	遥信遥测测量检查	换流变压器充电前相关检查	换流变压器充电试验	换流变压器直流低负荷试验	设备状态确认及验收	工作班组自验数
第3天							Ⅱ														
第4天								Ⅰ													
第5天										Ⅱ	Ⅱ										
第6天													Ⅱ	Ⅲ	Ⅲ	Ⅱ					
第7天																	Ⅱ	Ⅲ	Ⅲ	Ⅲ	Ⅲ

注　绿色部分作业是不停电开展，黄色部分需停电开展。

六、作业风险管控措施

换流变压器移位作业风险管控措施见表 3-2-4。

表 3-2-4　　　　　　换流变压器移位作业风险管控措施

序号	工序	风险可能导致的后果	工序风险库等级	风险防范措施
1	转运、上台、下台、封堵拆除、安装	触电、机械伤害、高处坠落、物体打击、倒塌	高	（1）起吊卸载脚手架、转运小车、千斤顶等机具过程中应设专人指挥，指挥人员应站在能全面观察到整个作业范围及吊车司机和司索人员的位置，对于任何工作人员发出紧急信号，必须停止吊装作业。 （2）严禁工作人员站在高空作业处的垂直下方，工作点下方应设围栏，高空落物区不得有无关人员通行或逗留；高处工作应使用工具袋，工具、器材上下应用绳索拴牢传递，严禁抛掷。 （3）进入带电区域施工与带电设备保持足够的安全距离。 （4）脚手架使用前必须检查各部分连接固件坚固，底脚稳固、护栏安装牢固等，脚手架可靠接地。 （5）牵引过程中，受力钢丝绳的周围、上下方、内角侧，严禁有人逗留和通过

序号	工序	风险可能导致的后果	工序风险库等级	风险防范措施
2	一次引线断复引	高空坠落、机械伤害；搭接面发热	中	（1）拆搭一次引线时，宜用升降车或梯子辅助高处作业，高处作业人员正确使用安全带。 （2）高空作业人员使用的工具及安装用的零部件，应放在随身佩带的工具袋内，不可随便向下丢掷，工具等用布带系好。 （3）拆掉后的设备连接线用尼龙绳固定，防止设备连接线摆动造成邻近设备损坏
3	例行试验	高空坠落、机械伤害、低压触电、高压触电；绝缘击穿	中	（1）一次设备试验工作不得少于 2 人；试验作业前，必须规范设置安全隔离区域，向外悬挂"止步，高压危险！"的警示牌。设专人监护，严禁非作业人员进入。设备试验时，应将所要试验的设备与其他相邻设备做好物理隔离措施。 （2）调试过程试验电源应从试验电源屏或检修电源箱取得，严禁使用绝缘破损的电源线，用电设备与电源点距离超过 3m 的，必须使用带漏电保护器的移动式电源盘，试验设备和被试设备应可靠接地，设备通电过程中，试验人员不得中途离开；工作结束后应及时将试验电源断开。 （3）装、拆试验接线应在接地保护范围内，戴绝缘手套，穿绝缘鞋。在绝缘垫上加压操作，与加压设备保持足够的安全距离。 （4）更换试验接线前，应对测试设备充分放电。 （5）高处作业应正确使用安全带，作业人员在转移作业位置时不准失去安全保护
4	二次回路控制电缆布置	低压触电；控制回路错接线	低	拆接二次电缆时，作业人员必须确定所拆电缆确实无电压，并在监护人员监护下进行作业

序号	工序	风险可能导致的后果	工序风险库等级	风险防范措施
5	电容型套管检修	触电、机械伤害、高处坠落、物体打击、密封失效	高	（1）应注意与带电设备保持足够的安全距离，准备充足的施工电源及照明。 （2）按厂家规定正确吊装，设置缆风绳控制方向，并设专人指挥。 （3）拆接作业使用工具袋，防止高处落物。 （4）高空作业严禁上下抛掷物品，应按规程使用安全带，安全带应挂在牢固的构件上，禁止低挂高用。 （5）严禁人员攀爬套管。 （6）吊装套管时，其倾斜角度应与套管升高座的倾斜角度基本一致。 （7）套管吊离本体时，应做好防护措施，防止异物落入换流变压器内部及内部绝缘件受潮。 （8）在整个检查过程中应持续注入干燥空气。 （9）套管运输及存放应满足厂家要求
6	升高座检修	触电、机械伤害、高处坠落、物体打击、火灾、异常放电、漏油	高	（1）应注意与带电设备保持足够的安全距离，准备充足的施工电源及照明。 （2）吊装升高座时，应选用合适的吊装设备和正确的吊点，使用缆风绳控制方向，并设置专人指挥。 （3）拆接作业使用工具袋，防止高处落物。 （4）高空作业应按规程使用安全带，安全带应挂在牢固的构件上，禁止低挂高用。 （5）严禁上下抛掷物品。 （6）升高座检修时，应做好防止异物落入换流变压器内部的措施。 （7）在整个检查过程中应持续注入干燥空气

序号	工序	风险可能导致的后果	工序风险库等级	风险防范措施
7	出线装置检修	触电、机械伤害、高处坠落、物体打击、火灾、异常放电	高	（1）应注意与带电设备保持足够的安全距离，准备充足的施工电源及照明。 （2）吊装出线装置时，应选用合适的吊装设备和正确的吊点，使用缆风绳控制方向，并设置专人指挥。 （3）拆接作业使用工具袋，防止高处落物。 （4）高空作业严禁上下抛掷物品，应按规程使用安全带，安全带应挂在牢固的构件上，禁止低挂高用。 （5）出线装置检修时，应做好防护措施，防止异物落入换流变压器内部及内部绝缘件受潮。 （6）在整个检查过程中应持续注入干燥空气
8	分接开关检修	机械伤害；拒动、开断失败	中	（1）检修前断开有载分接开关控制、操作电源。 （2）拆接作业使用工具袋，防止高处落物。 （3）按厂家规定正确吊装设备，用缆风绳在专用吊点用吊绳绑好，并设专人指挥。 （4）高空作业应按规程使用安全带，安全带应挂在牢固的构件上，禁止低挂高用。 （5）严禁上下抛掷物品。 （6）作业现场应摆放适量的灭火器材
9	储油柜检修	触电、机械伤害、高处坠落、物体打击、火灾	中	（1）应注意与带电设备保持足够的安全距离，准备充足的施工电源及照明。 （2）吊装储油柜时应选用合适的吊装设备和正确的吊点，设置缆风绳控制方向，并设置专人指挥。 （3）储油柜要放置在事先准备好的枕木上，以防损坏储油柜。 （4）拆接作业使用工具袋，防止高处落物。 （5）高空作业应按规程使用安全带，安全带应挂在牢固的构件上，禁止低挂高用。 （6）严禁上下抛掷物品

续表

序号	工序	风险可能导致的后果	工序风险库等级	风险防范措施
10	散热器检修	触电、机械伤害、高处坠落、物体打击	中	（1）应注意与带电设备保持足够的安全距离，准备充足的施工电源及照明。 （2）吊装散热器时，设专人指挥并有专人扶持。 （3）拆接作业使用工具袋。 （4）高空作业应按规程使用安全带，安全带应挂在牢固的构件上，禁止低挂高用。 （5）严禁上下抛掷物品。 （6）起吊搬运时，应避免散热器片划伤。 （7）散热器带电冲洗前，切除风扇控制电源，冲洗应保持足够安全距离
11	强油循环冷却装置检修及潜油泵更换	触电、机械伤害、高处坠落、物体打击、火灾、进气	高	（1）应注意与带电设备保持足够的安全距离，准备充足的施工电源及照明。 （2）吊装散热器时，设专人指挥并有专人扶持。 （3）拆接作业使用工具袋。 （4）高空作业应按规程使用安全带，安全带应挂在牢固的构件上，禁止低挂高用。 （5）严禁上下抛掷物品。 （6）拆卸潜油泵前断开电源，拆开电源连接线。 （7）在拆卸潜油泵过程中，其下部放垫块做支撑，防止潜油泵伤人。 （8）作业现场应摆放适量的灭火器材
12	非电量保护装置检修	高空坠落、低压触电、保护"三误"	中	（1）断开二次连接线。 （2）应注意与带电设备保持足够的安全距离，准备充足的施工电源及照明。 （3）高空作业严禁上下抛掷物品，应按规程使用安全带，安全带应挂在牢固的构件上，禁止低挂高用。 （4）拆接作业使用工具袋，防止高处落物

序号	工序	风险可能导致的后果	工序风险库等级	风险防范措施
13	阀侧套管SF$_6$气体处理	中毒窒息；漏气	低	（1）施工现场气瓶应直立放置，并有防倾倒的措施，气瓶应远离热源和油污的地方，不得与其他气瓶混放。 （2）断路器进行充气时，必须使用减压阀，人员应站在充气口的侧面或上风口。 （3）户内充气或回收时，作业人员应进行不间断巡视，随时查看气体检测仪含氧量是否正常，并检查通风装置运转是否良好、空气是否流通，如有异常，立即停止作业，组织作业人员撤离现场。 （4）冬季施工时，气瓶严禁火烤
14	阀侧套管SF$_6$气体试验	中毒窒息；漏气	低	（1）断路器进行气体检测时人员应站在充气口的侧面或上风口。 （2）户内气体检测时，作业人员应进行不间断巡视，随时查看气体检测仪是否正常，并检查通风装置运转是否良好、空气是否流通，如有异常，立即停止作业，组织作业人员撤离现场
15	交接试验	高空坠落、机械伤害、低压触电、高压触电；绝缘击穿	高	（1）一次设备试验工作不得少于2人；试验作业前，必须规范设置安全隔离区域，向外悬挂"止步，高压危险！"的警示牌；设专人监护，严禁非作业人员进入；设备试验时，应将所要试验的设备与其他相邻设备做好物理隔离措施。 （2）调试过程试验电源应从试验电源屏或检修电源箱取得，严禁使用绝缘破损的电源线，用电设备与电源点距离超过3m的，必须使用带漏电保护器的移动式电源盘，试验设备和被试设备应可靠接地，设备通电过程中，试验人员不得中途离开。工作结束后应及时将试验电源断开。 （3）装、拆试验接线应在接地保护范围内，戴绝缘手套，穿绝缘鞋。在绝缘垫上加压操作，与加压设备保持足够的安全距离。 （4）更换试验接线前，应对测试设备充分放电。 （5）高处作业应正确使用安全带，作业人员在转移作业位置时不准失去安全保护

序号	工序	风险可能导致的后果	工序风险库等级	风险防范措施
16	清扫并检查断路器瓷套表面，瓷套超声波探伤	高空坠落；外绝缘污闪	低	（1）严禁碰触机构传动部位、带电二次线金属裸露部分。 （2）高处作业人员正确使用安全带，采用高架车辅助高处作业，严禁攀爬绝缘子

七、标准化作业

由于备用高端换流变压器在广场安装距离不满足要求，需就位于备用相位置进行安装，安装后与运行相换位，具体步骤如下：

1. 工作准备（第 1 天）

停电前，备用变压器一次外观检查：完成换流变压器阀门、呼吸器、分接开关、冷却器控制柜、阀侧套管、储油柜及其他相关设备检查。

备用变压器牵引至高端换流变压器附近位置。备用变压器移位换相作业示意图见图 3-2-3。

2. 高端换流变压器引线及接地拆除（第 2 天）

（1）一次引线拆除及 C 相中性点管母拆除：拆除高端换流变压器阀侧、网侧一次设备连线、阀侧套管均压罩（环）。拆除过程中采用高空作业车，禁止攀爬套管；拆除前使用扎带捆绑导线，防止导线变形。

（2）接地拆除：拆除高端换流变压器本体与主接地网的连接。

（3）二次电缆拆除：拆除二次电缆前，断掉本体箱的所有电源，拆线前应进行认真验电，详见拆接线前断电记录表及电缆拆线表；拆除电缆时采用绝缘胶带包扎电缆头；拆线时应认真填写断复引记录，拆除的二次电缆应采用绝缘胶带包扎并标识；电缆拆除后采用塑料布进行包裹。

3. 高端换流变压器 box-in 钢构及封堵拆除（第 3 天）

（1）拆除高端换流变压器降噪墙。

（2）拆除故障换流变压器本体 box-in 连接钢构件，使高端换流变压器顶部的 box-in 装置独立出来，便于整体牵引。

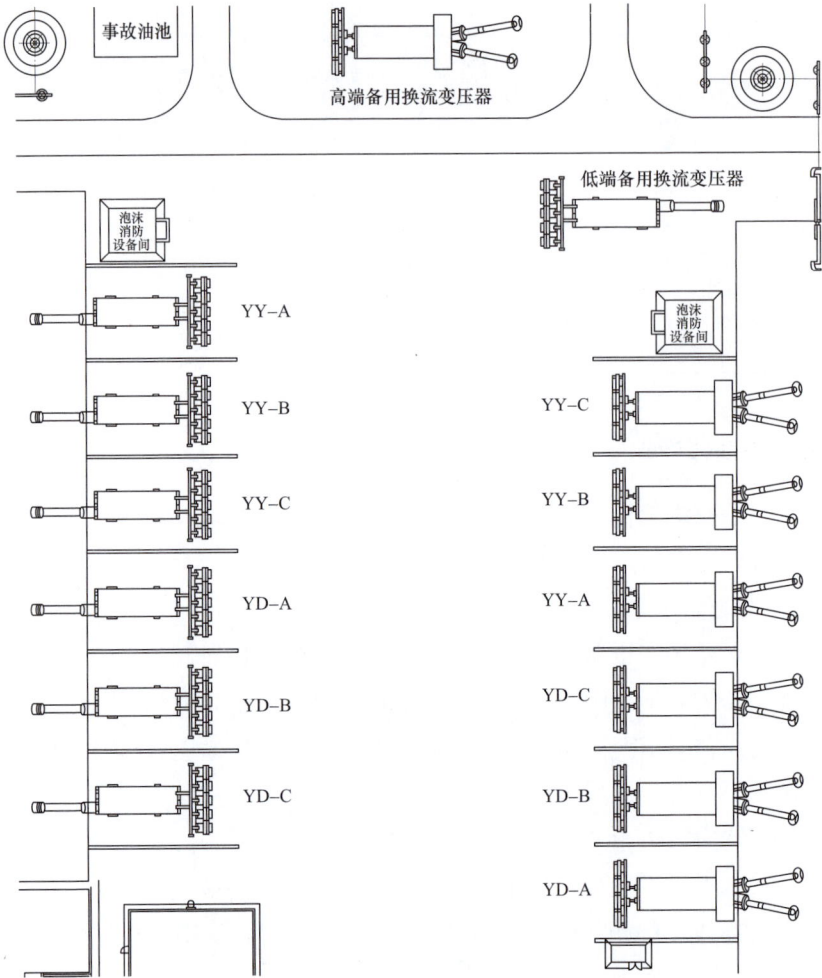

图 3-2-3　备用变压器移位换相作业示意图

（3）拆除换流变压器器身上缠绕的感温电缆。

（4）拆除故障换流变压器阀厅侧套管孔洞封堵材料，拆除过程中将封堵材料编号，以便后续恢复。

（5）安全措施及注意事项：必须装设专门的覆盖塑料布，防止灰尘和水汽进行阀厅内部；在阀厅内部使用升降车配合拆除阀厅封堵板时前，应对升降小车操作人员进行专门培训；操作过程中，应设专人进行监护。

4. 备用变压器就位及在运相移位（第 4 天）

高端换流变压器牵引退出运行位置至备用变压器基础，备用换流变压器牵引就位至高端换流变压器运行位置。

5. 备用变压器就位后接地回装（第 5 天）

回装高端换流变压器本体与主接地网的连接，二次电缆恢复；回装换流变压器阀侧、网侧一次设备连线、阀侧套管均压（环），并进行力矩复查。

6. 备用变压器就位后降噪墙及封堵恢复（第 6 天）

（1）回装高端换流变压器本体 box-in 钢构框架。

（2）回装换流变压器器身上缠绕的感温电缆。

（3）回装换流变压器阀厅侧套管孔洞封堵材料，并按照竣工图要求套管与封堵缝隙不得小于 50mm。硅橡胶小封堵固定抱箍需设置接地。

（4）质量标准。

1）感温线应排列整齐，无断裂。

2）接地扁铁应保持原状，无变形和接地漆脱落。

3）引线无毛刺、变形，线夹接触良好。

4）二次回路检查及分系统调试、相关交接试验。

非电量保护功能试验：完成换流变压器非电量保护功能检查试验。检查主要包括本体瓦斯、压力、套管瓦斯、油温，绕组温度、本体及有载分接开关压力、油流的跳闸及报警功能试验。其中本体瓦斯及有载分接开关油流报警及跳闸功能试验，通过压按继电器动作接点，并在 OWS 上核对相应报警信息，结果正确。

非电量保护跳闸回路绝缘测试：完成非电量保护跳闸回路绝缘测试。使用绝缘电阻表，调至 500V 挡位测量接点间及接点对地绝缘，绝缘电阻都大于 250MΩ，检查结果合格。

电流、电压回路接线检查：完成电流、电压回路接线检查。在本体与端子箱两端分别使用万用表查看接线通断情况，检查接线情况正确。

电流、电压回路阻值及绝缘检查：完成电流、电压回路阻值及绝缘检查。使用绝缘电阻表，调至 500V 挡位测量接点间及接点对地绝缘，绝缘电阻都大于 250MΩ，检查结果合格。

冷却风机电源回路绝缘检查：完成冷却风机电源回路绝缘检查。使用绝缘电阻表测量冷却风机电源单相对地绝缘值，绝缘电阻都大于 250MΩ，检查合格。

冷却器就地控制切换功能检查：完成冷却器启停功能检查。进行功能试验前，确保该台换流变压器所有冷却器风机电源小开关及潜油泵开关均合上，冷却器组启动后检查相对应潜油泵指示灯指示正常。

分接开关功能检查：现场手动调节分接开关挡位：现场检查分接开关控制柜内电源小开关在合上位置，将把手打至"LOC"位置，调节把手对该台换流变压器分接开关进行现场手动升降挡位操作。

分接开关在线滤油机功能检查：现场投上滤油机接线箱内电源小开关，验证在线滤油机能否正常开启运行，完成后将电源小开关断开。

7. 备用变压器就位后一次外观检查及工作班组自验收（第7天）

完成换流变压器阀门、呼吸器、分接开关、冷却器控制柜、阀侧套管、储油柜及其他相关设备检查及验收，现场清理，投运。

备注：PAROC板拆除需使用运行单位2台高端阀厅升降车，牵引换流变压器需使用4台换流变压器小车。

第四章 特高压大型充油设备典型问题处置策略

第一节 故障诊断及处置策略

一、油中溶解气体异常诊断方法

（一）故障诊断方法

在判断设备是否存在故障及其故障的严重程度时，应根据特征气体（CH_4、C_2H_4、C_2H_6、C_2H_2、H_2、CO、CO_2）含量的绝对值、增量、增长速率以及设备的运行状况、结构特点、外部环境等因素进行综合判断。

1. 不同故障类型的产气特征

故障点产生气体的特征随故障类型、故障严重程度及其涉及的绝缘材料的不同而不同。从大量统计数据可以看出，变压器内部故障发生时产生的总烃中，各种气体的比例在不断变化，随着故障点温度的升高，CH_4 所占比例逐渐减少，而 C_2H_4 和 C_2H_6 所占比例逐渐增加，严重过热时将产生一定量的 C_2H_2。其特点是，故障点局部能量密度越高产生的碳氢化合物的不饱和度越高，即故障点产生烃类气体的不饱和度与故障源的能量密度之间有密切关系。不同故障类型产生的特征气体，见表 4-1-1。

表 4-1-1　　　　　　　　不同故障类型产生的特征气体

故障类型	主要特征气体	次要特征气体
油过热	CH_4，C_2H_4	H_2，C_2H_6
油和纸过热	CH_4，C_2H_4，CO	H_2，C_2H_6，CO_2
油纸绝缘中局部放电	H_2，CH_4，CO	C_2H_4，C_2H_6，C_2H_2
油中火花放电	H_2，C_2H_2	——

续表

故障类型	主要特征气体	次要特征气体
油中电弧	H_2，C_2H_2，C_2H_4	CH_4，C_2H_6
油和纸中电弧	H_2，C_2H_2，C_2H_4，CO	CH_4，C_2H_6，CO_2

注 1. 油过热：至少分为两种情况，即中低温过热（低于700℃）和高温（高于700℃以上）过热。如温度较低（低于300℃），烃类气体组分中 CH_4、C_2H_6 含量较多，C_2H_4 较 C_2H_6 少，甚至没有；随着温度增高，C_2H_4 含量增加明显。

2. 油和纸过热：固体绝缘材料过热会生成大量的 CO、CO_2，过热部位达到一定温度，纤维素逐渐碳化并使过热部位油温升高，才使 CH_4、C_2H_6 和 C_2H_4 等气体增加。因此，涉及固体绝缘材料的低温过热在初期烃类气体组分的增加并不明显。

3. 油纸绝缘中局部放电：主要产生 H_2、CH_4。当涉及固体绝缘时产生 CO，并与油中原有 CO、CO_2 含量有关，以及没有或极少产生 C_2H_4 为主要特征。

4. 油中火花放电：一般是间歇性的，以 C_2H_2 含量的增长相对其他组分较快，而总经不高为明显特征。

5. 电弧放电：高能量放电，产生大量的 H_2 和 C_2H_2 以及相当数量的 CH_4 和 C_2H_4。涉及固体绝缘时，CO 显著增加，纸和油可能被炭化。

2. 特征气体含量比值法

由表 4-1-1 可看出，通过故障气体的组合特征虽然能对产生的故障性质和类型作出推断，但对介于两种类型之间的故障则不易掌握，所以还需要考察它们在数量上的比例关系。本节对常用的三比值法进行介绍。

三比值法是在热动力学和实践的基础上总结得出的，利用五种气体（CH_4、C_2H_4、C_2H_6、C_2H_2、H_2）的三对比值（C_2H_2/C_2H_4、CH_4/H_2、C_2H_4/C_2H_6）的编码组合来进行故障类型判断的方法，一般在特征气体含量超过注意值后使用，编码规则和故障类型判断方法如表 4-1-2 和表 4-1-3 所示。

表 4-1-2 　　　　　　　　　　**三比值法编码规则**

气体比值范围	比值范围的编码		
	C_2H_2/C_2H_4	CH_4/H_2	C_2H_4/C_2H_6
<0.1	0	1	0
$[0.1,\ 1)$	1	0	0
$[1,\ 3)$	1	2	1
$\geqslant 3$	2	2	2

表 4-1-3　　　　　　　　　　　故障类型判断方法

编码组合			故障类型判断	典型故障（参考）
C_2H_2/C_2H_4	CH_4/H_2	C_2H_4/C_2H_6		
0	0	0	低温过热 （低于 150℃）	纸包绝缘导线过热，注意 CO 和 CO_2 的增量和 CO_2/CO 值
	2	0	低温过热 （150～300℃）	分接开关接触不良；引线连接不良；导线接头焊接不良，股间短路引起过热；铁芯多点接地，矽钢片间局部短路等
	2	1	中温过热 （300～700℃）	
	0，1，2	2	高温过热 （高于 700℃）	
	1	0	局部放电	高湿、气隙、毛刺、漆瘤、杂质等所引起的低能量密度的放电
2	0，1	0，1，2	低能放电	不同电位之间的火花放电，引线与穿缆套管（或引线屏蔽管）之间的环流
	2	0，1，2	低能放电兼过热	
1	0，1	0，1，2	电弧放电	线圈匝间、层间放电，相间闪络；分接引线间油隙闪络，选择开关拉弧；引线对箱壳或其他接地体放电
	2	0，1，2	电弧放电兼过热	

（二）处置策略

1. 阈值设置

油色谱异常判断标准包括在线监测数据、离线检测数据两部分，具体标准如表 4-1-4 和表 4-1-5 所示。

表 4-1-4　　　　　　　　　　在线监测油中溶解气体阈值

监测项目		注意值 1	注意值 2	告警值	停运限值
气体含量 （μL/L）	乙炔	≥0.5	≥1[②]	≥3	≥5[①]
	氢气	≥75	≥150		≥450[①]
	总烃	≥75	≥150	—	≥450[①]

续表

监测项目		注意值1	注意值2	告警值	停运限值
气体绝对增量 （μL/L）	乙炔②	从无到有	周增量 不小于0.6	周增量 不小于1.2	周增量不小于2
					日增量不小于2
		周增量不 小于0.3			每4h增量不小于2
					每2h增量不小于 1且连续两次
	氢气③	周增量不小于10	周增量不小于20	—	—
	总烃③	周增量不小于5	周增量不小于10	—	—
相对增长速率 （%/周）	总烃③	周增量不小于10	周增量不小于20	—	—

① 乙炔、氢气或总烃缓慢达到停运值，可经专家诊断分析后确定停运时间。

② 乙炔周增量不小于0.3或周增量无法计算时，才计算乙炔日增量、每4h增量和每2h增量。

③ 氢气不大于$30\mu L/L$时，不计算绝对增量；总烃不大于$30\mu L/L$时，不计算绝对增量和相对增长速率。

表 4-1-5 离线油中溶解气体阈值

监测项目		注意值	停运限值
气体含量 （μL/L）	乙炔	≥0.5	≥5①
	氢气	≥150	≥450①
	总烃	≥150	≥450①
气体绝对增量 （μL/L）	乙炔	从无到有或周增量不小于0.2	周增量不小于2
	氢气	周增量不小于30②	—
	总烃	周增量不小于15②	—
	一氧化碳	周增量不小于50③	—

① 乙炔、氢气或总烃缓慢达到停运值，可经专家诊断分析后确定停运时间。

② 氢气不大于$30\mu L/L$时，不计算绝对增量；总烃不大于$30\mu L/L$时，不计算绝对增量。

③ 乙炔增量小于注意值时，不计算一氧化碳绝对增量。

2. 异常处置原则

（1）油色谱在线监测处置策略如图 4-1-1 所示。

（2）油色谱离线检测处置策略如图 4-1-2 所示。

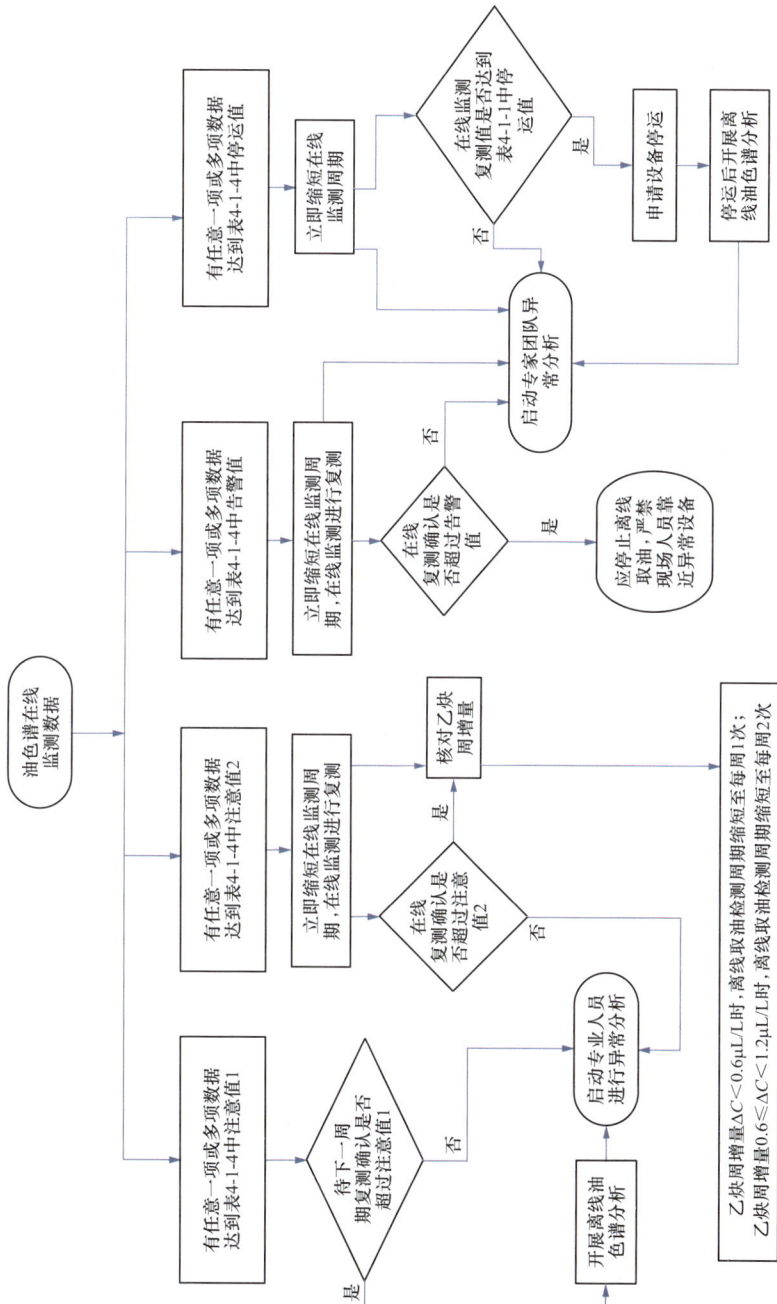

图 4-1-1 油色谱在线监测处置策略流程图

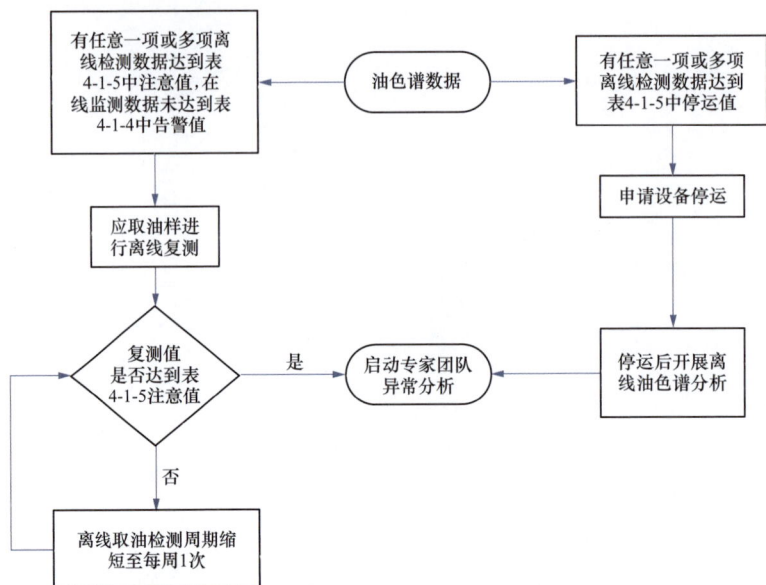

图 4-1-2 油色谱离线检测处置策略流程图

二、铁芯接地故障

(一)故障概述

电力变压器正常运行时，铁芯必须有一点接地，否则悬浮电压产生的间歇性击穿放电会损伤铁芯，铁芯一点接地后消除了形成铁芯悬浮电位的可能，但当铁芯出现两点以上接地时，不均匀电位会在接地点之间形成环流，造成铁芯局部过热，严重时铁芯局部温升增加，轻瓦斯动作，甚至会造成重瓦斯动作而跳闸的事故。

常见的铁芯多点接地故障类型包括铁芯碰壳、碰夹件；穿芯螺栓钢座套过长与硅钢片短接；油箱内有金属异物，使硅钢片局部短路；铁芯绝缘受潮或损伤，箱底沉积油泥及水分，绝缘电阻下降，夹件绝缘、垫铁绝缘、铁盒绝缘（纸版或木块）受潮或损坏等，导致铁芯高阻多点接地。而造成铁芯多点接地故障原因主要有安装检修施工工艺和设计不良造成短路；附件和外界因素引起的多点接地等。

(二)故障诊断方法

目前，检测变压器铁芯是否多点接地的方法主要测量铁芯绝缘电阻法、运行中测量铁芯接地电流的电气法和检测变压器绝缘油特性的气相色谱分析法三种。

1. 绝缘电阻测量法

断开铁芯正常接地线，用 1000V 电压测量铁芯对地电阻，如绝缘电阻为零或很低，则表明可能存在铁芯多点接地故障。

2. 测量铁芯接地电流

在变压器铁芯外引接地线上，用钳形表测量引线中是否有电流。变压器正常运行时，流过接地线的电流为绕组对铁芯的电容电流，仅为毫安级，一般不超过 300mA。当存在多点接地时，铁芯主磁通周围相当于有短路匝存在，流过的环流取决于故障点与正常接地点的相对位置，即短路匝中包围磁通的多少，一般可达几十安培。通过测量接地引线中有无电流，可以很准确地判断出铁芯有无多点接地故障。

3. 气相色谱分析法

对变压器油中含气量进行气相色谱分析，是检测变压器铁芯是否多点接地的较有效的方法。发生铁芯多点接地故障的变压器，其油色谱通常有以下特征：总烃含量超过 GB 7252—2001《变压器油中溶解气体分析和判断导则》规定的注意值 $150\mu L/L$，通常乙烯（C_2H_4）和甲烷（CH_4）占较大比重，乙炔（C_2H_2）含量低或不出现。当色谱分析出现上述特征，并在铁芯绝缘电阻为零或很低及铁芯接地线中有环流时，则可确定该变压器铁芯已发生多点接地故障。

（三）处置策略

为控制故障进一步发展，在不停电的情况下，在变压器铁芯、夹件接地回路中接入限流电阻（铁芯多点接地装置），限制变压器铁芯多点接地引起的环流，从而暂时消除变压器因环流接地部位引起的过热故障。

变压器停电后，将变压器油排出，打开进人孔，进入油箱查找铁芯多点接地点，检查铁芯夹件接地引出线绝缘是否完好、铁芯尖角是否与夹件有搭接、铁芯是否有落片破坏了垫脚或横梁绝缘，与垫脚或横梁接触、铁芯接地片与夹件是否有接触、器身磁屏蔽与铁芯是否接触，同时将上下横梁与夹件连接螺杆及冷却侧上梁、垫脚及测量连接螺杆取出，用万用表测其对铁芯电阻，检测到故障位置后，对故障进行维修处理。

三、套管过热缺陷

（一）背景

在设备运行过程中，经常出现套管温度异常情况，主要以套管头部及接线板、套管整体、套管局部温度异常三类最为常见。

（二）诊断方法

套管发热类型可通过红外热像仪进行测量定性。

（1）图 4-1-3 和图 4-1-4 为变压器套管头部温度异常的热像图，原因多为柱头内部并线压接不良。一般缺陷为温差未超过 10K，严重缺陷为热点温度大于 55℃或相对温差 $\delta \geqslant 80\%$，危机缺陷为热点温度大于 80℃或相对温差 $\delta \geqslant 95\%$。

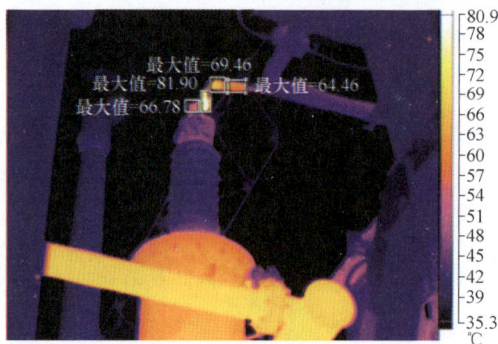

图 4-1-3　线夹接触不良发热

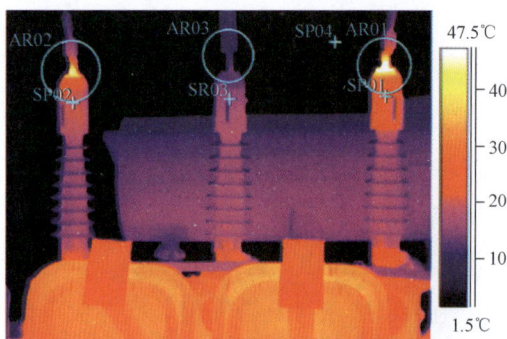

图 4-1-4　套管引线导电杆过热

（2）图 4-1-5 和图 4-1-6 为套管整体温度异常的热像图，原因多为套管介质损耗偏大，温差多在 2~3K。

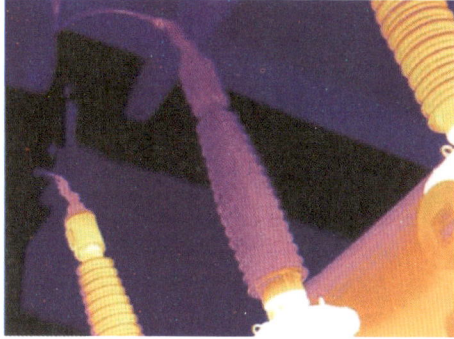

图 4-1-5　套管缺油

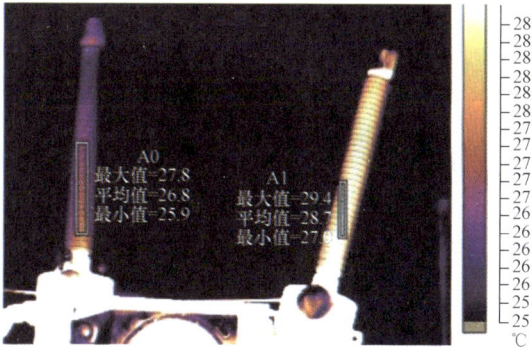

图 4-1-6　套管绝缘受潮

（3）图 4-1-7 为局部位置温度异常的热像图，原因多为局部放电故障、油路堵塞等情况，温差多在 2～3K。

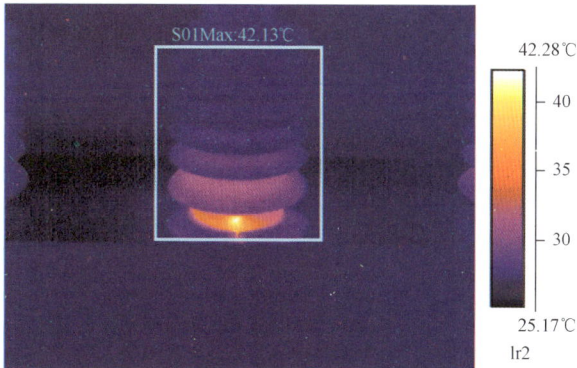

图 4-1-7　末屏引出部位放电

（三）处置策略

（1）套管存在过热、有一定温差、温度场有一定梯度，应注意观察缺陷的发展，利用停电机会进行检修。

（2）套管存在过热、程度较重、温度场分布梯度较大或套管最高温度超过GB/T 11022《高压交流开关设备和控制设备标准的共用技术要求》规定的最高允许温度，应立即安排停电处理。

四、压力释放阀喷油故障

（一）故障概述

压力释放阀是换流变压器的一种压力保护装置，当变压器内部有严重故障时，油分解产生大量气体，压力释放阀将及时打开，排除部分变压器油，降低油箱内部的压力。待油箱内的压力降低后，压力释放阀将自动闭合，保持油箱的封闭。压力释放阀喷油时，会有压力释放阀动作信号产生，压力释放阀上部动作标识会竖起，压力释放阀排油管路下部会出现油迹。

（二）故障检测方法

压力释放阀喷油的原因主要分为以下几种，对于不同原因应进行如下检查。

（1）换流变压器本体与储油柜之间的阀门处于关闭状态。换流变压器正常运行时换流变压器本体与储油柜之间的阀门应处于打开状态，保证换流变压器本体正常呼吸，若阀门关闭则会导致温度升高时本体油体积膨胀，本体油不能流入储油柜中，导致本体压力增大，使压力释放阀动作喷油。此时应对换流变压器本体与储油柜之间的阀门状态进行检查。

（2）换流变压器本体内部出现严重故障。当变压器内部有严重故障时，油分解产生大量气体。由于变压器是密闭的物体，连通储油柜的连管直径比较小，仅靠连通储油柜的连管不能有效、迅速地降低压力，造成油箱内压力急剧升高，使压力释放阀动作喷油。若换流变压器内部严重故障时，则会有多种信号报出并且会导致换流变压器跳闸。

（3）压力释放阀内部部件损坏喷油。当压力释放阀内部零部件损坏时，压力释放阀不能可靠封闭导致压力释放阀喷油。此时压力释放阀排油管路会持续有变压器油流出。

（三）处置策略

（1）对于换流变压器本体与储油柜之间的阀门处于关闭状态导致压力释放

阀喷油的应及时将阀门打开，确保换流变压器本体正常呼吸。

（2）对于换流变压器本体内部出现严重故障导致压力释放阀喷油的会有其他电气量保护和非电量保护动作，使故障换流变压器跳闸，此种情况压力释放阀喷油不作为重点处置项目。

（3）对于压力释放阀内部部件损坏导致压力释放阀喷油的应对压力释放阀整体更换。关键工艺质量控制如下：

1）拆装应在相对湿度不大于75％时进行，应排油至合适位置，排油同时注入干燥空气，在整个套管的拆装过程中应持续注入干燥空气。

2）更换前关闭储油柜与箱体之间的连接阀门，排油至合适位置。

3）压力释放阀需经校验合格后安装。检查护罩和导流罩应清洁。各部连接螺栓及压力弹簧应完好、无松动。微动开关触点接触良好，进行动作试验，微动开关动作应正确。

4）按照原位安装，依次对角拧紧安装法兰螺栓。

5）安装完毕后，抽真空、真空注油，并打开储油柜与箱体之间的连接阀门，调整油位，相关工艺参照注油环节。

6）连接二次电缆应无损伤、封堵完好，用1000V绝缘电阻表对二次回路进行绝缘电阻试验。

第二节　常规缺陷处理

一、潜油泵更换

（一）缺陷概况

潜油泵故障无法继续工作，需及时进行更换。

（二）缺陷处理

（1）叶轮转动应平稳、灵活。

（2）检查油泵应转向正确，泵试转应平稳、灵活，无转子扫膛、叶轮碰壳等异声，三相空载电流平衡。

（3）油流继电器指示正确。

（4）检查法兰密封面应平整无划痕、锈蚀、漆膜；各对接法兰正确对接，密封垫位置准确，依次对角拧紧安装法兰螺栓，使密封垫均匀压缩1/3（胶棒压缩1/2）。

（5）拆装前后应确认蝶阀位置正确。

（6）更换后该组停运冷却器内气体应充分排出。

二、呼吸器硅胶更换

（一）缺陷概况

呼吸器内硅胶变色超过 2/3，需更换呼吸器内硅胶。

（二）缺陷处理

（1）吸湿剂宜采用无钴变色硅胶，应经干燥处理。

（2）吸湿剂的潮解变色不应超过 2/3，更换硅胶应保留 1/6～1/5 高度的空隙。

（3）更换密封垫，密封垫压缩量为 1/3（胶棒压缩 1/2）。

（4）油杯注入干净变压器油，加油至正常油位线，油面应高于呼吸管口。

（5）新装吸湿器，应将内口密封垫拆除，并检查吸湿器呼吸是否畅通。

三、散热器检修

（一）缺陷概况

散热器出现严重漏油，无法继续投入运行，需对散热器进行检修。

（二）缺陷处理

（1）散热器拆卸后，应用盖板将蝶阀封住。

（2）检查无渗漏点，片式散热器边缘不允许有开裂。

（3）放气塞子透气性和密封性应良好，更换密封圈时应使密封圈入槽。

（4）用盖板将接头法兰密封，加油压进行试漏，试漏标准：片式散热器，正压 0.05MPa、时间 2h；管状散热器，正压 0.1MPa、时间 2h。

（5）检查蝶阀应完好，安装方向、操作杆位置应统一，开闭指示标志应清晰、正确。

（6）吊装时确保密封面平行和同心，密封胶垫放置位置准确，密封垫压缩量为 1/3（胶棒压缩 1/2）。

（7）调试时先打开下蝶阀开启至 1/3 或 1/2 位置，待顶部排气塞冒油后旋紧，再打开上蝶阀，最终确认上、下蝶阀均处于开启位置。

（8）风机的调试应运行 5min 以上。转动方向正确，运转应平稳、灵活，无异常噪声，三相电流基本平衡。

（9）拆装前后应确认蝶阀位置正确。

四、气体继电器更换

（一）缺陷概况

气体继电器渗油，无法修复，需更换气体继电器。

（二）缺陷处理

（1）继电器应校验合格后安装。

（2）继电器上的箭头应朝向储油柜。

（3）复装时确保气体继电器不受机械应力，密封良好，无渗油。

（4）气体继电器应保持基本水平位置；波纹管朝向储油柜方向应有1%～1.5%的升高坡度。继电器的接线盒应有防雨罩或有效的防雨措施。

（5）调试应在注满油并连通油路的情况下进行，打开气体继电器的放气小阀排净气体，通过按压探针发出重瓦斯、轻瓦斯信号，并能正常复归。

（6）连接二次电缆应无损伤，封堵完好。

（7）拆装前后应确认蝶阀位置正确。

五、高压并联电抗器加强筋冻胀开裂缺陷

（一）缺陷概况

以某特高压变电站为例，在巡视检查时发现特高压电抗器吊点处加强筋鼓肚变形，个别吊点加强筋开裂，当日环境温度为−27℃，如图 4-2-1 所示。

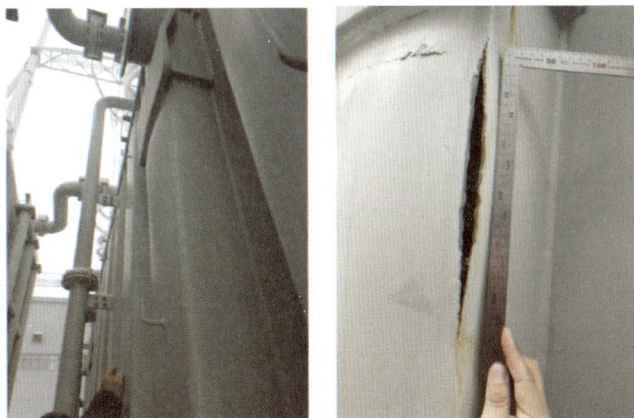

图 4-2-1　加强筋实物图

对开裂的加强筋进行了切割检查，发现加强筋腔体未全部填满细沙，上部

留有空腔（520mm×280mm×160mm），空腔内全部为冰，冰块体积为0.0233m³。

加强筋开裂处本体箱壁无异常损伤，呈向内凹陷状，最大凹陷处深23mm，空腔顶盖及内壁无渗水迹象。在非吊点处加强筋底部打孔检查，发现填充细沙未从孔洞流出，判断细沙处于冰冻状态。

（二）原因分析

该电抗器的加强筋设计结构和焊接工艺存在问题，吊装过程中，加强筋焊缝由于受力导致出现密封不良情况，加强筋腔体未达到全密封状态。设备投运后雨水、雪水等经过此焊缝进入腔体内部逐渐积累，由于加强筋腔体相对密封，水分不易蒸发，待北方冬季低温时节，水分结冰，体积膨胀导致加强筋冻胀变形，甚至发生开裂。

（三）处理方法

对加强筋冻胀位置进行切割，在吊拌所在U形加强筋下部开孔，将内部沙子全部放出。通过上、下孔对内部进行检查，发现吊装位置加强筋内部分为两个腔体，对加强筋上腔体裂缝处进行补焊，避免再次进水。同时将上、下腔体内部打通，确保内部进水后能够沿加强筋下部开孔处流出，避免内部积水。

六、换流变压器胶囊破损

图 4-2-2　本体呼吸器喷油

（一）缺陷概况

换流变压器胶囊破裂后的现象为本体储油柜呼吸器喷油或本体绝缘油含气量上升。

1. 呼吸器喷油

某换流站现场巡视人员换流变压器本体呼吸器大量漏油，如图4-2-2所示，呈水流状，现场对比漏油前、后油位，发现油位有明显降低。

2. 本体绝缘油含气量上升

某换流站在年度大修中发现，在进行变压器绝缘油含气量分析中发现，三个月的时间内，本体绝缘油含气量从1.6%上升至2.1%，而绝缘油在线监测装置监测到的氧气含量和氮气含量同步呈现增长趋势，最终发现胶囊存在针眼大小的漏洞，如图 4-2-3 所示。

图 4-2-3　胶囊破损点

（二）故障原因

1. 呼吸器喷油原因分析

正常运行时，变压器胶囊用于隔离空气和变压器油，保持变压器密封，胶囊破裂后空气通过呼吸器进入储油柜顶部，油温升高，储油柜内部的绝缘油和空气持续膨胀，对胶囊进行挤压，导致之前漏在胶囊中的绝缘油顺着呼吸器管道从呼吸器流出。油位上升压迫胶囊导致绝缘油被挤出如图 4-2-4 所示。

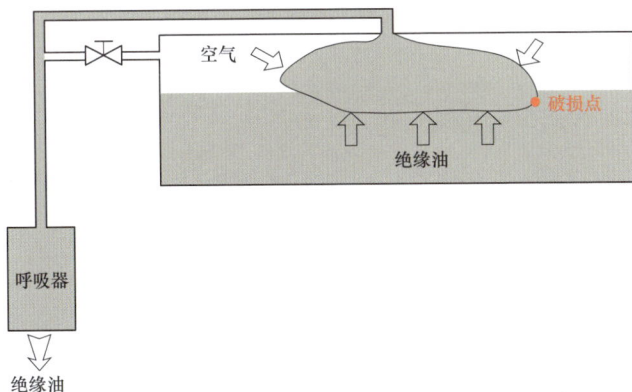

图 4-2-4　油位上升压迫胶囊导致绝缘油被挤出

2. 本体绝缘油含气量上升原因分析

变压器的储油柜的胶囊挂在储油柜的上方，材质为橡胶，正常运行时，储油柜中胶囊外的空气完全排出干净，绝缘油和空气完全隔离。胶囊破损后，胶囊内的空气进入储油柜内部，空气和绝缘油长期接触，绝缘油能够溶解大量的空气，使绝缘油中的氮气和氧气含量随着时间的推移缓慢上升。

3. 胶囊破裂的原因分析

油位计浮杆将胶囊刺破，某换流站胶囊破损后发现本体油位计的浮杆被折弯，胶囊被刺破，如图 4-2-5 和图 4-2-6 所示。

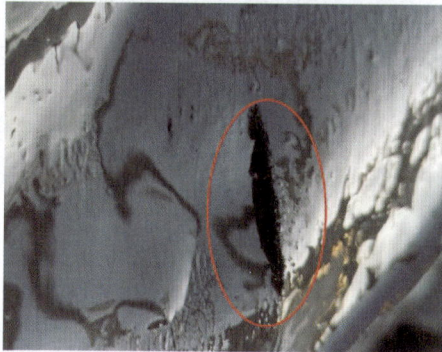

图 4-2-5　胶囊破损部位

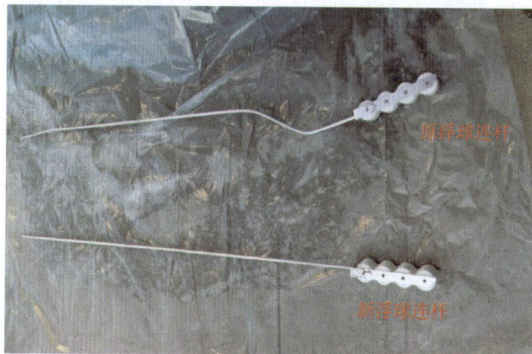

图 4-2-6　油位计浮球连杆新旧对比

（三）缺陷处理

1. 胶囊破损的检查方法

（1）棉棒探油。将储油柜上部的胶囊法兰处打开，用干净坚硬的木板或铁棒端部缠绕棉花等柔软的物体，从胶囊上部慢慢探入胶囊，探测胶囊的底部是否有油迹，如果有油迹，侧胶囊破损的概率很大，如图 4-2-7 所示。

图 4-2-7　棉棒从储油柜顶部探入胶囊内

（2）内窥镜检查法。将储油柜上部的胶囊法兰处打开，将内窥镜的探头深入胶囊内部，全方位检查胶囊是否有明显的破损痕迹，是否有褶皱，是否有油迹，如存在褶皱和油迹，则胶囊破损概率很大。

（3）充气保压法。用干燥的气体从胶囊底部的呼吸器充入，打开储油柜上部的排气阀，随着气体冲入胶囊，胶囊体积膨胀，排气阀处先是有少量的气体冒出，气体完全排出油，排气阀开始溢油，关闭排气阀后，继续将胶囊升压至 10kPa 保持，如果胶囊破损严重，从呼吸器冲入胶囊内的气体直接泄漏至储油柜，再从储油柜顶部的排气阀排出，排气阀处始终不会有油流溢出，胶囊内部始终不能建立起压力，说明胶囊破损。如果胶囊破损但破损程度并不严重（胶囊充气速度大于胶囊漏气速度），充气保压法同样能够使储油柜顶部排气阀处溢油，胶囊压力不下降，排气阀溢油后关闭，储油柜还是一个密封的整体，即使胶囊内外有气体和油的交换，储油柜内气体的总容积不变，胶囊内的压力不会变化。此种情况下，如果气体注入量明显偏大，需要引起足够重视，必要时将胶囊从储油柜摘除，在储油柜外部进行保压试验，如图 4-2-8 所示。

（4）直接观察法。对于 ABB 技术路线的换流变压器，胶囊顶部的法兰孔较大，可以打开该法兰孔，直接观察，如图 4-2-9 所示。

2. 胶囊破损的处理方法

关闭储油柜和本体之间的阀门，排出储油柜中的绝缘油，打开储油柜的侧

图 4-2-8　充气保压法

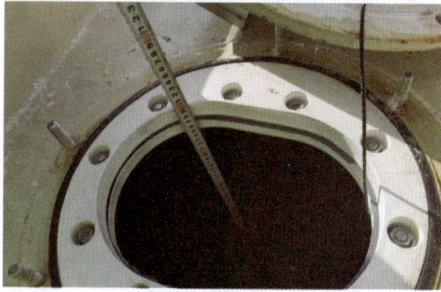

图 4-2-9　直接观察法

板人孔，用真空机组从储油柜呼吸器处对胶囊进行抽空，胶囊抽瘪后，工作人员穿装防护服进入储油柜，将破损的胶囊摘除。新的胶囊外观检查无异常，充干燥空气 10kPa 保压 24h 无泄漏后，再用真空机组对新胶囊进行抽空，抽瘪后，安装进储油柜。安装完毕后，恢复储油柜侧板人孔，补充储油柜绝缘油至合适位置，再次对胶囊进行充气，将储油柜内胶囊外的空气完全排出。

七、换流变压器分接头挡位不一致

（一）缺陷概况

分接头挡位不一致是指一个换流器内 6 台换流变压器的有载分接头位置存在差异，阀组控制系统报分接头挡位不一致。分接头不一致会导致换流变压器阀侧电压不均衡，在直流系统中将产生大量谐波。使三相线圈之间产生环流，产生额外的损耗和发热，同时换流变压器分接头严重不一致将导致换流变压器阀侧和网侧电压严重畸变，导致直流系统跳闸，造成功率损失。

（二）缺陷原因

造成分接开关挡位不一致的主要原因：①驱动轴和斜齿轮的脱落造成分接开关挡位调节失败；②在分接开关升降挡过程中升降挡继电器等保护元件异常造成升降挡位失败，造成分接开关挡位不一致。

（1）分接开关驱动轴和斜齿轮等外观出现明显变形、脱扣等现象时，造成分接开关挡位调整失败，当一个换流器内换流变压器的有载分接头位置存在差异时，启动换流变压器同步控制功能。当同级的两组换流器对应的换流变压器分接头挡位相差超过 1 挡时（最多差一挡），启动极分接头同步功能；当两极的换流器对应的换流变压器分接头挡位相差超过 2 挡（最多差两挡）时，启动双极分接头同步功能，此功能只在自动模式下双极平衡运行模式时有效。

（2）K1/K2 继电器故障内部卡涩，弹簧无法使接点恢复，导致升降挡电机回路始终处于通电状态，当 K1/K2 继电器触点无法返回时，以就地升挡为例，即 K2 接点 53-54、63-64 一直在闭合状态，21-22、61-62 一直在断开状态，K20 在此状态下也一直处于励磁，导致其接点 43-44、63-64 一直在合上状态，这种状态直到分接开关滑挡至下一挡的第 4 格处使得 Q1 保护继电器励磁，从而将 Q1 开关跳开，升降挡电机失电，升降挡操作此时停止。

（3）S12/S14 凸轮开关故障。由对其控制回路分析可以看到 S12/S14 凸轮开关在凸轮转动至第 32 格时动断触点返回，使 K2/K1 继电器失磁，如果 S12/S14 凸轮开关故障，其接点 C-NO 持续合上，将导致升降挡继电器 K2/K1 始终在励磁状态，造成分接头滑挡操作，其也将如上面分析的那样在滑挡至下一挡的第 4 格处使得 Q1 保护继电器励磁，升降挡操作停止。

（4）S37 凸轮开关故障；在分接头调至 9 挡的过程中，S37 凸轮开关触点 C-NC 会断开，如果在分接开关极性转换完后其不能恢复，使得 S37 开关 C-NC 触点一直处于断开状态，也会造成分接开关滑挡，但是其将在滑挡至下一挡的第 30 格处使得自检回路导通，Q1 开关会将升降挡回路自动断开。

（三）缺陷处理

（1）运行人员工作站（简称"OWS"）出现"换流变压器分接开关不同步""分接开关升降超时""分接开关挡位越限""分接开关滑挡""分接开关故障""零序保护告警""饱和保护告警"等特高压换流变压器分接开关异常时，如正进行操作（功率调整、滤波器投切等），应立即申请调度暂停操作。

（2）运行人员核查告警属实后，应在 OWS 上将分接开关控制方式打至

201

"手动"，并到现场将该阀组 6 台特高压换流变压器分接开关打至"就地"控制。

（3）分接开关故障处理期间，应密切监视控制保护系统中特高压换流变压器理想空载直流电压（UDI0）、零序保护电流值和饱和保护电流值，防止处理过程中控制保护动作出口。

（4）若出现零序保护告警、饱和保护告警，且特高压换流变压器分接开关挡位一致，则应逐台检查分接开关传动机构，若发现分接开关出现传动机构连杆脱扣等机械故障，应立即申请调度阀组停运处理。

（5）现场检查发现某相分接开关与正常相挡位不一致，且异常相分接开关电机电源开关未跳闸时，应按以下步骤进行处理。

1）将异常相分接开关在现场打至"远方"控制，通过 OWS 远方手动调节异常相分接开关挡位使之与正常相一致，若主用系统无法调节，应切换系统后再次进行调节。

2）若远方无法调节异常相分接开关时，将异常相分接开关在现场打至"就地"控制，现场电动调节异常相分接开关挡位与正常相一致。

3）在上述处理过程中，应安排两名运行人员在现场，若操作过程中出现滑挡，应立即停止操作并断开电机电源，并确保异常相分接开关处于"就地"控制。

4）若异常相调节失败，且出现零序保护、饱和保护告警或分接开关挡位差超过 2 挡，运行人员应将正常相分接开关挡位逐台电动调节至与异常相相差小于 2 挡。

5）运行人员进行上述处置后，应通知检修人员进行故障处理。

（6）如异常相分接开关电机电源开关跳闸，应按以下步骤进行处理。

1）将正常相分接开关挡位逐台电动调节至与异常相相差小于 2 挡。

2）现场检查异常相分接开关控制回路升降挡接触器、步进继电器、滑挡保护继电器等设备状态是否异常，若存在异常，则复位或更换异常元件。

3）确认分接开关控制回路无明显异常后，可试合一次电机电源小开关。试合过程中应加强异常相分接开关的操作监视，若试合电源后分接开关挡位连续调节超过 1 挡，应立即断开电机电源，并申请调度阀组停运处理。

4）电机电源小开关试合成功后，对异常相分接开关进行一次就地电动升降 1 挡的操作，若电动升降操作试验不成功，应进一步检查分接开关电源回路和控制回路。

（7）分接开关告警处理工作结束后，应按以下步骤恢复分接开关至正常运行状态。

1）检修人员和运行人员共同检查确认分接开关传动机构和操作控制回路升降挡接触器、步进继电器、滑挡保护继电器等设备状态正常。

2）运行人员将同阀组 6 台特高压换流变压器分接开关在现场打至"远方"控制。

3）在将分接开关控制方式由"手动"切换到"自动"之前，需申请调度在 OWS 上远方手动对 6 台特高压换流变压器分接开关同时进行一次升降 1 挡的操作。

4）若远方手动升降操作试验成功，运行人员可将分接开关控制方式由"手动"切换到"自动"。

八、换流变压器油流继电器异常

（一）缺陷概况

油流继电器是装在分接开关切换开关油室与分接开关储油柜之间的管道上。当有载分接开关的切换开关油室内发生严重故障时，有载分接开关到储油柜之间的油管发生油的迅速流动时，油流冲击挡板，挡板偏转并带动板后的联动杆转动上升，使干簧管触点接通，发出跳闸信号，保护有载分接开关。油流继电器最常见的缺陷可分为二次回路绝缘降低和油流继电器内部零部件故障两类。

（二）缺陷原因

（1）二次回路绝缘降低可分为继电器内部回路绝缘降低和外回路绝缘降低，对于内部回路绝缘降低的原因可能有继电器制造工艺不良，内部受潮等。外回路绝缘降低可能由于电缆破损、受潮等原因。对于内部回路绝缘降低需更换校验合格的油流继电器。

（2）油流继电器内部零部件故障可能由于零部件制造工艺不足、选材不当等多种原因。对于油流继电器内部零部件故障需更换校验合格的油流继电器。

（三）缺陷处理

（1）关闭继电器两端阀门，排净继电器内绝缘油。

（2）继电器应校验合格后安装。

（3）更换所有连接管道的法兰密封垫，密封垫位置准确，压缩量为 1/3（胶棒压缩 1/2）。

（4）继电器上的箭头应朝向储油柜。

（5）复装时确保继电器不受机械应力，密封良好，无渗油。

（6）继电器应保持基本水平位置，波纹管朝向储油柜方向应有1‰～1.5‰的升高坡度，继电器的接线盒应有防雨罩或有效的防雨措施。

（7）调试应在注满油并连通油路的情况下进行，打开继电器的放气阀排净气体，通过按压探针发出信号，并能正常复归。

（8）拆装前后应确认蝶阀位置正确。

（9）手动按下继电器试验按钮，在后台验证告警及跳闸功能正常；连接二次电缆应无损伤、封堵完好，用1000V绝缘电阻表对二次回路进行绝缘电阻试验。

九、联管漏油缺陷

（一）缺陷概况

以某特高压站1000kV高压并联电抗器为例，巡视时发现储油柜至本体间联漏油，缺陷发现时现场无作业，天气晴，温度为3℃。经现场检查，漏油位置位于本体至储油柜φ80导油管，高压出线装置分支油管焊接处，呈现喷油状态，如图4-2-10所示。

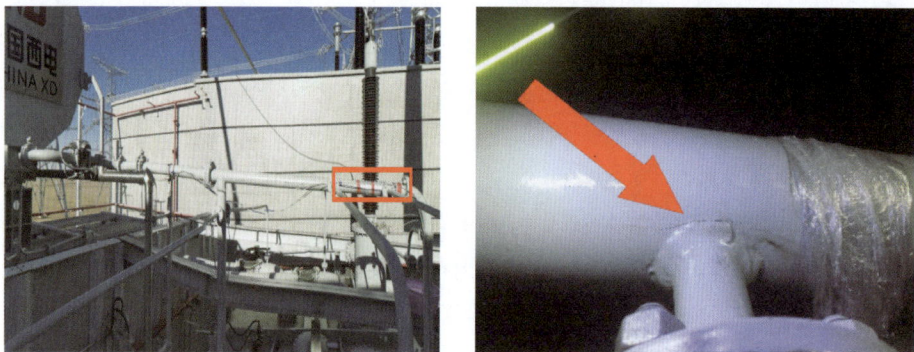

图4-2-10　油管漏油位置

（二）原因分析

经过检查由于联管安装工艺不良，存在应力，在设备长时间运行振动下，造成联管开裂漏油。

（三）处理方法

发现缺陷后，立即申请电抗器停运，对漏油部位的联管进行更换，具体步骤如下：

（1）关闭储油柜与本体间蝶阀，将本体油排至储油柜内保存。

（2）更换缺陷联管。

（3）本体回油及抽真空，真空度达到 50Pa 后开始计时，保持 4h。

（4）对本体进行破真空处理并开展密封试验，充 0.025MPa 微正压保持 12h。

（5）观察各密封面无渗漏，静放 24h。静放期间每 12h 开展一次升高座及气体继电器排气工作。

（6）静放期间开展相关绝缘油试验。

（7）试验结果合格，检查设备无异常后可恢复带电运行。

第三节　套管取油标准化作业

一、GOE 套管

（一）500kV GOE1675-1300-2500 套管取油标准化作业

1. 作业准备

GOE 套管的取油阀门在套管的底部，并用堵头进行了封堵，需要专用的取油工装，将取油阀门和取油针管连接，在取油的过程中，因套管底部的油压较大，需要精细地控制阀门的开合角度，以控制合适的油流速度。表 4-3-1 为所需准备材料与工具，图 4-3-1 为 GOE 套管取油阀门。

表 4-3-1　　　　　　　　　　取油所需材料及工具

序号	名称	型号	单位	数量
1	玻璃针管	100mL	支	1
2	无毛纸	—	块	1
3	橡胶管	3mm	m	0.5
4	取油工装	专用工装	个	1
5	扳手	7mm	把	1
6	酒精	99.99%	瓶	1
7	活动扳手	7″	把	1
8	烧杯	50mL	个	1
9	油桶	10L	个	1

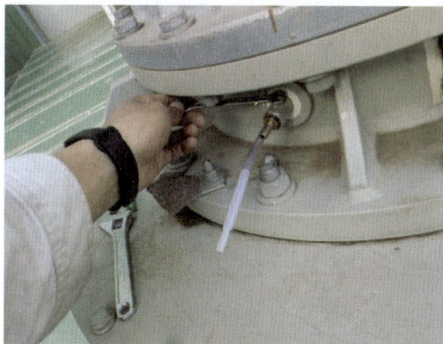

图 4-3-1　GOE 套管取油阀门

2. 标准化作业流程

取油的工艺步骤及标准见表 4-3-2，GOE 套管取油过程的展示如图 4-3-2 所示。

表 4-3-2　　　　　　　　　取油的工艺步骤及标准

序号	工艺步骤	标　　准
1	取油针管的清洗	用专用的针管洗涤剂将针管清洗干净，烘干，针管头部用一次性胶帽进行封堵，备用
2	拆卸取油阀门的堵头	用活动扳手拆卸套管取油阀门的堵头，逆时针旋转
3	取油阀门及取油工装的清洁	用无毛纸蘸取酒精将取油阀门、取油工装清洗干净
4	取油阀门工装的安装	将取油工装顺时针安装在取油阀门上（内侧为 G1/4 螺纹，外侧为 3mm 直管），将透明的干净的胶管安装在取油工装上
5	排出取油阀门附近死油	将小烧杯接在橡胶管附近，用 7mm 扳手打开取油阀门，同时观察流入小烧杯中的油量，达到 20mL 左右时，关闭阀门
6	湿润和冲洗针管	连接取油针管至橡胶管，用 7mm 扳手打开取油阀门，同时观察针管中的油量达到 10mL 左右时，关闭取油阀，用该 10mL 油对针管进行湿润和冲洗，重复 2 次
7	取油	用 7mm 扳手轻轻打开取油阀门，同时观察取油针管中的油量，达到 60mL 时，关闭取油阀，排出针管中的气泡，取油针管用胶帽进行封堵
8	恢复	拆卸取油工装，恢复取油阀门的堵头

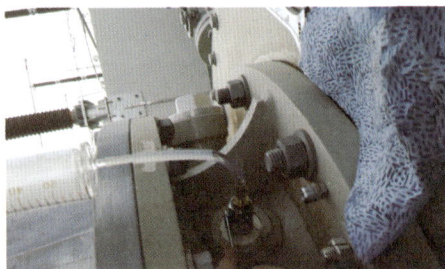

图 4-3-2 GOE 套管取油过程

（二）GOE 型套管取油标准化作业

1. 套管取油注意事项

（1）应优先选择在干燥环境条件下取油样。如果由于某些紧急原因而在任何其他条件下取油样时，应考虑周围干燥、整洁，保护取油样阀附近免受雨淋。

（2）在使用期限内，按照允许最多可以从套管中取 2L 油。

（3）取样前后套管的内部压力不能有变化。

（4）取样完成后，套管需在 12h 内不得带电运行。

2. 作业准备

（1）作业风险评估，提前完成现场勘察记录、作业方案、作业卡、工作票等文本资料编审。

（2）工器具及耗材准备，并且作业前运维单位应与套管单位共同确认作业所需工机具、试验设备是否齐备，状态是否良好，见表 4-3-3。

（3）开工前，应进行现场安全技术交底，形成安全技术交底记录。

表 4-3-3 器具及耗材准备

序号	名称	型号	单位	数量
1	取样注射器	100mL	支	2
2	无尘纸	—	张	5
3	吸油棉	—	张	5
4	取油工装	R1/2″螺纹连接套的取样软管	套	1
5	扳手	F 扳手	把	1
6	酒精	99.99%	瓶	1
7	油桶	10L	个	1

3. 标准化作业步骤

（1）干燥并清理取样阀周围区域。

（2）拆卸取样阀堵头，清洁取样口。

（3）将带有 R1/2″螺纹连接套的取样软管连接在阀口螺纹上。

（4）稍打开取样阀阀门，先排净取样接头的死油及放油管内残存的空气。

（5）利用油本身压力使油注入 100mL 注射器，用油湿润和冲洗注射器 1～2 次。

（6）取样过程要求全密封，即取样连接方式可靠，既不能让油中溶解水分及气体逸散，也不能混入空气，操作时油中不得产生气泡。

（7）当油样达到 60～80mL 时，取下注射器，立即用小胶头封住注射器头部；同时暂时关闭取样阀阀门。

（8）取样结束后检查注射器芯子能自由活动，以避免形成负压空腔。

（9）彻底关闭取样阀阀门，拆除套管取样阀工装；同时将注射器置于专用油样盒内，填好样品标签。

（10）将取样阀堵头复位，堵头上缠绕生胶带 4～5 圈进行封堵。

（11）对取样阀附近进行清洁，检查作业现场有无遗留物。

二、BRDLW 型套管取油标准化作业

（一）BRDLW 型套管取油注意事项

BRDLW 型套管取油口在套管储油柜顶部，如图 4-3-3 所示。取油时，需要乘坐高空作业车，将作业人员送至套管头部，作业人员打开套管储油柜顶部的取油口堵头，通过胶管直接抽取油样，如图 4-3-4 所示。作业过程中，应注意做好防护，空气湿度大于 80％时，严禁取油，防止潮气和异物从取油口进入套管内部，取油所需的材料和工具见表 4-3-4。

表 4-3-4　　　　　　　　　　取油所需材料及工具

序号	类别	名称	规格	数量
1	工器具	玻璃针管	100mL	1 支
2	材料	无毛纸	—	1 块
3	工器具	橡胶管	3mm	0.5m
4	材料	酒精	99.99％	1 瓶
5	工器具	活动扳手	7″	1 把
6	工器具	油桶	10L	1 个
7	工器具	高空作业车	25m	1 辆

图 4-3-3　BRDLW 型套管储油柜取油口

图 4-3-4　BRDLW 型套管取油过程

（二）套管取油标准化作业

（1）作业风险评估，准备作业方案。

（2）工器具及耗材准备。

（三）取油标准化作业步骤

（1）取油针管的清洗，用专用的针管洗涤剂将针管清洗干净，烘干，针管头部用一次性胶帽进行封堵，备用。

（2）取油口附近的清洁，作业人员乘坐高空作业车辆，至套管储油柜上部。用无毛纸蘸取酒精，将取油口附近清洁干净。

（3）取油管的清洁，用无毛纸蘸取酒精将取油胶管擦拭干净。

（4）湿润和冲洗针管将胶管深入到储油柜内部，用针管抽取 10mL 油量，对针管进行湿润和冲洗，重复 2 次。

（5）取油将胶管深入到储油柜内部，用针管抽取 60mL 油量，并将针管内的气泡排出，用胶帽对针管进行封堵。

（6）将取油堵头恢复，恢复前观察堵头的胶圈是否正常。

三、PNO 型套管取油标准化作业

（一）套管取油注意事项

（1）操作时环境湿度不大于 70%，严禁雨天或潮湿天气下进行此操作（室外）。

（2）每次取样量不超过 300mL/支（包含清洁取样针管所用油量），总取油次数不超过 10 次，即总油量不超过 3L。

（3）套管可在水平或竖直状态下进行取样。

（4）每次现场套管取样后对油压进行记录，并根据油温曲线进行三相间压力比较，作为套管历史数据留存。

（二）作业准备

（1）作业风险评估，提前完成现场勘察记录、作业方案、作业卡、工作票等文本资料编审。

（2）工器具及耗材准备，并且作业前运维单位应与套管单位共同确认作业所需工机具、试验设备是否齐备，状态是否良好。取油所需材料如表 4-3-5所示。

（3）开工前，应进行现场安全技术交底，形成安全技术交底记录。

表 4-3-5 取油所需材料及工具

序号	名称	型号	单位	数量
1	取样注射器	100mL	支	2
2	无尘纸	—	张	5
3	吸油棉	—	张	5
4	取油工装	专用工装	套	1
5	扳手	6mm 内六角扳手	把	1
6	酒精	99.99%	瓶	1
7	油桶	10L	个	1

（三）标准化作业步骤

（1）干燥并清理取油样阀周围区域。

（2）解开取样阀铅封。

（3）拆除取样阀封盖。

（4）连接取样工装。

（5）稍打开取样阀阀门，先排净取样接头中的死油及放油管内残存的空气。

（6）利用油本身压力使油注入 100mL 注射器，用油湿润和冲洗注射器 1～2 次。

（7）取样过程要求全密封，即取样连接方式可靠，既不能让油中溶解水分及气体逸散，也不能混入空气，操作时油中不得产生气泡。

（8）当油样达到 60～80mL 时，取下注射器，立即用小胶头封住注射器头部；同时暂时关闭取样阀阀门。

（9）取样结束后检查注射器芯子能自由活动，以避免形成负压空腔。

（10）彻底关闭取样阀阀门，拆除套管取样阀工装；同时将注射器置于专用油样盒内，填好样品标签。

（11）将取样阀密封盖清洁后重新固定到原位置，再次检查确保取样阀已彻底关闭。

（12）重新做好铅封。

（13）对取样阀附近进行清洁，检查作业现场有无遗留物。

第五章 特高压大型充油设备试验

第一节 特高压变压器（电抗器）试验

一、基本参数

以某公司生产的 ODFPS-1000000/1000 型特高压变压器为例，其结构主要由主体变压器、调压变压器及补偿变压器三部分组成，其基本绕组连接如图 5-1-1 所示，特高压变压器技术参数见表 5-1-1，特高压电抗器技术参数见表 5-1-2。

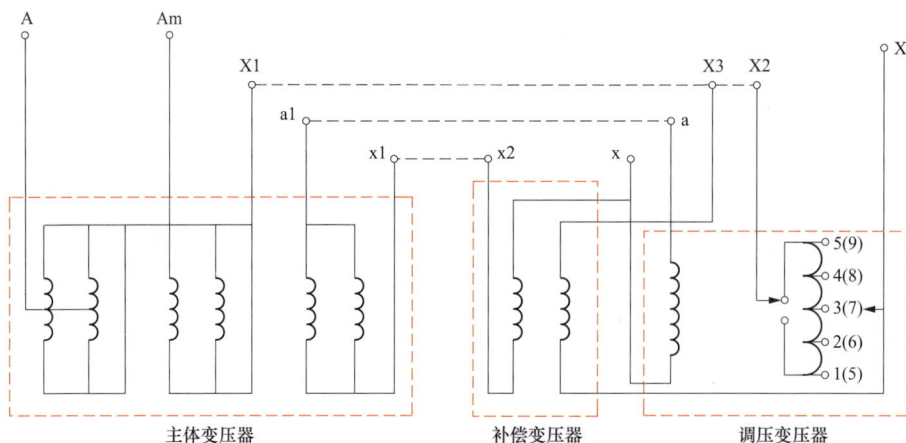

图 5-1-1　特高压变压器绕组连接示意图

A-Am-X1—主体变压器高、中压绕组；a1-x1—主体变压器低压绕组；

X2-X3-X—调压及补偿励磁绕组；a-x-x2—调压励磁及补偿绕组

表 5-1-1 技术参数表

型号	ODFPS-1000000/1000	额定容量（MVA）	1000/1000/334
额定电压（kV）	$1050/\sqrt{3}/525/\sqrt{3}\pm4\times1.25\%/110$	冷却方式	OFAF
绝缘水平（kV）	h. v. /m. v. 中性点端子 LI/AC 325/140		
	l. v 线路端子 LI/AC 650/275		
调压变压器			
额定容量（MVA）	51.6/51.6	额定电压（kV）	109.981/29.725
补偿变压器			
额定容量（MVA）	17.1/17.1	额定电压（kV）	29.725/5.396
绝缘水平（kV）	X2-X3-X 中性点端子 LI/AC 325/140		
	a-x-x2 线路端子 LI/AC 650/275		

表 5-1-2 特高压电抗器技术参数表

额定容量（Mvar）	240	额定电压（kV）	$1100/\sqrt{3}$
额定电流（A）	377.9	联结方式	YN
绝缘水平（kV）	线路端子 SI/LI/AC 1800/2250/1100		
	中性点端子 LI/AC 650/275		

二、常规试验

（一）特高压变压器（电抗器）绕组连同套管的绝缘试验

1. 试验目的

测量变压器（电抗器）绕组绝缘电阻、吸收比和极化指数能有效地检查出整体受潮、部件表面受潮或脏污以及贯穿性的集中性缺陷，如绝缘子破裂、引线靠壳、器身内部有金属接地、绕组围裙严重老化、绝缘油严重受潮等缺陷。

2. 试验方法

（1）采用 5000V 绝缘电阻表测量。

（2）测量前被试绕组应充分放电。

（3）测量温度以顶层油温为准，使每次测量温度相近。在油温低于 50℃时测量，不同温度下的绝缘电阻值一般可按下式计算：$R_2=R_1\times1.5(t_1-t_2)/10$，式中 R_1、R_2 分别为温度为 t_1、t_2 时的绝缘电阻值，吸收比和极化指数不进行温度换算。

（4）确认无误后，进行测量，读取 15s、60s、10min 绝缘电阻值，按下式计算吸收比、极化指数。吸收比＝R_{60s}/R_{15s}、极化指数＝R_{10min}/R_{60s}。

（5）主体变压器、调压补偿变压器及高压电抗器绕组连同套管绝缘电阻试验共有 9 种接线方法，如图 5-1-2 所示。

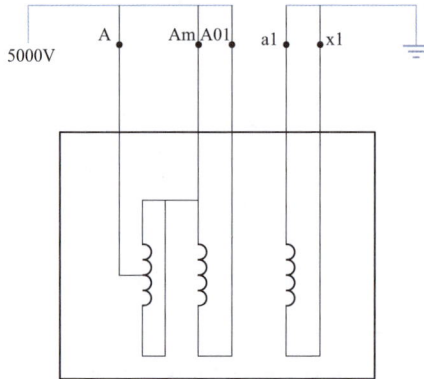

图 5-1-2　高压绕组与中压绕组对低压绕组及地接线图

1）主体变压器高压绕组与中压绕组对低压绕组及地（HV＋MV－LV＋地），采用 5000V 电压挡位测试。

2）主体变压器高压绕组与中压绕组对低压绕组（HV＋MV－LV），采用 5000V 电压挡位测试，如图 5-1-3 所示。

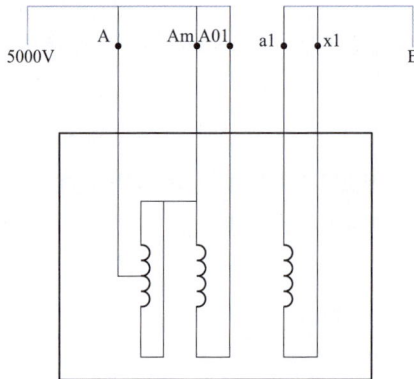

图 5-1-3　高压绕组与中压绕组对低压绕组接线图

3）主体变压器低压绕组对高压绕组与中压绕组及地（LV－HV＋MV＋地），采用 5000V 电压挡位测试，如图 5-1-4 所示。

4）主体变压器高压绕组、中压绕组与低压绕组对地（HV＋MV＋LV－地），采用 5000V 电压挡位测试，如图 5-1-5 所示。

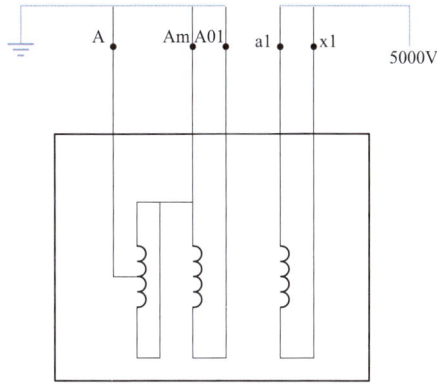

图 5-1-4　低压绕组对高压绕组与中压绕组及地接线图

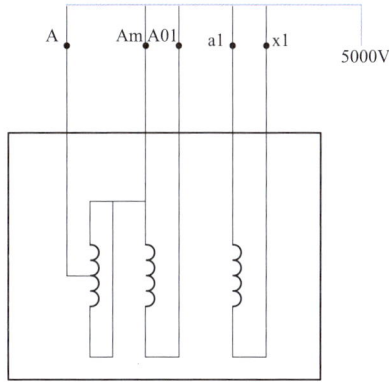

图 5-1-5　高压绕组、中压绕组与低压绕组对地接线图

5）调压补偿变压器中性点调压绕组对低压绕组及地（A02A03＋A0－a＋x2＋x＋地），采用 5000V 电压挡位测试，如图 5-1-6 所示。

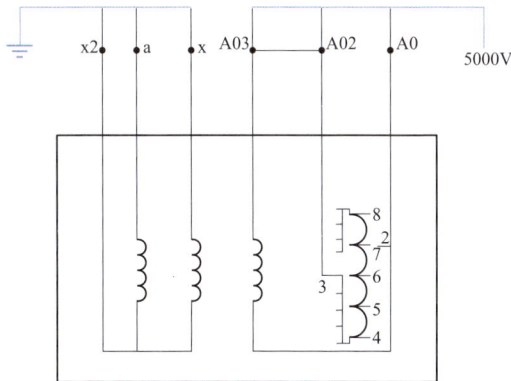

图 5-1-6　中性点调压绕组对低压绕组及地接线图

6）调压补偿变压器低压绕组对中性点调压绕组及地（a＋x2＋x－A02A03＋A0＋地），采用5000V电压挡位测试，如图5-1-7所示。

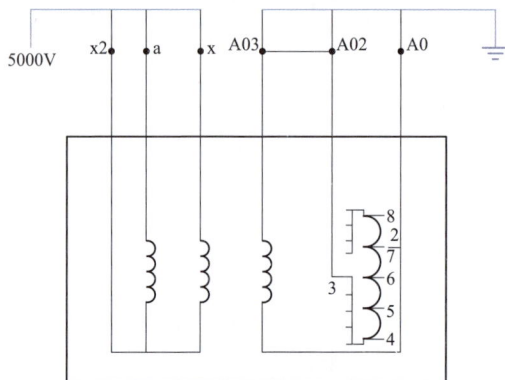

图5-1-7　低压绕组对中性点调压绕组及地接线图

7）调压补偿变压器低压绕组对中性点调压绕组（a＋x2＋x－A02A03＋A0），采用5000V电压挡位测试，如图5-1-8所示。

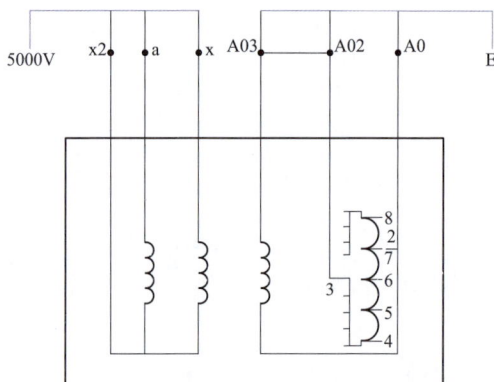

图5-1-8　低压绕组对中性点调压绕组接线图

8）调压补偿变压器中性点调压绕组与低压绕组对地（A02A03＋A0＋a＋x2＋x－地），采用5000V电压挡位测试，如图5-1-9所示。

9）高压电抗器绕组对地（x2＋x－地）测试接线，采用5000V电压挡位测试，如图5-1-10所示。

3. 判断标准

（1）绝缘电阻换算至同一温度下，与初值相比应无明显变化。

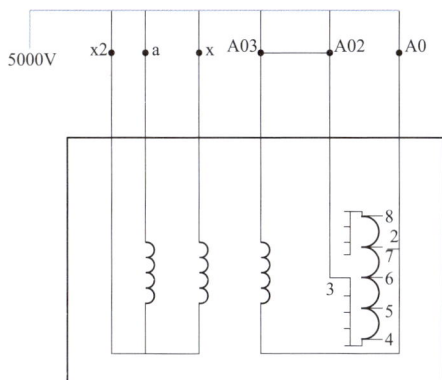

图 5-1-9　中性点调压绕组与
低压绕组对地接线图

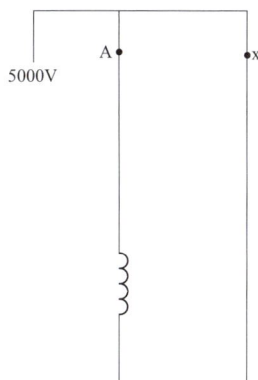

图 5-1-10　高压电抗器
绕组对地接线图

（2）在 10～40℃ 范围内，吸收比一般不低于 1.3，极化指数不低于 1.5，绝缘电阻大于 10 000MΩ 时，吸收比和极化指数可仅作参考。

（二）特高压变压器及高压电抗器绕组连同套管的介质损耗因数 $\tan\delta$ 和电容量试验

1. 试验目的

为检查变压器整体是否受潮、绝缘油及纸是否劣化、绕组上是否附着油泥及存在严重局放等缺陷，需要进行介质损耗因数 $\tan\delta$ 和电容量试验。

2. 试验方法

（1）测量温度以变压器上层油温为准，尽量使每次测量的温度相近。且应在变压器上层油温低于 50℃ 时测量，不同温度下的 $\tan\delta$ 值应换算到同一温度下进行比较。

（2）当测量回路引线较长时，有可能产生较大的误差，因此必须尽量缩短引线。

（3）试验电压选择 10kV，试验接线根据测试需要选择正接线或者反接线。

（4）主体变压器、调压补偿变压器及高压电抗器绕组连同套管介质损耗因数及电容量试验共有 9 种接线方法。

1）主体变压器高压绕组与中压绕组对低压绕组及地（HV＋MV －LV ＋地），采用 10kV 电压挡位，选择反接线测试，如图 5-1-11 所示。

2）主体变压器高压绕组与中压绕组对低压绕组（HV＋MV －LV），采用 10kV 电压挡位，选择正接线测试，如图 5-1-12 所示。

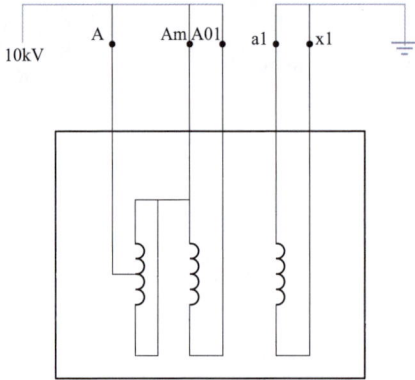

图 5-1-11　高压绕组与中压绕组对
低压绕组及地接线图

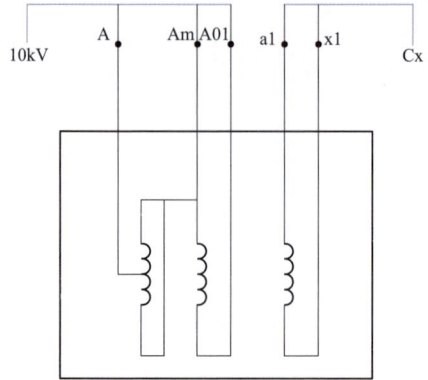

图 5-1-12　高压绕组与中压绕组对
低压绕组接线图

3）主体变压器低压绕组对高压绕组与中压绕组及地（LV－HV＋MV＋地），采用 10kV 电压挡位，选择反接线测试，如图 5-1-13 所示。

4）主体变压器高压绕组、中压绕组与低压绕组对地（HV＋MV＋LV－地），采用 10kV 电压挡位，选择反接线测试，如图 5-1-14 所示。

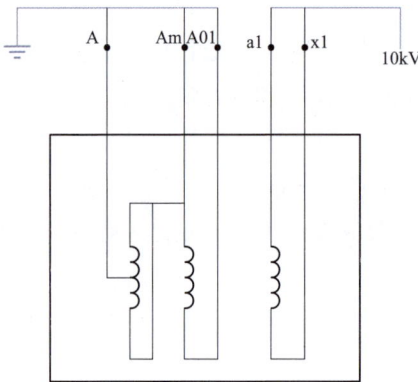

图 5-1-13　低压绕组对高压绕组与
中压绕组及地接线图

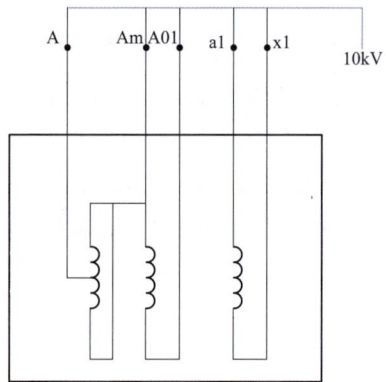

图 5-1-14　高压绕组、中压绕组与
低压绕组对地接线图

5）调压补偿变压器中性点调压绕组对低压绕组及地（A02A03＋A0－a＋x2＋x＋地），采用 10kV 电压挡位，选择反接线测试，如图 5-1-15 所示。

6）调压补偿变压器低压绕组对中性点调压绕组及地（a＋x2＋x－A02A03＋A0＋地），采用 10kV 电压挡位，选择反接线测试，如图 5-1-16 所示。

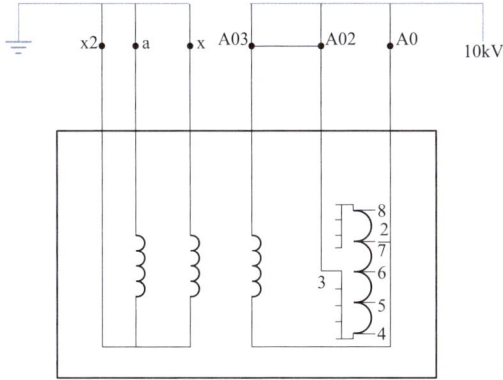

图 5-1-15 中性点调压绕组对低压绕组及地接线图

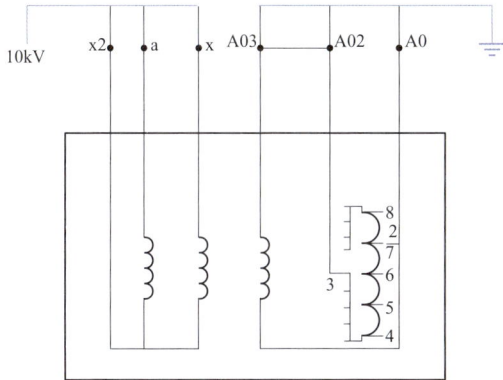

图 5-1-16 低压绕组对中性点调压绕组及地接线图

7）调压补偿变压器低压绕组对中性点调压绕组（a＋x2＋x-A02A03＋A0），采用 10kV 电压挡位，选择正接线测试，如图 5-1-17 所示。

8）调压补偿变压器中性点调压绕组与低压绕组对地（A02A03＋A0＋a＋x2＋x-地），采用 10kV 电压挡位，选择反接线测试，如图 5-1-18 所示。

9）高压电抗器绕组（x2-x 绕组）对地测试接线，采用 10kV 电压挡位，选择反接线测试，如图 5-1-19 所示。

3.试验标准

（1）测试结果应换算到同一温度下进行比较，其值应不大于出厂试验值的 1.3 倍。按照 $\tan\delta_2＝\tan\delta_1×1.3\ (t_2－t_1)\ //10$，式中 $\tan\delta_1$、$\tan\delta_2$ 为温度 t_1、t_2 时的 $\tan\delta$ 值。

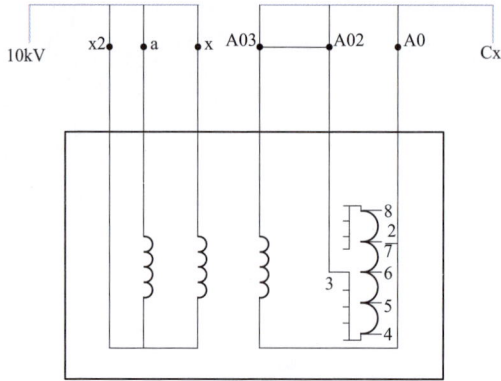

图 5-1-17　低压绕组对中性点调压绕组接线图

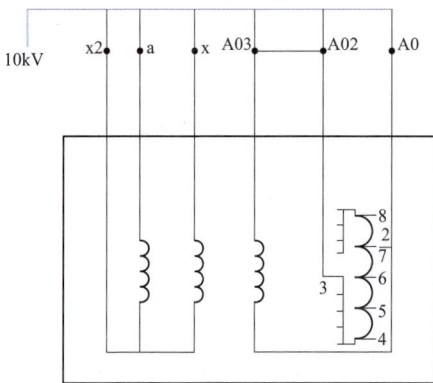

图 5-1-18　中性点调压绕组与
低压绕组对地接线图

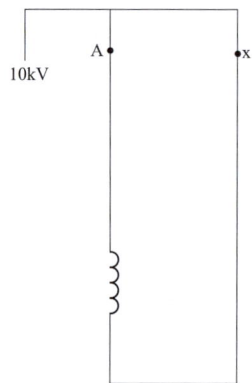

图 5-1-19　高压电抗器绕组接线图

（2）20℃时，tanδ≤0.006。

（3）tanδ 值和电容量与初值比较不应有显著变化。

（三）铁芯及夹件的绝缘电阻试验

1. 试验目的

为检查铁芯及夹件的绝缘状况，防止出现铁芯及夹件多点接地，需要对铁芯及夹件进行绝缘电阻试验。

2. 试验方法

（1）应测量铁芯对地绝缘电阻，将铁芯接地排打开接入绝缘电阻表的"L"端，外壳及地接入绝缘电阻表的"E"端，加压，选择 2500V 电压挡进行加压。

（2）应测量夹件对地绝缘电阻，将夹件接地排打开接入绝缘电阻表的"L"端，外壳及地接入绝缘电阻表的"E"端，加压，选择 2500V 电压挡进行加压。

（3）应测量铁芯对夹件绝缘电阻，将铁芯接地排打开接入绝缘电阻表的"L"端，将夹件接地排打开接入绝缘电阻表的"E"端，加压，选择 2500V 电压挡进行加压。

3. 试验标准

采用 2500V 绝缘电阻表进行绝缘电阻测量，持续 1min，无击穿闪络现象，与初值相比无显著差别，绝缘电阻值不小于 100MΩ。

（四）特高压变压器及高压电抗器套管的绝缘电阻试验

1. 试验目的

测试套管的绝缘电阻能有效地发现其绝缘整体受潮、脏污、管穿性缺陷，以及绝缘击穿和严重过热老化等缺陷。

2. 试验方法

（1）套管主绝缘：将套管的一次侧（导电杆）接入绝缘电阻表的"L"端，末屏接入绝缘电阻表的"E"端，加压，选择 2500V 电压挡进行加压。

（2）末屏绝缘：将套管的末屏接入绝缘电阻表的"L"端，外壳及地接入绝缘电阻表的"E"端，选择 2500V 电压挡进行加压。

3. 试验标准

（1）主绝缘的绝缘电阻值不应低于 10 000MΩ。

（2）末屏对地的绝缘电阻值不应低于 1000MΩ。

（五）特高压变压器及高压电抗器套管的介质损耗因数 tanδ 和电容量试验

1. 试验目的

为检查套管是否存在绝缘劣化、受潮、电容层短路、漏油和其他局部缺陷，需开展套管的介质损耗因数 tanδ 和电容量试验。

2. 试验方法

（1）测量末屏对地介质损耗角正切值 tanδ 时的试验电压为 2000V，采用反接线进行测量。

（2）测量套管 tanδ 时，与被试套管相连的所有绕组端子连在一起加压，其余绕组端子均接地，末屏接电桥，正接线测量，试验电压 10kV。

3. 试验标准

（1）测试油纸电容式套管的 tanδ 一般不进行温度换算，当 tanδ 与出厂值或上一次测试值比较有明显增长或接近规定数值时应综合分析。

（2）0℃时的 tanδ 值，主绝缘应不大于 0.006，末屏对地应不大于 0.01。

（3）电容量与初值比不超过±2%。

（六）特高压变压器及高压电抗器绕组连同套管的直流电阻试验

1. 试验目的

为检查绕组内部导线接头的焊接质量、引线与绕组接头的焊接质量、电压分接开关各个分接位置及引线与套管的接触是否良好、载流部分有无断路、接触不良以及绕组有无短路现象，因此需要定期开展绕组连同套管的直流电阻试验。

2. 试验方法

（1）测量应在所有分接位置上进行，1000kV 绕组测试电流不宜大于 2.5A，500kV 绕组测试电流不宜大于 5A，110kV 绕组测试电流不宜大于 20A；当测量调压补偿变压器直流电阻时，非测量绕组应至少有一端与其他回路断开。

（2）测量温度应以油平均温度为准，不同温度下的电阻值换算公式为 $R_2 = R_1 \times (T + t_2)/(T + t_1)$，其中 R_1、R_2 分别为在温度 t_1、t_2 时的电阻值（Ω）；T 为电阻温度常数，铜导线取 235；t_1、t_2 为不同的测量温度（℃）。

（3）主体变压器、调压补偿变压器及高压电抗器绕组连同套管直流电阻试验共有 10 种接线方法：

1）主体变压器高压绕组（HV 绕组）直流电阻测试接线如图 5-1-20 所示，选择试验电流不大于 2.5A 测试。

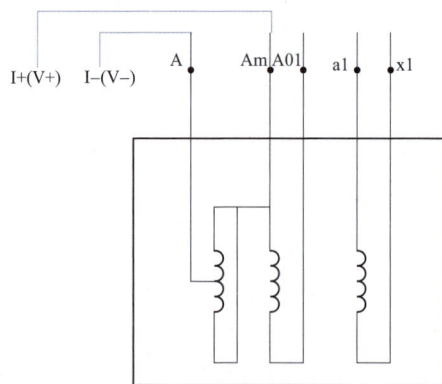

图 5-1-20　高压绕组接线图

2）主体变压器中压绕组（MV 绕组）直流电阻测试接线如图 5-1-21 所示，选择试验电流不大于 5A 测试。

3）主体变压器低压绕组（LV 绕组）直流电阻测试接线如图 5-1-22 所示，选择试验电流不大于 20A 测试。

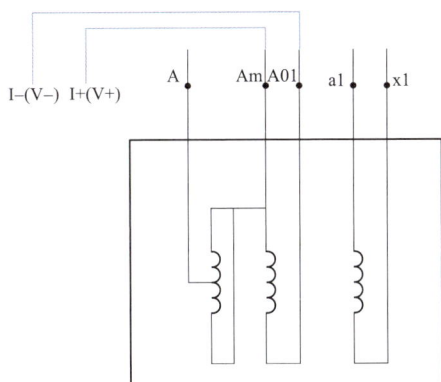

图 5-1-21　中压绕组接线图　　　图 5-1-22　低压绕组接线图

4）调压补偿变压器中性点调压绕组（A02-A0 绕组）直流电阻测试接线如图 5-1-23 所示，选择试验电流不大于 20A 测试。

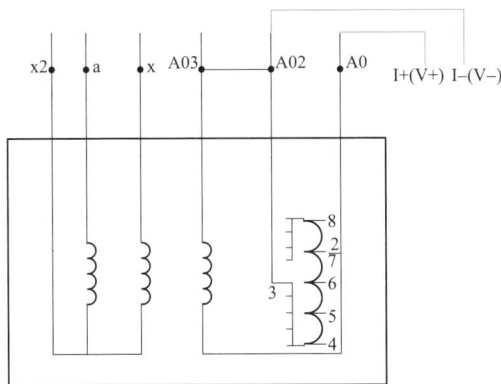

图 5-1-23　中性点调压绕组接线图（一）

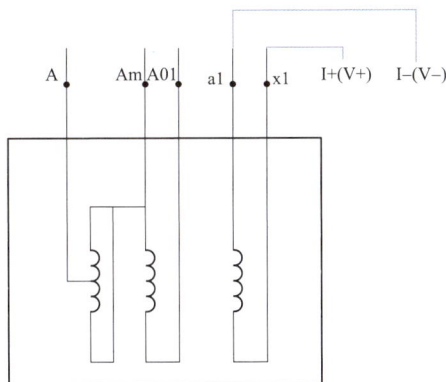

5）调压补偿变压器中性点调压绕组（A02A03-A0 绕组）直流电阻测试接线如图 5-1-24 所示，选择试验电流不大于 20A 测试。

6）调压补偿变压器中性点调压绕组（A03-A0 绕组）直流电阻测试接线如图 5-1-25 所示，选择试验电流不大于 20A 测试。

223

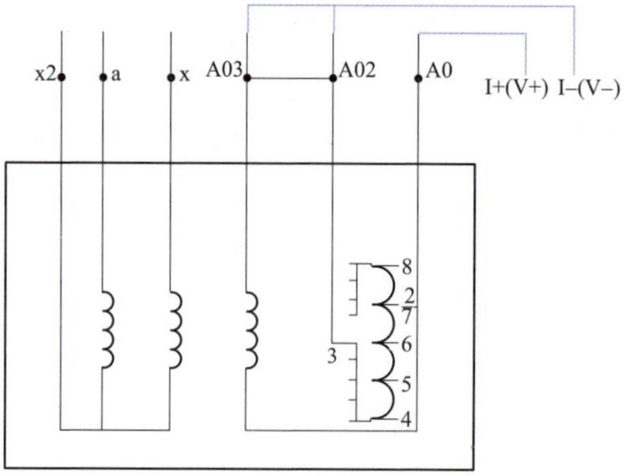

图 5-1-24　中性点调压绕组接线图（二）

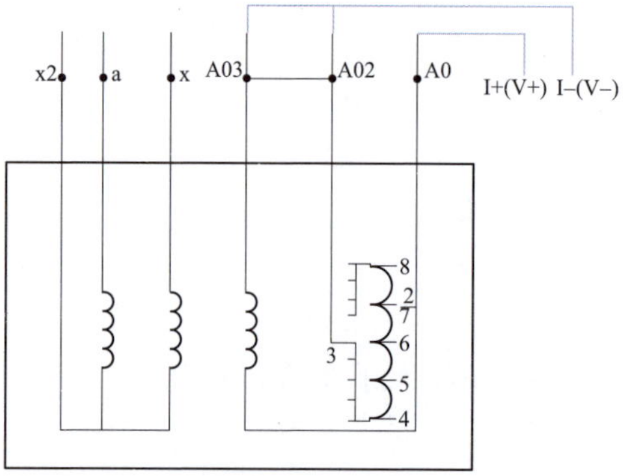

图 5-1-25　中性点调压绕组接线图（三）

7）调压补偿变压器低压绕组（a-x 绕组）直流电阻测试接线如图 5-1-26 所示，选择试验电流不大于 20A 测试。

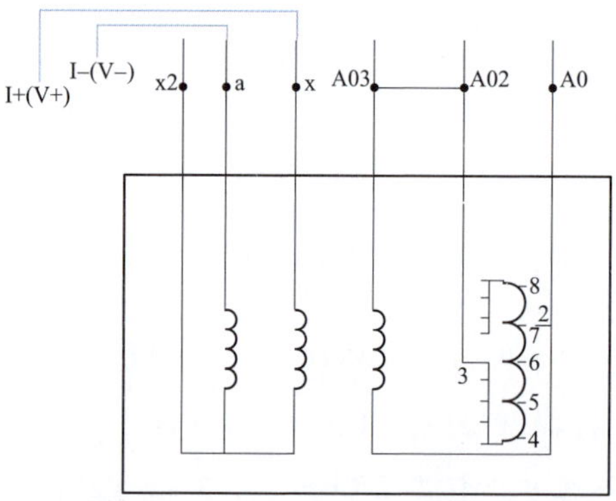

图 5-1-26　低压绕组接线图（一）

8）调压补偿变压器低压绕组（a-x2 绕组）直流电阻测试接线如图 5-1-27 所示，选择试验电流不大于 20A 测试。

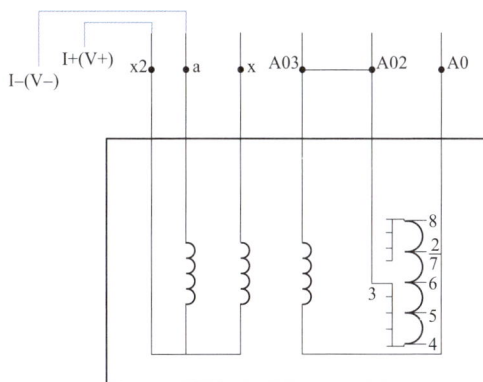

图 5-1-27　低压绕组接线图（二）

9）调压补偿变压器低压绕组（x2-x 绕组）直流电阻测试接线如图 5-1-28 所示，选择试验电流不大于 20A 测试。

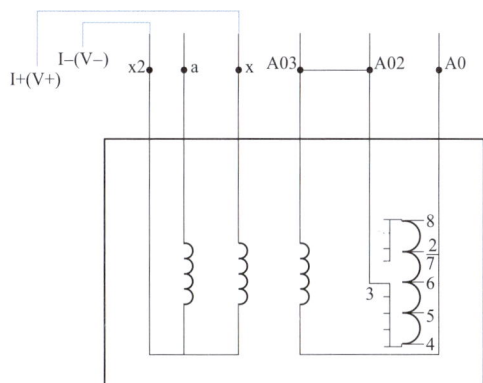

图 5-2-28　低压绕组接线图（三）

10）高压电抗器绕组（x2-x 绕组）直流电阻测试接线如图 5-1-29 所示，选择试验电流不大于 20A 测试。

3. 试验标准

（1）各相绕组电阻相互间的差别不应大于三相平均值的 2%。

（2）各相绕组电阻与以前相同部位、相同温度下的历次结果相比，不应有明显的差别，其差别不应大于 2%，当超过 2% 时应引起注意。

225

（七）特高压电抗器绕组的直流泄漏电流试验

1. 试验目的

为检查电抗器套管瓷质绝缘的裂纹、夹层绝缘的内部受潮及局部松散断裂、绝缘油劣化、绝缘的沿面炭化等缺陷，需要定期开展电抗器的直流泄漏电流试验。

2. 试验方法

（1）直流试验电压 60kV，读取 1min 时的泄漏电流值。

（2）将高压接线端子与中性点接线端子短接进行加压，试验接线如图 5-1-30 所示。

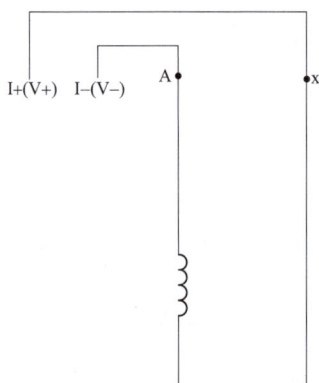

图 5-1-29　高压电抗器绕组接线图　　　　图 5-1-30　高压电抗器绕组直流泄漏接线图

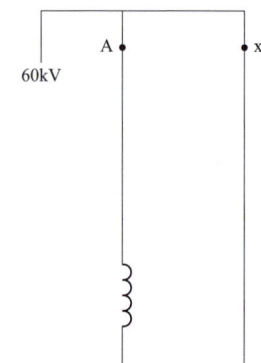

3. 试验标准

读取 1min 的泄漏电流值，与初值比较无明显变化。

三、特殊试验

（一）低电压空载试验

1. 试验目的

为了考核特高压变压器现场安装后空载损耗及空载电流是否满足合同要求，进行低电压空载试验。

2. 试验方法

分别对主体变压器、调压变压器及补偿变压器进行试验，进行主体变压器低电压空载试验时，在 a1-x1 绕组加压，A-Am-X1 绕组开路；进行调压变压器试验时，分接开关置于 1 分接位置，在调压变压器励磁绕组 a-x 绕组加压，xx2 与 X2-X3-X 绕组开路，公共中性点 x、X 接地；进行补偿变压器试验时，分接开关置于 1 分接位置，在补偿变压器励磁绕组 X-X3 加压，X-X2 与 a-x2-x 绕组开路，公共中性点 x、X 接地。试验接线如图 5-1-31～图 5-1-33 所示。

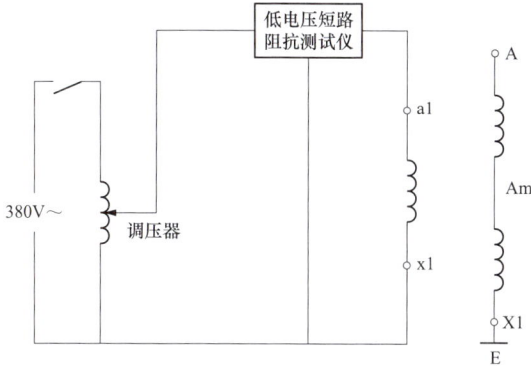

图 5-1-31　主体变压器低电压空载试验接线

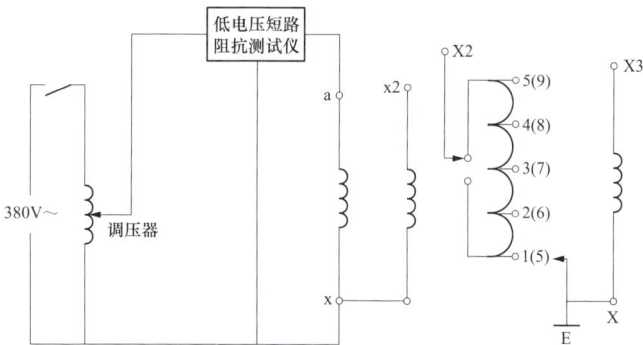

图 5-1-32　调压变压器低电压空载试验接线

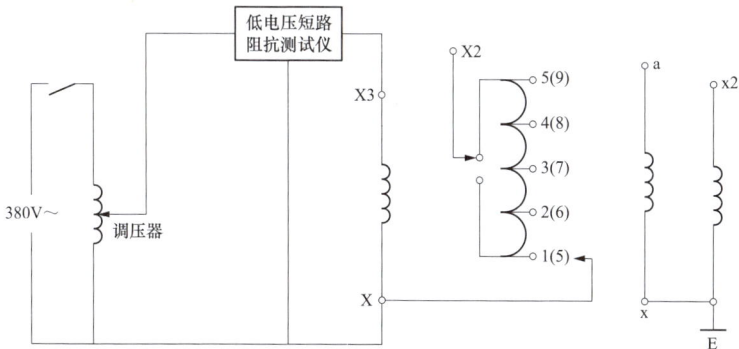

图 5-1-33　补偿变压器低电压空载试验接线

227

3. 试验判断标准

（1）应测量变压器在 380V 电压下的空载损耗和空载电流，低电压空载试验宜在直流电阻试验前进行。

（2）380V 电压下测量的空载损耗和空载电流与例行试验时在相同电压下测试值相比应无明显变化。

（3）三相在 380V 电压下测量的空载损耗和空载电流应无明显差异。

（二）绕组频响特性试验

1. 试验目的

为了考核变压器经过运输、安装、线圈检修等作业后绕组有无变形，需对变压器进行绕组频率响应特性试验。

2. 试验方法

测试方法及测试绕组应尽可能与厂家出厂试验保持一致，本例中分别对主体变压器的 A-X1、Am-X1 及调压补偿变压器各绕组进行测试。进行调压补偿变压器试验前须将调压开关置于最大分接。各绕组试验接线如图 5-1-34～图 5-1-40 所示，非被试绕组端部悬空。

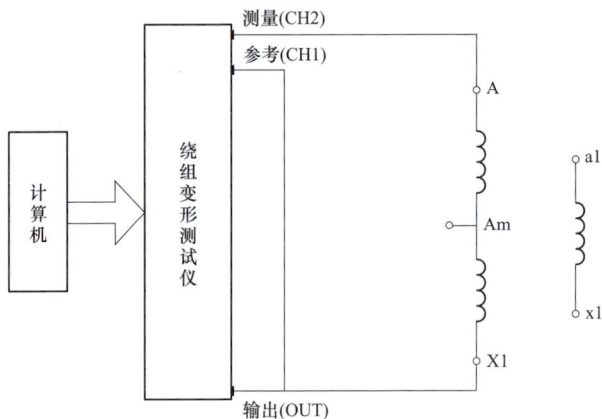

图 5-1-34　A-X1 试验接线

3. 判断标准

（1）对测试结果用三相横向比较法进行比较，以判断测试结果是否符合检测要求，相关系数的大小可作为判断绕组变形的辅助手段，具体数值如表 5-1-3 所示。

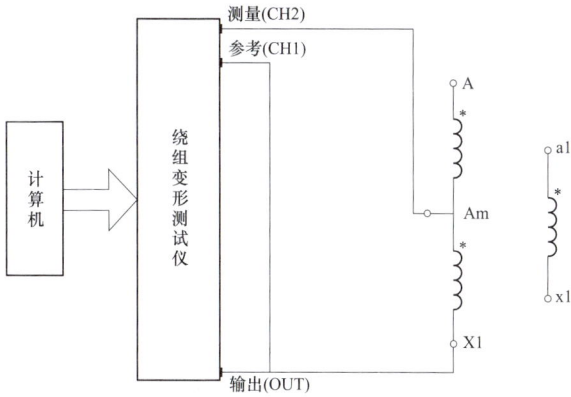

图 5-1-35　Am-X1 试验接线

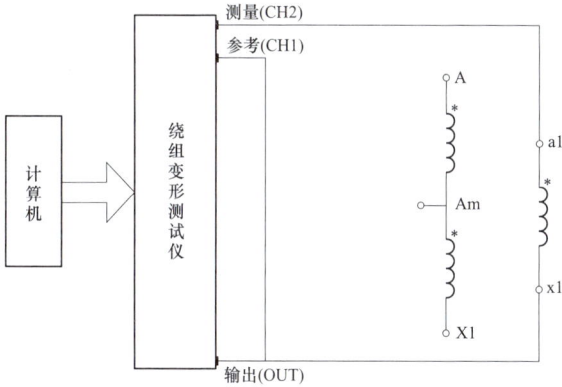

图 5-1-36　主体变压器低压绕组试验接线

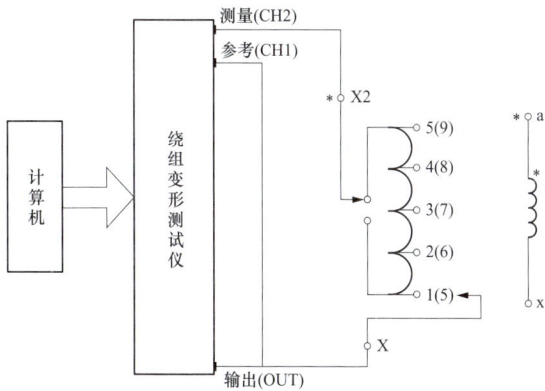

图 5-1-37　调压变压器调压绕组试验接线

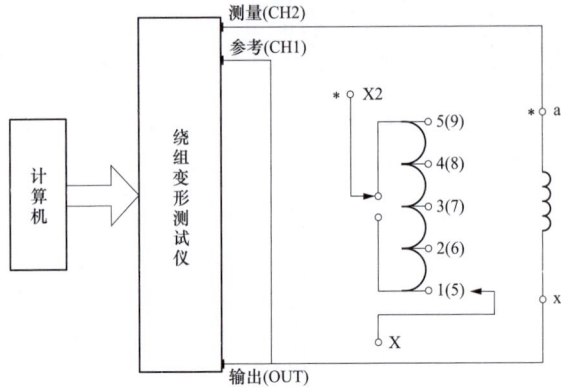

图 5-1-38　调压变压器调压励磁绕组试验接线

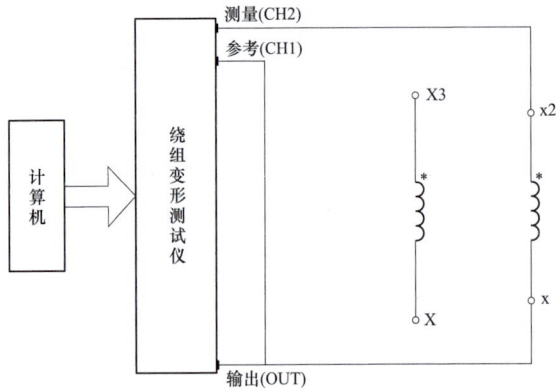

图 5-1-39　补偿变压器补偿绕组试验接线

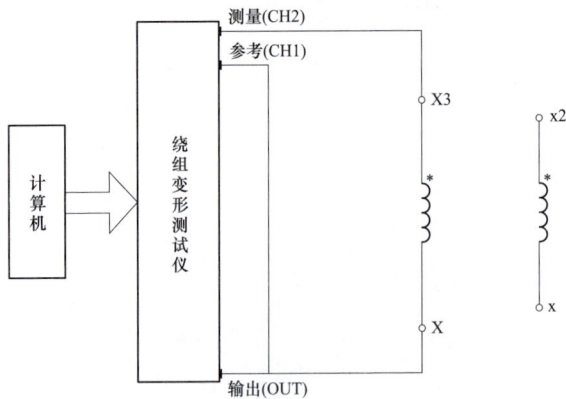

图 5-1-40　补偿变压器补偿励磁绕组试验接线

表 5-1-3　　　　　　　相关系数与变压器绕组变形程度的关系

绕组变形程度	相关系数 R
严重变形	$R_{LF}<0.6$
明显变形	$1.0>R_{LF}\geqslant0.6$ 或 $R_{MF}<0.6$
轻度变形	$2.0>R_{LF}\geqslant1.0$ 或 $0.6\leqslant R_{MF}<1.0$
正常绕组	$R_{LF}\geqslant2.0$ 和 $R_{MF}\geqslant1.0$ 和 $R_{HF}\geqslant0.6$

注　R_{LF}为曲线在低频段（1~100kHz）内的相关系数；R_{MF}为曲线在中频段（100~600kHz）内的相关系数；R_{HF}为曲线在高频段（600kHz~1MHz）内的相关系数。

（2）由于变压器三相之间的频谱图存在一定的差异，为准确判断绕组变形情况，应与出厂或交接时测量的频谱图进行比较。

（3）结合小电流短路阻抗测量结果综合分析。

（三）低电压短路阻抗试验

1. 试验目的

为了考核特高压变压器短路阻抗及负载损耗是否满足合同要求，进行小电流短路阻抗试验。

2. 试验方法

试验分别对主体变压器及调压补偿变压器各绕组进行测试。进行调压补偿变压器试验前须将调压开关置于最大分接。

（1）主体变压器高压绕组加压，低压绕组短路阻抗试验。将额定频率的380V 电压施加于高压绕组（A-X1）上，中压绕组（Am-X1）开路，低压绕组（a1-x1）短接，进行短路阻抗的测量，测试接线图如图 5-1-41 所示。

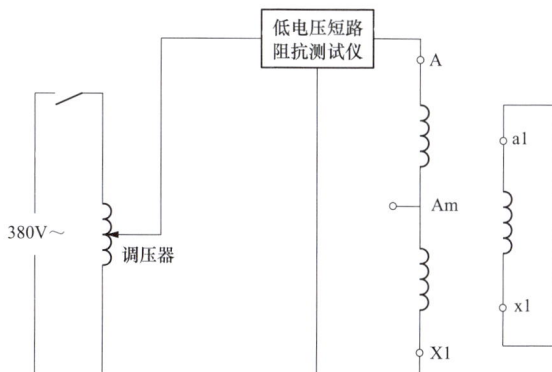

图 5-1-41　主体变压器高压绕组对低压绕组短路阻抗测试接线图

（2）主体变压器高压绕组加压，中压绕组短路阻抗试验。将 5A 电流施加于高压绕组（A-X1）上，中压绕组（Am-X1）短接，低压绕组（a1-x1）开路，进行短路阻抗的测量，测试接线图如图 5-1-42 所示。

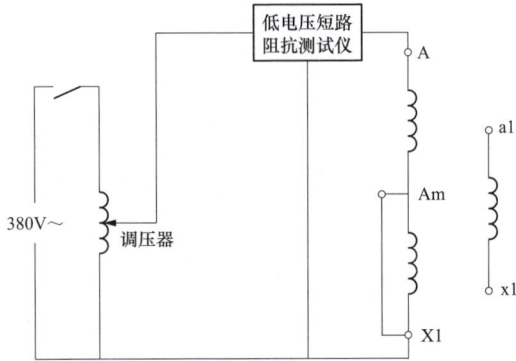

图 5-1-42　主体变压器高压绕组对中压绕组短路阻抗测试接线图

（3）主体变压器中压绕组加压，低压绕组短路阻抗试验。将 5A 电流施加于中压绕组（Am-X1）上，高压绕组（A-X1）开路，低压绕组（a1-x1）短接，进行短路阻抗的测量，测试接线图如图 5-1-43 所示。

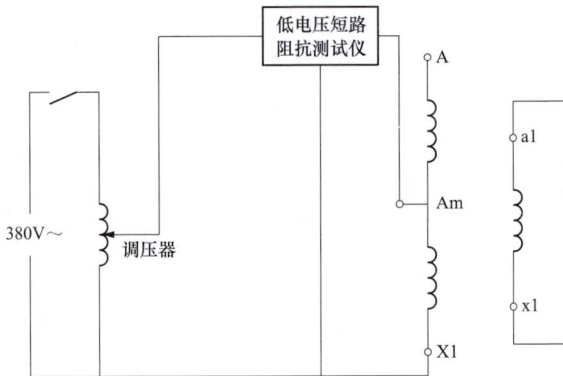

图 5-1-43　主体变压器中压绕组对低压绕组短路阻抗测试接线图

（4）调压变压器短路阻抗试验。将 5A 电流施加于励磁绕组（a-x）上，调压绕组（X-X2）短接，在各分接上分别进行短路阻抗的测量，测试接线图如图 5-1-44 所示。

（5）补偿变压器短路阻抗试验。将 5A 电流施加于励磁绕组（X-X3）上，

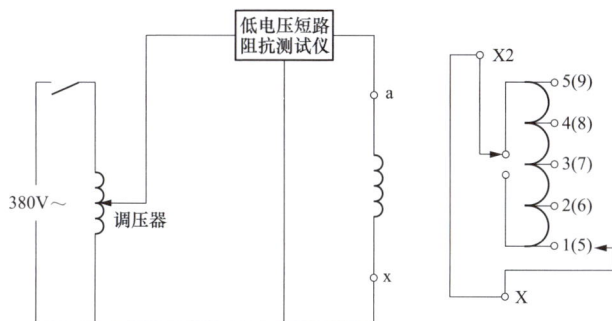

图 5-1-44 调压变压器短路阻抗测试接线图

补偿绕组（x-x2）短接，进行短路阻抗的测量，测试接线图如图 5-1-45 所示。

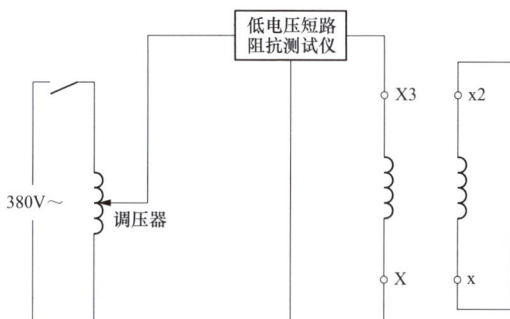

图 5-1-45 补偿变压器短路阻抗测试接线图

3. 判断标准

变压器在 5A 电流下测量的短路阻抗与相同电流下例行试验相比无明显变化。

（四）绕组连同套管外施工频耐压试验

1. 试验目的

为了考核特高压变压器、高压电抗器主绝缘强度，检查线圈绝缘是否存在受潮、干裂或安装过程中由于振动引起的线圈松动、位移而造成的引线绝缘问题，保证其绝缘水平，进行外施耐压试验。

2. 试验方法

试验前套管电流互感器二次侧短路接地；试验时变压器、电抗器外壳接地，铁芯夹件接地良好，被试绕组短路施加交流试验电压。外施工频耐压试验的接线如图 5-1-46～图 5-1-50 所示。

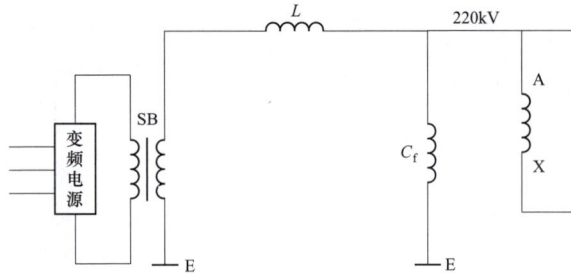

图 5-1-46　高压电抗器外施工频耐压试验接线

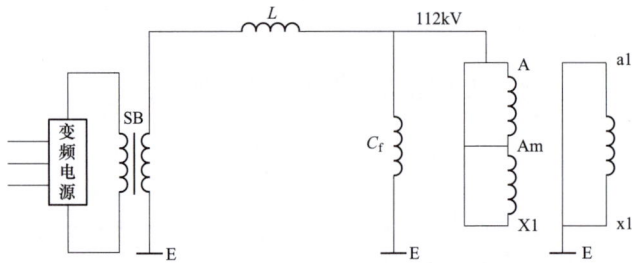

图 5-1-47　主体变压器高中压绕组对低压绕组及地试验接线

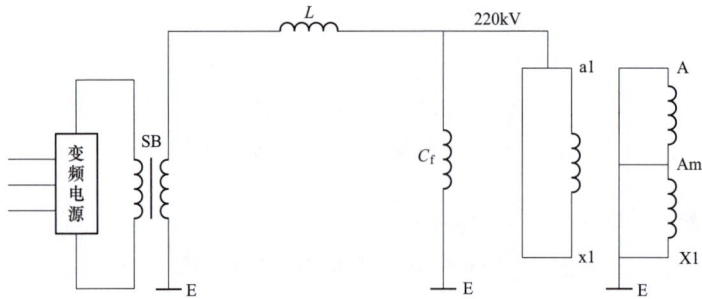

图 5-1-48　主体变压器低压绕组对高中压绕组及地试验接线

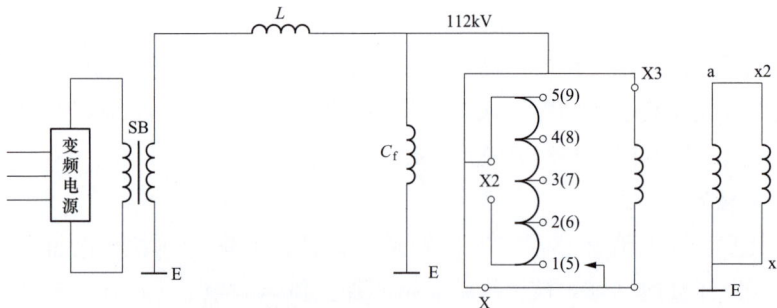

图 5-1-49　调压及补偿励磁绕组对补偿、调压励磁绕组及地试验接线

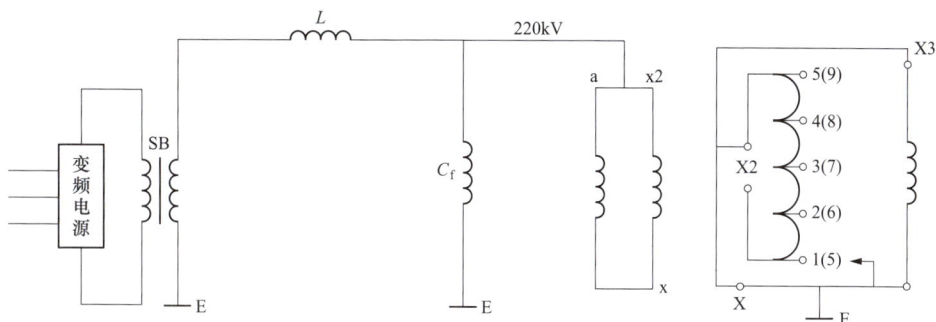

图 5-1-50　补偿及调压励磁绕组对调压、补偿励磁绕组及地试验接线

3. 判断标准

外施耐压试验时试验电压为例行试验电压值的 80%，外施交流耐受电压试验应采用不低于 80% 额定频率，波形尽可能接近正弦波的单相交流电压进行。试验电压一般是频率为 45~65Hz 的交流电压，施加电压时间为 1min。

外施耐压试验前，对被试绕组进行绝缘电阻测量，确认绝缘电阻正常后方可升压，升压必须从零开始，不可冲击合闸。加压时应平稳升压，速度约为每秒 3% 的试验电压。升至试验电压后保持 1min，迅速降至零，然后切断电源。外施耐压试验后，需对被试绕组再次进行绝缘电阻测试，试验前后被试绕组绝缘电阻值应无明显变化。

在试验过程中，高压电抗器如果没有出现绝缘击穿、外表闪络、电压突然下降等现象，且试验前后高压电抗器油色谱分析结果无明显差别，则认为被试品试验通过。

（五）主体变压器长时感应耐压带局部放电试验

1. 试验目的

为了考核特高压变压器在运输、安装后的绝缘性能，确认及绝缘状况是否良好，需要进行长时感应耐压带局部放电测量试验。

2. 试验方法

由于目前多数在运特高压变压器电抗器生产和试验标准参照 GB 1094.3—2003《电力变压器　第 3 部分：绝缘水平、绝缘试验和外绝缘空气间隙》，未执行 GB/T 1094.3—2017《电力变压器　第 3 部分：绝缘水平、绝缘试验和外绝缘空气间隙》相关要求，因此，本部分针对在运变压器局部放电试验依照 GB 1094.3—2003《电力变压器　第 3 部分：绝缘水平、绝缘试验和外绝缘空气间隙》要求执行。主体变压器高压侧对地的试验电压及其加压程序如图 5-1-51 所示。

（1）接通电源。

（2）电压上升到 $1.1U_m/\sqrt{3}$，保持 5min。

（3）电压上升到 $1.3U_m/\sqrt{3}$，保持 5min。

（4）电压上升到 $1.5U_m/\sqrt{3}$，当试验电压频率等于或小于 2 倍额定频率时，试验持续时间应为 60s，当试验电压频率大于两倍额定频率时，试验持续时间应为 $120\times\dfrac{\text{额定频率}}{\text{试验频率}}$（s），但不少于 15s。

（5）不间断的将电压降低到 $1.3U_m/\sqrt{3}$，并至少保持 60min，以便进行局部放电测量。

（6）不间断的将电压降低到 $1.1U_m/\sqrt{3}$，保持 5min。

（7）当电压降低至零时，方可断开电源。

各阶段对应电压值应为：$U_1=1.5U_m/\sqrt{3}$；$U_2=1.3U_m/\sqrt{3}$；$U_3=1.1U_m/\sqrt{3}$；$U_m=1100kV$。

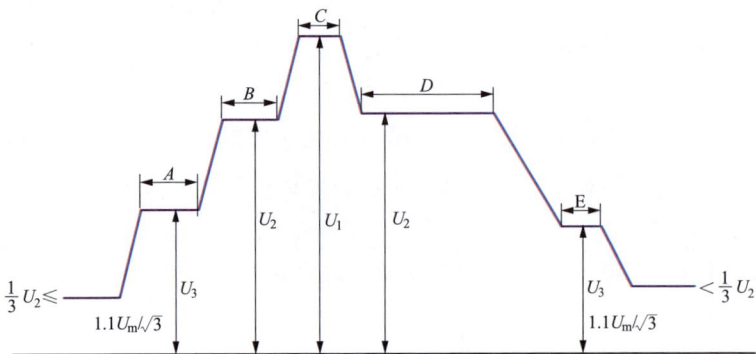

图 5-1-51　主体变局部放电试验加压程序示意图

试验采用低压励磁、单边加压的方式，同时在高压、中压以及低压绕组监测局部放电信号。局部放电试验接线如图 5-1-52 所示。

3. 判断标准

在施加试验电压整个期间应按下述方法检测局部放电。

（1）在电压上升到 U_2 及由 U_2 下降的过程中，应记录可能出现的局部放

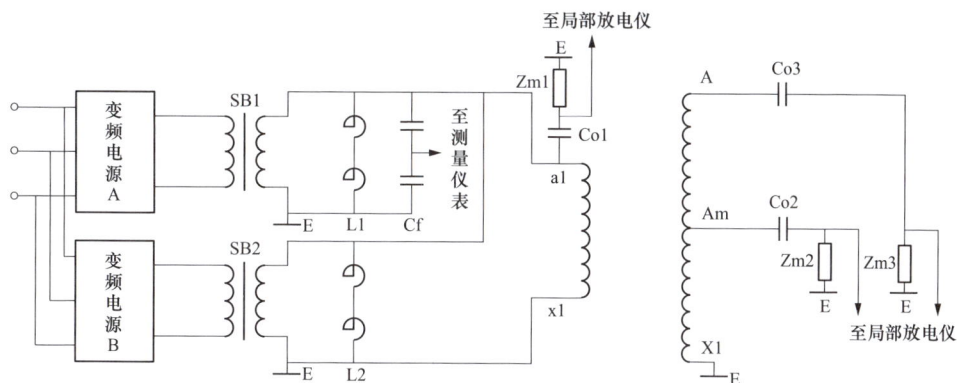

图 5-1-52　主体变压器局部放电试验接线

SB—中间变压器；L—补偿电抗器；Cf—电容分压器；Co—套管电容；Zm—检测阻抗

起始电压和熄灭电压。应在 $1.1U_m/\sqrt{3}$ 下测量局部放电视在电荷量。

（2）在电压 U_2 的第一个阶段中应读取并记录一个读数，对该阶段不规定其视在电荷量值。

（3）在电压 U_1 期间应读取并记录一个读数，对该阶段不规定其视在电荷量值。

（4）在电压 U_2 的第二个阶段的整个期间，应连续地观察局部放电水平，并每隔 5min 记录一次。

如果满足下列要求，则试验合格。

（1）试验电压不产生突然下降。

（2）在电压 U_2 的第二个阶段的整个期间，主体变压器 1000kV 端子局部放电量的连续水平不应大于 100pC，500kV 端子局部放电量的连续水平不应大于 200pC，110kV 端子局部放电量的连续水平应不大于 300pC。

（3）在电压 U_2 下，局部放电不呈现持续增长的趋势，偶尔出现较高幅值的脉冲以及明显的外部电晕放电脉冲可以不计入。

（4）局部放电试验后的油色谱分析结果合格，试验前后的色谱试验结果无明显差异。

（六）调压补偿变压器绕组连同套管的长时感应耐压带局部放电测量试验

1. 试验目的

为了考核特高压变压器在运输、安装后的绝缘性能，确认及绝缘状况是否良好，需要进行长时感应耐压带局部放电测量试验。

2. 试验方法

根据相关标准的技术要求，结合该变压器的实际情况，本次现场局部放电试验时，高压绕组对地的试验电压及其加压程序如图 5-1-53 所示。

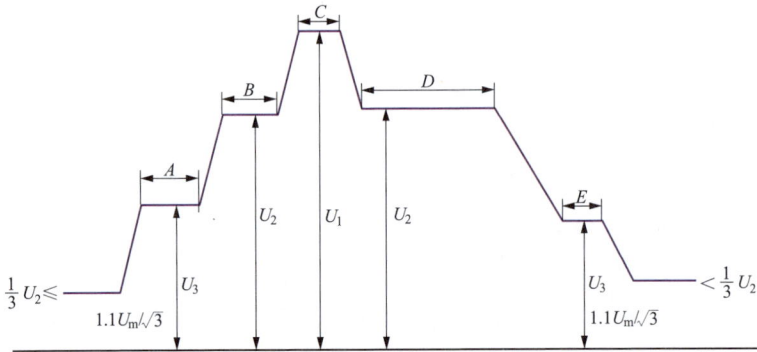

图 5-1-53　调压补偿变压器局部放电试验加压程序示意图

图 5-1-53 中，$A=5\text{min}$；$B=5\text{min}$；$C=$试验时间；$D=60\text{min}$；$E=5\text{min}$。

各阶段对应电压值应为：$U_1=1.7U_m/\sqrt{3}$；$U_2=1.5U_m/\sqrt{3}$；$U_3=1.1U_m/\sqrt{3}\text{kV}$；$U_m=126\text{kV}$（设备运行最高电压）。

试验电压及其加压程序如下：

（1）接通电源。

（2）电压上升到 U_3，保持 5min，记录放电量值。

（3）无异常则电压上升到 U_2，保持 5min，记录放电量值。

（4）无异常则电压上升到 U_1，当试验电压频率等于或小于 2 倍额定频率时，试验持续时间应为 60s，当试验电压频率大于两倍额定频率时，试验持续时间应为 $120\times\dfrac{\text{额定频率}}{\text{试验频率}}$（s），但不少于 15s。

（5）不间断地将电压降低到 U_2，保持 60min，进行局部放电测量。在此期间，每 5min 记录一次放电量值。

（6）不间断地将电压降低到 U_3，保持 5min，记录放电量值。

（7）将电压降低至零后，断开电源，试验结束。

3. 试验判据

（1）试验电压不产生突然下降。

（2）在电压 U_2 的第二个阶段的整个期间，高压线端局部放电量水平不应大于 100pC。

（3）在电压 U_2 下，局部放电不呈现持续增长的趋势，偶尔出现较高幅值的脉冲以及明显的外部电晕放电脉冲可以不计入。

（4）在电压 U_1 下，高压线端局部放电量水平不应大于 100pC。

第二节　换流变压器试验

一、基本参数

以某公司生产的 ZZDFPZ-509300/500-200 三角形接法和 ZZDFPZ-509300/500-400 星形接法换流变压器为例，两种换流变压器的技术参数如表 5-2-1 和表 5-2-2 所示。

表 5-2-1　　　　　　　三角形接法换流变压器技术参数

型号	ZZDFPZ-509300/500-200	相数	单相
额定容量	509.3MVA/509.3MVA	额定电压	$530/\sqrt{3}$（-5/+23）× 1.25%/172.8kV
空载损耗	170kW	冷却方式	ODAF
连接组别	Ii0	中性点绝缘水平	95kV

表 5-2-2　　　　　　　星形接法换流变压器技术参数

型号	ZZDFPZ-509300/500-200	相数	单相
额定容量	509.3MVA/509.3MVA	额定电压	$530/\sqrt{3}$（-5/+23） ×1.25%/172.8kV
空载损耗	170kW	冷却方式	ODAF
连接组别	Ii0	中性点绝缘水平	95kV

二、常规试验

（一）绕组连同套管的直流电阻试验

1. 试验目的

测量变压器绕组连同套管的绕组电阻，可以检查出绕组内部导线接头的焊接质量、引线与绕组接头的焊接质量、电压分接开关各个分接位置及引线与套管的接触是否良好、并联支路连接是否正确、变压器载流部分有无断路情况以及绕组有无短路现象，另外，在变压器短路试验和温升试验中，为提供准确的绕组电阻值，也需进行绕组电阻的测量。因此，绕组电阻的测量是变压器试验的主要项目。

2. 试验方法

（1）试验接线方法如图 5-2-1 所示。

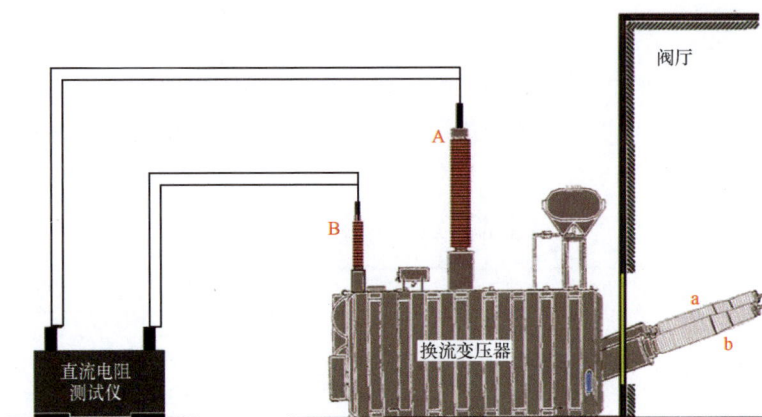

图 5-2-1　试验接线图

（2）绕组电阻测试电流不宜大于 5A，铁芯的磁化极性应保持一致，试验结束后应进行退磁。

（3）不同温度下电阻值的换算。测量温度应以油平均温度为准，不同温度下的电阻值换算公式为

$$R_2 = R_1(T + t_2)/(T + t_1)。$$

式中　R_1、R_2——分别为在温度 t_1、t_2 时的电阻值，Ω；

T——电阻温度常数，铜导线取 235；

t_1、t_2——不同的测量温度，℃。

（4）应在所有位置分解位置测量。

3. 判断标准

（1）直流电阻的变化符合规律。

（2）同一温度下，与前次相应部位测得值进行比较，变化不应大于 2％。

（二）电容式套管介质损耗因数和电容值试验

1. 试验目的

根据套管介质损耗因数和电容量的变化可以较灵敏地反映出套管绝缘劣化、受潮、电容层短路、漏油和其他局部缺陷。

2. 试验方法

（1）试验接线方法如图 5-2-2 所示。

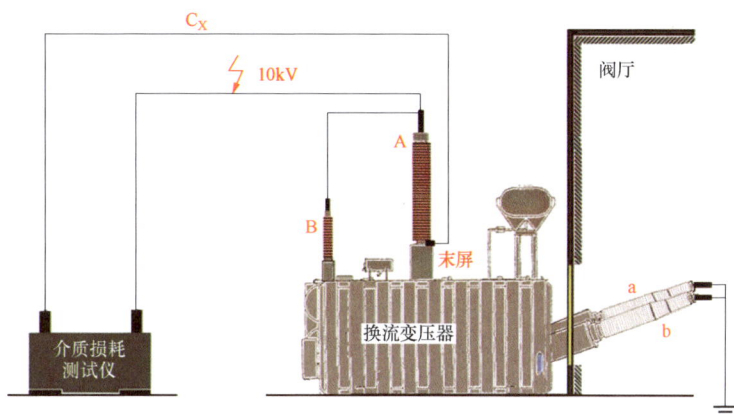

图 5-2-2　试验接线图

（2）短路冲击电流在允许短路电流 50％～70％，次数累计达到 6 次以上，应适时开展停电试验。

（3）阀侧套管可采用端部加压（试验电压 10kV）或者末屏加压方式（试验电压 2kV）。

3. 判断标准

（1）介质损耗因数最大允许值：

油纸电容型：0.005；

胶纸电容型：0.007；

气体电容型：0.005。

（2）电容型套管的电容量与出厂值或上一次试验值的差不超过 3％。

（3）当电容型套管末屏对地绝缘电阻小于 1000MΩ 时，应测量末屏对地介质损耗因数，其值不大于 2％。

（三）绕组连同套管绝缘电阻、极化指数试验

1. 试验目的

检查绕组及套管与地之间、绕组与套管内部各部分之间的绝缘情况。

2. 试验方法

（1）采用5000V绝缘电阻表测量。

（2）测量时，铁芯、外壳及非测量绕组应接地，被试绕组应充分放电，套管表面应清洁、干燥。

（3）测量宜在顶层油温低于50℃时进行，并记录顶层油温。

（4）绝缘电阻下降显著时，应结合介质损耗因数及油质试验进行综合分析。

（5）测量温度以变压器顶层油温为准，不同温度下的绝缘电阻值按下式换算

$$R_2 = R_1 \times 1.5^{(t_1 - t_2)/10}$$

式中　R_1、R_2——温度 t_1、t_2 时的绝缘电阻值。

3. 判断标准

（1）绝缘电阻换算至同一温度下，与前一次测试结果相比无显著下降。

（2）吸收比不小于1.3或极化指数不小于1.5或绝缘电阻不小于5000MΩ（检修后10 000MΩ）。

（四）电容式套管末屏对地绝缘电阻及套管主绝缘试验

1. 试验目的

能够反应电容式套管末屏对地绝缘及套管主绝缘是否良好，及时发现套管绝缘缺陷。

2. 试验方法

（1）试验接线方法如图5-2-3和图5-2-4所示。

（2）短路冲击电流在允许短路电流50%～70%，次数累计达到6次以上，应适时开展停电试验。

（3）采用2500V绝缘电阻表测量。

3. 判断标准

（1）末屏对地绝缘电阻不小于1000MΩ。

（2）主绝缘电阻不小于1000MΩ。

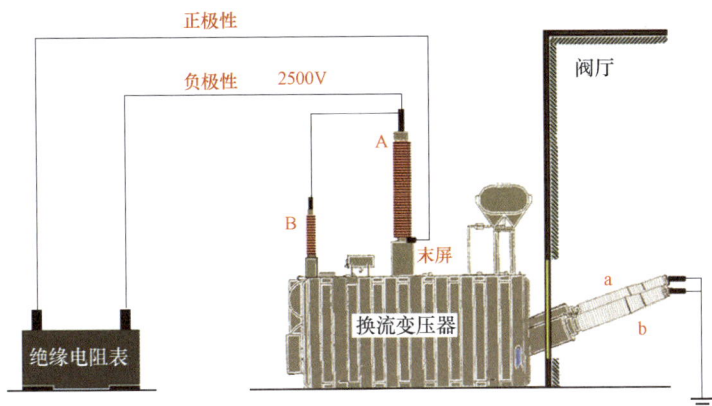

图 5-2-3 试验接线图

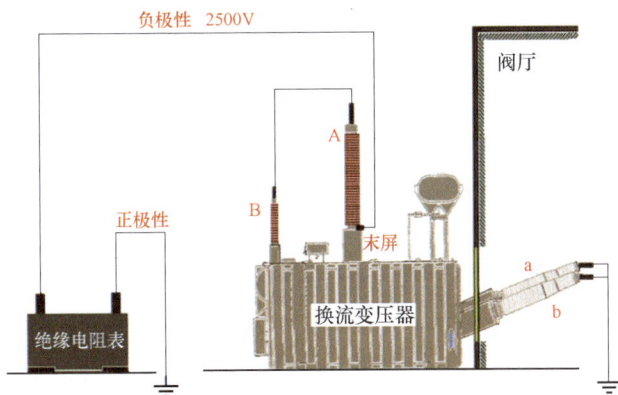

图 5-2-4 试验接线图

（五）铁芯、夹件绝缘电阻试验

1. 试验目的

铁芯、夹件绝缘电阻试验可判断变压器夹件与铁芯，地面之间的绝缘情况。

2. 试验方法

（1）试验接线方法如图 5-2-5 所示。

（2）采用 2500V 绝缘电阻表测量。

（3）夹件引出接地的，铁芯对地、夹件对地、铁芯与夹件间的绝缘电阻应分别测量。

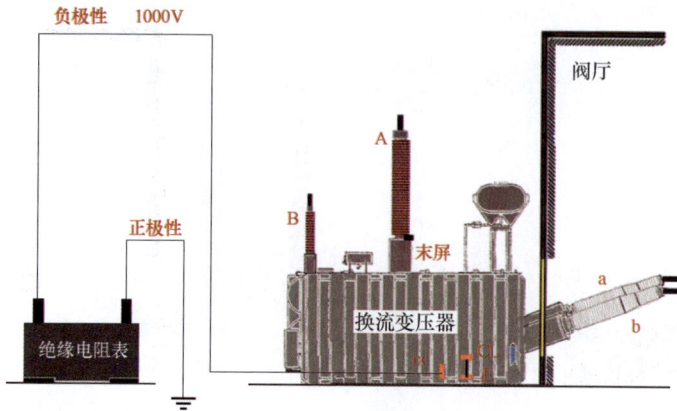

图 5-2-5　试验接线图

3. 判断标准

（1）与以前试验结果比较无显著降低。

（2）绝缘电阻不小于 500MΩ。

（六）绕组连同套管绝缘介质损耗因数和电容量测量（20℃）

1. 试验目的

发现变压器绕组绝缘整体受潮程度。

2. 试验方法

（1）试验接线方法如图 5-2-6 所示。

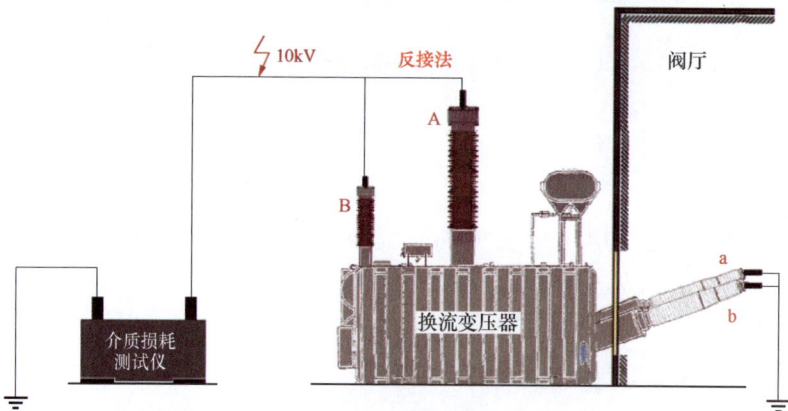

图 5-2-6　试验接线图

（2）试验电压 10kV。

（3）测量宜在顶层油温低于 50℃且高于 0℃时进行，测量时记录顶层油温和空气相对湿度。

（4）非测量绕组及外壳接地。

（5）必要时分别测量被测绕组对地、被测绕组对其他绕组的绝缘介质损耗因数。

（6）测量绕组绝缘介质损耗因数时，应同时测量电容值，若此电容值发生明显变化，应予以注意。分析时应注意温度对介质损耗因数的影响。

（7）测量温度以顶层油温为准，不同温度下的 tanδ 值按下式换算

$$\tan\delta_2 = \tan\delta_1 \times 1.3(t_2 + t_1)/10$$

式中　$\tan\delta_1$、$\tan\delta_2$——温度 t_1、t_2 时的 tanδ 值。

（8）测量方法可参考 DL/T 474.3—2006《现场绝缘试验实施导则　介质损耗因数 tanδ 试验》，可采用角接、星接三相并联测试的方式，当测试数据异常后再逐相断引进行测试。

3. 判断标准

（1）20℃时的介质损耗因数：±400kV 及以上：≤0.006（注意值），其他：≤0.008（注意值）。

（2）介质损耗因数值不超过历次数值的 130%。

（3）绕组电容量：与上次试验结果相比无明显变化。

三、特殊试验

（一）阻抗测量试验

1. 试验目的

为了考核换流变压器现场安装后短路阻抗及负载损耗是否满足合同要求，进行低电压短路阻抗试验。

2. 试验方法

试验时，被试换流变压器置于额定分接 24，将额定频率的 5A 电流施加于网侧绕组（1.1-1.2）上，阀侧绕组（3.1-3.2）短接，进行短路阻抗的测量。试验接线图如图 5-2-7 所示。

试验判断标准与出厂试验值相比，阻抗值变化不宜大于±2%。

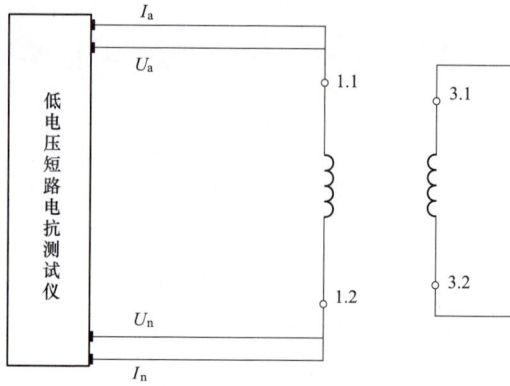

图 5-2-7　换流变压器短路阻抗测试接线图

（二）绕组频率响应特性测量

1. 试验目的

为了考核变压器安装后绕组有无变形，需要进行绕组频率响应特性试验。

2. 试验方法

试验时，换流变压器网侧绕组置于 1 分接，分别对 A-B、a-b 绕组进行测试。绕组尾端激励，首端响应，各绕组试验接线如图 5-2-8 和图 5-2-9 所示，非被试绕组端部悬空。

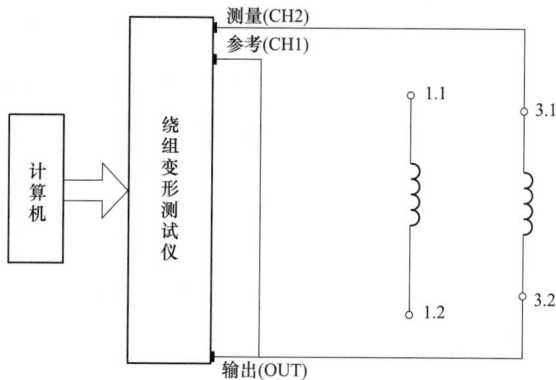

图 5-2-8　阀侧绕组试验接线

3. 试验判断标准

（1）对测试结果用三相横向比较法进行比较，以判断测试结果是否符合检测要求，相关系数的大小可作为判断绕组变形的辅助手段，具体数值如表 5-2-

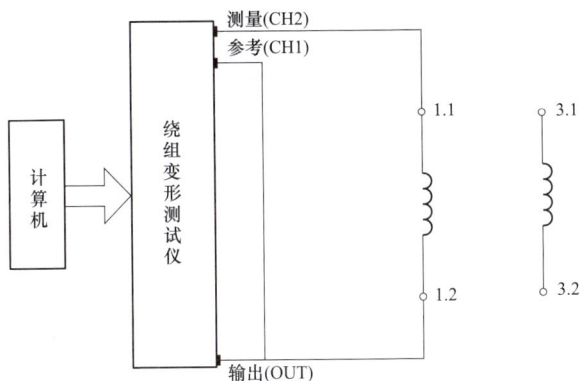

图 5-2-9　网侧绕组试验接线

3 所示。

表 5-2-3　　　　　　　　相关系数与变压器绕组变形程度的关系

绕组变形程度	相关系数 R
严重变形	$R_{LF}<0.6$
明显变形	$1.0>R_{LF}>0.6$ 或 $R_{MF}<0.6$
轻度变形	$2.0>R_{LF}>1.0$ 或 $0.6 \leqslant R_{MF}<1.0$
正常绕组	$R_{LF} \geqslant 2.0$ 和 $R_{MF} \geqslant 1.0$ 和 $R_{HF} \geqslant 0.6$

注　R_{LF} 为曲线在低频段（1～100kHz）内的相关系数；R_{MF} 为曲线在中频段（100～600kHz）内的
相关系数；R_{HF} 为曲线在高频段（600kHz～1MHz）内的相关系数。

（2）由于变压器三相之间的频谱图存在一定的差异，为准确判断绕组变形情况，应与出厂或交接时测量的频谱图进行比较。

（3）结合低电压短路阻抗测量结果综合分析。

（三）绕组连同套管的外施工频耐压试验

1. 试验目的

为了考核变压器的主绝缘强度，检查变压器绕组绝缘是否存在受潮、干裂或运输过程中由于振动引起的绕组松动、位移而造成的引线绝缘等问题，保证其绝缘水平，进行外施工频耐压试验。

2. 试验方法

试验采用工频试验变压器直接加压方式。试验前套管电流互感器二次侧短路接地，试验时变压器外壳接地、非被试绕组短路接地，被试绕组短路施加交流试验电压。如图 5-2-10 所示。

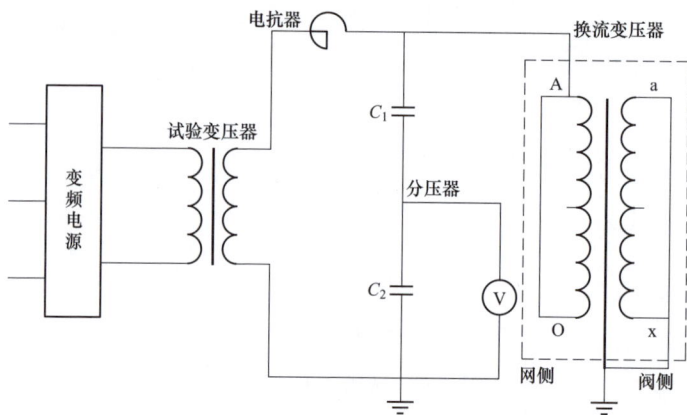

图 5-2-10　换流变压器网侧绕组外施工频耐压接线

　　根据 DL/T 474—2006《现场绝缘试验实施导则》及 DL/T 274—2012《±800kV 高压直流设备交接试验》现场交接进行外施工频耐压试验时试验电压为例行试验电压值的 80%，试验电压应尽可能接近正弦，试验频率应在 45～65Hz，施加电压时间为 1min。

　　外施工频耐压试验前，对被试绕组进行绝缘电阻测量，确认绝缘电阻正常后方可升压，升压必须从零开始，不可冲击合闸。加压时应平稳升压，速度约为每秒 3% 的试验电压。升至试验电压后保持 1min，迅速降至零，然后切断电源。外施工频耐压试验后，需对被试绕组再次进行绝缘电阻测试，试验前后被试绕组绝缘电阻值应无明显变化。

　　3. 试验判断标准

　　在试验过程中，变压器如果没有出现绝缘击穿、外表闪络、电压突然下降等现象，且试验前后变压器油色谱分析结果无明显差别，则认为被试品试验通过。

　　（四）绕组连同套管的感应耐压试验和局部放电测量

　　1. 试验目的

　　为了考核换流变压器在运输、安装后的绝缘及相关电气性能，确认设备状态是否良好，需要进行长时感应耐压带局部放电测量试验。

　　2. 试验方法

　　根据相关标准的技术要求，结合该变压器的实际情况，本次现场局部放电试验时，变压器网侧对地的试验电压及其加压程序如下。

（1）接通电源。

（2）电压上升到 $1.1U_m/\sqrt{3}$，保持 5min。

（3）电压上升到 $1.3U_m/\sqrt{3}$，保持 5min。

（4）电压上升到 $1.5U_m/\sqrt{3}$，当试验电压频率等于或小于 2 倍额定频率时，试验持续时间应为 60s，当试验电压频率大于两倍额定频率时，试验持续时间应为 $120\times\dfrac{\text{额定频率}}{\text{试验频率}}$（s），但不少于 15s。

（5）不间断的将电压降低到 $1.3U_m/\sqrt{3}$，并至少保持 60min，以便进行局部放电测量。

（6）不间断的将电压降低到 $1.1U_m/\sqrt{3}$，保持 5min。

（7）当电压降低至零时，方可断开电源。

其中，$U_m=550kV$（设备运行最高电压），具体如图 5-2-11 所示。

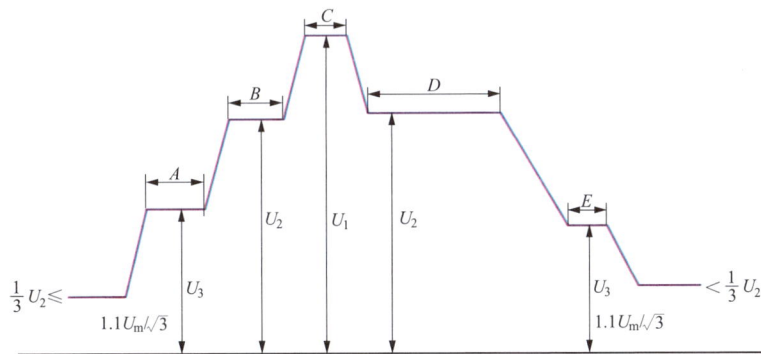

图 5-2-11　局部放电试验加压程序示意图

图 5-2-11 中，$A=5min$；$B=5min$；$C=$试验时间；$D=60min$；$E=5min$。

3. 试验判断标准

在施加试验电压整个期间应按下述方法检测局部放电。

（1）在电压上升到 U_2 及由 U_2 下降的过程中，应记录可能出现的局部放电起始电压和熄灭电压。应在 $1.1U_m/\sqrt{3}$ 下测量局部放电视在电荷量。

（2）在电压 U_2 的第一个阶段中应读取并记录一个读数，对该阶段不规定其视在电荷量值。

（3）在电压 U_1 期间应读取并记录一个读数，对该阶段不规定其视在电荷量值。

（4）在电压 U_2 的第二个阶段的整个期间，应连续地观察局部放电水平，并每隔5min记录一次。

如果满足下列要求，则试验合格。

（1）试验电压不产生突然下降。

（2）在电压 U_2 的第二个阶段期间，网侧局部放电量水平应不大于100pC，阀侧局部放电量水平应不大于300pC。

（3）在电压 U_2 下，局部放电不呈现持续增长的趋势，偶尔出现较高幅值的脉冲以及明显的外部电晕放电脉冲可以不计入。

（4）局部放电试验后的油色谱分析结果合格，试验前后的色谱试验结果无明显差异。

第三节　附件校验及绝缘油试验

一、附件校验

（一）测温装置校验

1. 校验目的

为保证测温装置能够准确反应变压器油顶层温度，需定期对测温装置进行校验。

2. 校验方法

（1）依据 DL/T 1400—2015《油浸式变压器测温装置现场校准规范》，现场油温表校准项目包括外观检查、绝缘电阻测量、示值误差校准、两表偏差校准、接点动作误差校准、环境温度变化影响量校准和热模拟温升试验校准。外观检查无油污，密封性良好。

（2）用额定直流电压为500V的绝缘电阻表分别测量温控装置中指针温度计开关动合输出端子之间，以及输出（不包括远传电流信号）端子之间的绝缘电阻。

（3）示值基本误差，测温装置示值误差包括指针温度计示值误差和远方显示示值误差。按照表5-3-1规定选取示值误差校准点。

表 5-3-1 示值校准点的选取

类　型	示值校准点
油面测温装置（−20～140）	20（40）a、60、100
绕组测温装置（0～160）	40、80、120

采用直接比较法对测温装置进行校准，将被校准测温装置的温度传感器插入温场稳定的便携式恒温油槽中，温度传感器插入液面深度不小于 150mm，控制便携式恒温槽的温度在正行程上分别至各校准点，待示值稳定 15min 后同时读取指针温度计示值、标准温度计示值、远方显示示值，并记录下来。

（4）接点动作误差校准按照以下步骤进行：指针温度计接点动作误差校准以"整定单"或出厂设定值要求确定报警温度点。将被校温度传感器及标准温度计同时插入开关定值试验油槽中，温度传感器插入液面深度不小于 150mm；在接近设定点时，控制开关定值试验槽按照 0.8～1.0℃/min 的升温速率缓慢上升调整温度，使接点产生上行程切换动作，并在上行程动作瞬间（试验电流应大于 100mA）读取标准温度计示数。

3. 判断标准

（1）两表偏差与校准测温装置示值误差同步进行，两表偏差结果应满足在规定的校准点上的两表偏差应不大于 ±0.5℃。其他误差值需满足 DL/T 1400—2015《油浸式变压器测温装置现场校准规范》要求。

（2）绝缘电阻值结果不应小于 20MΩ。

（二）气体继电器校验

1. 校验目的

为保证当变压器及高压电抗器内部故障而使油分解产生气体或造成油流冲动时，气体继电器触点能够正确动作，需定期对气体继电器进行校验。

2. 校验方法

（1）外观检查，检查标准参照 DL/T 540—2013《气体继电器检验规程》7.1 条款。

（2）绝缘强度试验，干簧触点应用 1000V 绝缘电阻表测量绝缘电阻，出线端子对地以及无电气联系的出线端子间，用工频电压 1000V 进行 1min 介质强度试验，或用 2500V 绝缘电阻表进行 1min 介质强度试验，采用 2500V 绝缘电阻表在耐压试验前后测量绝缘电阻。

（3）密封性试验，对挡板式继电器密封性检验，其方法是对继电器充满变压器油，在常温下加压至 0.2MPa，稳压 20min 后，检查放气阀、探针、干簧管、出线端子、壳体及各密封处，应无渗漏。对空心浮子式继电器密封性检验，其方法是对继电器内部进行抽真空处理，绝对压力不高于 133Pa，保持 5min。在维持真空状态下对继电器内部注满 20℃ 以上的变压器油，并加压至 0.2MPa，稳压 20min 后，检查放气阀、探针、干簧管、浮子、出线端子、壳体及各密封处，应无渗漏。

（4）继电器动作流速整定值试验，油流速度从 0m/s 开始，在流速整定值的 30%～40% 之间的油流冲击下，稳定 3～5min，观察其稳定性，然后开始缓慢、均匀、稳定增加流速，直至有跳闸动作输出时测得稳态流速值为流速动作值，继电器检验时，油温应在 25～40℃。

（5）气体容积值测试是将继电器充满变压器油后，两端封闭，水平放置，打开继电器放气阀，并对继电器进行缓慢放油，直至有信号动作输出时，测量放出油的体积值，即为继电器气体容积动作值。重复试验三次。

（6）抗震能力试验，将继电器充以清洁的变压器油，在跳闸触点上接以指示装置，然后装在振动台上，做正弦波的振动试验，频率为 4～20Hz（正弦波），加速度为 40m/s³ 时，在 X、Y、Z 轴三个方向各试 1min，指示装置不发出信号为合格。

（7）反向油流试验以继电器的最大油流速度，反向冲击 3 次。继电器内各部件应无变形、位移和损伤。然后再次进行流速值、气体容积值、绝缘电阻检查，其性能仍能满足要求。

（8）干簧点断开容量试验。将干簧接点接入电路中，通过对继电器进行油流冲击使干簧管产生开断动作，重复试验 3 次，应能正常接通和断开。采用直流 110V 供电时负载选用 30W 灯泡进行试验；采用直流 220V 供电时负载选用 60W 灯泡进行试验。干簧触点接触电阻试验。在干簧触点断开容量试验后，其触点间的接触电阻应小于 0.15Ω。

3. 校验标准

（1）干簧触点绝缘电阻值不应小于 300MΩ，出线端子对地以及无电气联系的出线端子间 1min 介质强度试验，无击穿、闪络，采用 2500V 绝缘电阻表在耐压试验前后测量绝缘电阻不应小于 10MΩ。

（2）流速值从缓慢、均匀、稳定增加流速开始至有跳闸动作输出时流速的平均变化量不能大于 0.02m/s。重复试验三次，继电器各次动作值误差不大于 ±10% 整定值，三次测量动作值之间的最大误差不超过整定值的 10%。

（3）气体容积值测试，$\phi50$、$\phi80$ 继电器：气体容积动作范围为 $250\sim300\text{mL}$。

（三）压力释放阀校验

1. 校验目的

压力继电器是变压器的压力保护装置，为保证当变压器及高压电抗器内部严重故障时，压力继电器正确动作发出跳闸信号，需对压力释放阀进行定期校验。

2. 校验方法

（1）外观检查。释放阀装配完毕后，外罩及阀座应平直，中心线应对准，不应有歪扭现象。释放阀外表面涂层应耐油、均匀、光亮，不应有脱皮、气泡、堆积等缺陷。标志杆应着色，颜色醒目。

（2）开启压力试验。常温开启压力试验即指常温、时效、500 次可靠性的开启压力试验。将释放阀卡装在开启压力试罐上，在常温下向罐内充以压缩空气，调整进气量，当进气压力增量在 $25\sim40\text{kPa/s}$ 时，释放阀应连续间歇性跳动，周期为 $1\sim4\text{s}$。每次跳动信号开关应切换和自锁。

（3）开启时间试验。试验系统由试罐、点火装置、压力传感器、信号前置防火器和记录仪（或其他仪器）组成。将释放阀装在试罐上，连接好电器回路。对试罐抽真空达到一定真空度后，关闭真空泵，迅速向试罐内充以备好的氢气，关闭进气阀门，引爆混合气体来模拟短路事故。

（4）信号开关绝缘性能试验。对信号开关触点间进行试验时，应将工频耐压试验装置置于工作状态，触点在断开位置，将其中一个触点端子接地（包括引线），在触点间施加 2kV 的工频电压。当对触点端子对地试验时，应将两组端子全部短接后，在端子与地（或壳体）之间施加 2kV 的工频电压。

（5）时效开启性能试验。常温下合格的压力释放阀（带有机械信号的标志杆要复位）至少静放 24h 及以上进行试验，试验测得的第一次动作压力值符合规定。

（6）密封压力值的密封性能试验。常温、时效开启压力试验合格的释放阀，才能做密封压力试验。

将释放阀卡装在试验系统上，系统中应装有变压器油（油温为 100℃）或煤油（常温），向系统内施加密封压力，密封压力值应符合规定。

3. 校验标准

（1）开启压力试验，机械信号标志也应动作明显。应能正确判断释放阀已动作过，每次动作后，都要手动复位。连续动作 10 次无异常为合格。

（2）开启时间试验，通过压力传感器、信号前置放大器和记录仪记录整个试罐内压力的动作过程，上述试验重复三次，保证至少有两次释放阀的工作开启时间不大于 2ms 为合格。

（3）信号开关绝缘性能试验，持续 1min，不应出现闪络、击穿现象。

（4）时效开启性能试验，密封压力值的密封性能试验符合表 5-3-2 的规定。

表 5-3-2　　　　　　　　　　　　　　密封性能要求

开启压力 （kPa）	开启压力偏差（kPa）	关闭压力 （不小于）（kPa）	密封压力 （不小于）（kPa）
15		8	9
25		13.5	15
35	±5	19	21
55		29.5	33
70		37.5	42
85		45.5	51

二、绝缘油试验

（一）介质损耗因数 tanδ（90℃）试验

1. 试验目的

绝缘油的介质损耗因数即 tanδ 值是反应绝缘油质受到污染或老化的重要电气指标。因为电介质在交变电场作用下产生能量损耗，当绝缘油中含有的杂质较多或老化后，会导致绝缘油的 tanδ 值增大。因此，测定绝缘油的 tanδ 值，对判断绝缘油的好坏具有重要意义。

2. 试验方法

（1）用洁净的 500mL 磨口具塞试剂瓶，从设备下部取样口采样 500mL。

（2）开启仪器，确认仪器正常。设置测试温度为 90℃。

（3）用试油冲洗电极杯 3 次。

（4）将适量试样缓慢注入清洗过的测试电极杯中，注意防止夹带气泡。

（5）对测试电极杯进行加热，升温至 90℃±1℃ 时，即进行加压、测量，记录试验结果。

（6）排空电极杯，注入相同试油进行平行试验，记录平行试验结果。

（7）试验结果满足精密度要求：以 2 次有效测量值的平均值作为试样的介质损耗因数（tanδ）。

（二）体积电阻率（90℃）试验

1. 试验目的

绝缘油的体积电阻率是指在直流电压作用下，油内部电场强度与稳态电流密度之比。绝缘油的体积电阻率在某种程度上能反应油的老化和受污染的程度，是判断绝缘油质的绝缘性能的重要指标。

2. 试验方法

（1）用洁净的 500mL 磨口具塞试剂瓶，从设备下部取样口采样 500mL。

（2）开启仪器，确认仪器正常。设置测试温度为 90℃，设置充电时间为 60s。

（3）将试验样品混合均匀（尽量避免产生气泡），缓慢将适量样品注入清洗过的测试电极杯中。

（4）将电极杯装入仪器，接上连线和部件，装好紧固件。

（5）对测试电极杯进行加热，待内、外电极指示温度和设置温度的正负偏差均小于 0.5℃时，即进行加压、充电和测量，记录试验结果。

（6）排空油杯，注入相同样品进行平行试验，记录平行试验结果。

（7）取两次有效测量值的平均值作为样品的体积电阻率试验值。

（三）击穿电压试验

1. 试验目的

通过绝缘油的击穿电压试验能够反应绝缘油的洁净程度，绝缘油中杂质越多，击穿电压就越低，因此需定期开展油击穿电压试验。

2. 试验方法

（1）用洁净的 500mL 磨口具塞试剂瓶，从设备下部取样口采样 500mL。

（2）试样进入试验室后，应放置一定时间，使试样温度和环境温度之差不大于 5℃。

（3）将试样倒入试样杯前，轻轻摇动翻转盛有试样的容器数次，以使试样中的杂质尽可能分布均匀而又不形成气泡，避免试样与空气不必要的接触。

（4）检测前倒掉试样杯中原来的绝缘油，立即用待测试样清洗杯壁、电极及其他各部分，再缓慢倒入试样，并避免生成气泡。将试样杯放入测量仪上，如使用搅拌，应打开搅拌器，测量并记录试样温度。

（5）加压操作：首先装好试样检查电极间无可见气泡 5min 之后进行加压，

电极间按 2.0kV/s±0.2kV/s 的速率缓慢加压至试样被击穿，记录击穿电压值。然后试样被击穿后，至少暂停 2min 后，再次进行加压，重复 6 次，注意电极间不要有气泡，若使用搅拌，在整个试验过程中应一直保持搅拌状态。

（6）试验结果：以 6 次击穿电压的平均值作为绝缘油的试验结果，以 kV（kV）表示。

（四）油中含气量试验

1. 试验目的

油中含气量是指溶解在油中的所有气体总量，用气体体积占油体积的百分数表示。绝缘油中溶解的气体，在高场强的作用下，气体会发生电离，当温度和压力骤然下降时会形成气泡并把气泡拉成长体，极易发生气体碰撞游离，造成击穿，危及设备安全运行。因此必须严格控制充油设备油中气体含量。

2. 试验方法

（1）用洁净的 100mL 注射器全密封取样，从设备下部取样口采样 100mL 且不能有气泡。

（2）将仪器与真空泵连接，开启真空泵和仪器电源。

（3）对仪器进行密封性检验和准确性检验，并确认仪器正常。

（4）按仪器使用要求，设置仪器工作参数和计算参数。

（5）对"试油定量单元"和"脱气单元"进行预热，达到设置温度，进入仪器测试准备状态。

（6）接上试油，用试油冲洗进油管路排除空气，并充满"试油定量单元"进行加热恒温，同时对脱气单元进行抽真空，到达设置恒温时间和真空度，喷入试油进行脱气，脱气结束后排除试油。

（7）进行平行试验，两次试验结果应满足精密度要求。以两次测定结果的算术平均值作为测定值。

（五）水分试验

1. 试验目的

充油电气设备在运行中会受到电、热、机械力、化学腐蚀和光辐射等外界因素的影响，致使绝缘油和纤维材料逐渐老化变质，分解出微量水分，绝缘油中含水量超标将影响绝缘性能，因此，需要开展绝缘油微水试验。

2. 试验方法

（1）用洁净的 100mL 注射器全密封取样，从设备下部取样口采样 10～20mL 且不能有气泡。

（2）按仪器说明书调试仪器。

（3）开动电磁搅拌器，开始电解电解池中所存在的残余水分。若电解液碘过量，用 $0.5\mu L$ 微量注射器注入适量纯水，此时电解液颜色逐渐变浅，最后呈黄色进行电解。

（4）当电解液达到滴定终点，按下启动钮，进行仪器标定。

（5）仪器调整平衡后，用注射器量取试油，排掉，冲洗 3 次，最后量取 1mL 试油。

（6）按启动钮，同时试油通过电解池上部的进样口注入电解池。仪器自动电解至终点，记下显示数字。

（7）同一试验至少重复操作两次以上，取平均值。

（六）闪点（闭口）试验

1. 试验目的

闪点是在规定条件下将油品加热，油蒸汽与空气的混合物遇明火发生燃烧的最低温度。绝缘油虽不是易燃油，但在遇到明火时同样存在着火爆炸的危险。因此，需要测定绝缘油的闪点。

2. 试验方法

（1）用洁净的 500mL 磨口具塞试剂瓶，从设备下部取样口采样 500mL。

（2）打开电源开关，按【自检】键，进入自检界面。

（3）将试验油样装入清洗后的油杯至规定刻度处，放入加热浴套内，再按【降臂】键，降臂下降到下限位时自动停止。

（4）根据要求在系统界面依次输入预闪温度、油号、气压、标准等参数，点火方式为电点火。

（5）在系统界面下按【开始】键，进入试验开始。

（6）当试样发生闪火现象时仪器自动锁定闪点温度值，电点火自动关闭，并自动存储。

（7）两次测定结果的算术平均值作为测定值。

（七）酸值试验

1. 试验目的

酸值是判断绝缘油老化程度的重要指标之一，随着保管和运行时间的增长，绝缘油的酸值会越来越高，因此，需要定期开展绝缘油酸值试验。

2. 试验方法

（1）用洁净的 250mL 磨口具塞试剂瓶，从设备下部取样口采样 100mL。

（2）插接电源线，打开电源开关，按照说明书对仪器进行初始化校验和系统校验。

（3）在正式的样品测定前，应将洁净干燥的样品油杯水平放置在相应的杯位孔内，在每个测定油杯中准确平行注入待测样品油 10.0mL（或在油杯中称量待测样品油 8～10g，并将油杯归位），加入一只搅拌磁棒，盖上样品测定暗室盖。

（4）在系统界面下按【开始】键，进入试验开始，测定完成后读取示数。

（5）进行平行试验，两次试验结果应满足精密度要求。检测结果取重复测定两个结果的算术平均值为测定结果。

（八）水溶性酸 pH 值试验

1. 试验目的

水溶性酸的酸性远高于非水溶性酸，对变压器（高压电抗器）绝缘件以及铜导体、铁芯等各种金属件腐蚀的作用也强得多，因此即使酸值合格，也需要对绝缘油开展水溶性 pH 值测试。

2. 试验方法

（1）用洁净的 500mL 磨口具塞试剂瓶，从设备下部取样口采样 500mL。

（2）量取 50mL 油样于 250mL 锥形瓶内，加入刚煮沸过的蒸馏水 50mL，加热，在 70～80℃下摇动 5min。

（3）将锥形瓶中的液体倒入分液漏斗内，待分层并冷至室温后，取 10mL 水抽出液加入具塞比色管，同时加入 0.25mL 溴甲酚紫指示剂（按 GB/T 7598《运行中变压器油水溶性酸测定法》4.7 进行配置），当呈现浅紫色或紫色时，放入比色盒与 pH 标准比色液（按 GB/T 7598 中 5.2.2 配置）进行比色，记录其 pH 值；当呈现黄色时另取 10mL 水抽出液加入比色管，同时加入 0.25mL 溴甲酚绿指示剂（按 GB/T 7598 中 4.7 进行配置），放入比色盒与 pH 标准比色液（按 GB/T 7598 中 5.2.1 进行配置）进行比色，记录其 pH 值。

（4）进行平行试验，两次试验结果应满足精密度要求。检测结果取重复测定两个结果的算术平均值为测定结果。

（九）界面张力（25℃）试验

1. 试验目的

绝缘油的界面张力是指绝缘油与纯水之间的界面所具有的张力。绝缘油所含极性物质（亲水性物质）越少，油分子的极性越小，处于界面上的油分子水分子之间的作用力越小，界面张力就越高。运行中的绝缘油随着老化产物（有极性的亲水物质）的不断增加，界面张力会越来越低。因此，界面张力从极性物质含量多少的角度反映绝缘油品的优劣和老化的程度。

2. 试验方法

（1）用洁净的 500mL 磨口具塞试剂瓶，从设备下部取样口采样 500mL。

（2）如果样品中悬浮物较多，用直径为 150mm 的中速滤纸过滤试样，每过滤约 25mL 试样后应更换一次滤纸。

（3）测定试样在 25℃时的密度，准确至 0.001g/mL。

（4）按仪器操作说明书，启动仪器，把 50～75mL、（25±1）℃的蒸馏水倒入清洗过的试样杯中，将试样杯放到界面张力仪的试样座上，把清洗过的圆环悬挂在界面张力仪上。升高可调节的试样座，使圆环浸入试样杯中心处的水中，目测至水下深度不超过 6mm 为止。

（5）慢慢降低试样座，增加圆环系统的扭矩，以保持扭力臂在零点位置，当附着在环上的水膜接近破裂点时，应慢慢地进行调节，以保证水膜破裂时扭力臂仍在零点位置。当圆环拉脱时读出刻度数值，使用水和空气密度差（$\rho_0 - \rho_1$）= 0.997g/mL 这个值计算水的表面张力，计算结果应为 71～72m·N/m。

（6）用蒸馏水测得准确结果后，将界面张力仪的刻度盘指针调回零点，升高可调节的试样座，使圆环浸入蒸馏水中的 5mm 深度，在蒸馏水上慢慢倒入已调至（25±1）℃过滤后试样至约 10mm 高度，注意不要使圆环触及油—水界面。

（7）让油—水界面保持（30±1）s，然后慢慢降低试样座，增加圆环系统的扭矩，以保持扭力臂在零点。当附着在圆环上水膜接近破裂点时，扭力臂仍在零点上。上述这些操作，即圆环从界面提出来的时间应尽可能地接近 30s。从试样倒入试样杯，至油膜破裂全部操作时间大约 60s。记下圆环从界面拉脱时的刻度盘读数。

（8）进行平行试验，两次试验结果应满足精密度要求，检测结果取重复测定两个结果的算术平均值为测定结果。

（十）油中颗粒度

1. 试验目的

绝缘油会受到来自空气和容器的杂质颗粒污染。注油前，绝缘油虽经多次过滤处理，油中颗粒也不可能全部被滤出。油中颗粒含量高会明显地降低油的击穿电压，大颗粒还会降低油的起始放电电压、增大放电量，故油中颗粒度为判断绝缘油洁净程度的一个重要指标。

2. 试验方法

（1）用 250mL 专用取样瓶，采集被试设备中的油样 250mL。油样应密封保存，测量时再启封。

（2）按仪器操作说明书，启动仪器，用合适的清洁液冲洗系统，冲洗至每 100mL 液体中粒径大于 $5\mu m$ 的颗粒数，不应超过 100 粒为合格。

（3）充分摇动油样使颗粒分布均匀，将其置于超声浴中振荡（约 10min）脱气，取出取样瓶并擦干外部，将其置于仪器压力舱中，并开动搅拌器，使油样中颗粒均匀分散。注意控制搅拌速度，不应产生气泡。

（4）启动仪器进行测量，调节压力使通过传感器的油样达到额定流量，每个油样至少重复计数 3 次。

（5）测试完毕，取下试瓶，倒掉残液，用合适的清洁液冲洗仪器管道及传感器通道。

（6）试验结果以 3 次测量结果的平均值作为结果值。

（十一）油中溶解气体分析

1. 试验目的

新变压器（高压电抗器）在试验中、正常运行的变压器（高压电抗器）都会产生少量的 H_2、低分子烃类及 CO、CO_2 等气体。当设备内部存在故障时，就会产生大量故障特征气体并溶入油中，当达到饱和后，故障特征气体才从油中析出。为了解故障特征气体的含量、相互比例关系以及生成速率，从而能够判断变压器（高压电抗器）有无故障或故障类型，因此需要对绝缘油气体进行分析。

2. 气相色谱法试验方法

（1）取样操作。

1）应先排净取样接头的死油及放油管内残存的空气，避免在油循环不够充分的死角处取样。

2）利用油本身压力使油注入 100mL 注射器。

3）用油湿润和冲洗注射器 2～3 次。

4）取样过程要求全密封，即取样连接方式可靠，既不能让油中溶解水分及气体逸散，也不能混入空气，操作时油中不得产生气泡。

5）当油样达到 60～100mL 时，取下注射器，立即用小胶头封住注射器头部。取样后检查注射器芯子能自由活动，以避免形成负压空腔。

6）将注射器置于专用油样盒内，填好样品标签。

（2）脱气最常用的方法为机械振荡法。

1）试油体积调节：将 100mL 玻璃注射器中油样推出部分，准确调节注射器芯至 40.0mL 刻度，立即用橡胶封帽将注射器出口密封。

2）加平衡载气：取 10mL 玻璃注射器，用氮气（或氩气）清洗 2～3 次，再准确抽取 5.0mL 氮气（或 10.0mL 氩气），然后将 10mL 注射器内气体缓慢注入有试油的注射器内。

3）振荡平衡：将有试油的注射器放入恒温定时振荡器内的振荡盘上。注射器放置后，注射器头部要高于尾部约 5°。启动振荡器振荡操作钮，连续振荡 20min，然后静止 10min。

4）储气玻璃注射器的准备：取 5mL 玻璃注射器，抽取少量试油冲洗器筒内壁 1～2 次后，吸入约 0.5mL 试油，套上橡胶封帽，插入双头针头，针头垂直向上。将注射器内的空气和试油慢慢排出，使试油充满注射器内壁缝隙而不致残存空气。

5）转移平衡气：将有试油的注射器从振荡盘中取出，并立即将其中的平衡气体通过双头针头采用微正压法转移到 5mL 注射器内。室温下放置 2min，准确读其体积 V_g（准确至 0.1mL），以备色谱分析用。

（3）样品分析。

1）色谱仪标定：采用外标定量法，用 1mL 玻璃注射器准确抽取 1mL 标样进行标定。至少重复操作两次，两次标定的重复性应在其平均值的 ±2% 以内。

2）样品分析：用 1mL 玻璃注射器从 5mL 注射器（机械振荡法）中准确抽取样品气 1mL，进样分析；重复操作两次，取其平均值。

3）最后计算结果。

（十二）绝缘油试验周期及标准

绝缘油试验周期及标准见表 5-3-3。

表 5-3-3　　　　　　　　　　　绝缘油试验周期及标准

序号	项目	检测周期	标准	
			投入运行前的油	运行油
1	外观	1 年	透明，无杂质悬浮物	透明，无杂质悬浮物
2	介质损耗因数 tanδ（90℃）/%	1 年	≤0.5	≤2
3	体积电阻率（90℃）/（Ω·m）	1 年	≥6×10¹⁰	≥1×10¹⁰

序号	项目	检测周期	标准	
			投入运行前的油	运行油
4	击穿电压/kV	1年	≥70	≥65
			换流变压器≥65	换流变压器≥55
5	油中含气量 （体积分数）/%	1年	≤1	≤2
6	水分/(mg/L)	1年	≤8	≤15
7	闪点（闭口）/℃	必要时	≥135	不比上次测量值低5℃
8	酸值/[KOH/(mg/g)]	1年	≤0.03	≤0.1
9	水溶性酸pH值	1年	≥5.4	≥4.2
10	界面张力值 （25℃)/(m·N/m)	1年	≥35	≥19
11	油中颗粒度 （大于5μm)	1年	≤1000个/100mL 换流变压器 ≤3000个/100mL	≤3000个/100mL —
12	油中溶解气 体分析	1个月	油中溶解气体含量应无乙炔，且总烃≤20μL/L，氢气≤10μL/L，各次测得的数据应无明显差别	乙炔≤0.5μL/L（注意值）；氢气≤150μL/L（注意值）；总烃≤150μL/L（注意值）；乙炔从无到有或周增量≥0.2；氢气周增量≥30；总烃周增量≥15；一氧化碳周增量≥50